환경독성학

박 형 숙

도서출판 동화기술

PREFACE

1962년에 발표된 '침묵의 봄(The silent spring)'을 저술한 레이첼 카슨(Rachel Carson)은 '환경독성학'의 시대를 연 인물이다. 그녀는 이 책에서 인공 살충제의 위험들을 경고하였고, 화학물질들이 자연계를 오염시키는 과정과 인체 내에 어떻게 축적되고 위해한지를 기술하였다. 그 해 '침묵의 봄'이 세계적인 베스트셀러가 되면서 사람들은 화학물질의 오염과 위해성에 주목하기 시작했고 미국은 DDT 판매를 금지하였다.

현재 지구상에는 5백만 개 이상의 자연 혹은 인공 화학물질들이 사용되고 있으며 매일 천 개 이상의 새로운 화학물질들이 생산되고 있다. 대부분은 위해성이 밝혀지지 않은 상태에서 사용되고 있으며 사용된 후에 환경에서의 사이클도 정확히 알지 못한다. 위해성의 검증 없이 사용되는 화학물질들은 환경호르몬 독성, 새집증후군 등과 같이 사람들의 건강을 해치며 질병을 야기하고 있다. 지금, 우리는 화학물질의 무절제한 사용을 자제하고 환경유해물질에 대한 지식을 필요로 해야 할 시점이다.

이 책은 저자가 대학에서 '환경독성학'을 강의한 지난 10여 년간에 걸쳐 준비되었다. 대학원 과정에서 배운 '독성학'을 토대로 외국서적을 포함하여 많은 책을 참고하였고, 일부 최신 자료와 논문들도 포함하였으며, '환경독성학'의 기본 개념을 이해하기 쉽게 쓰려고 노력했다. 화학물질들이 인체내로 흡수되고 분포, 저장, 대사된 후 배설되는 과정과 인체 내에 어떻게 축적되고 위해한지를 설명했다. 이번 책을 시작으로 지속적으로 보완하여 공부하시는 분들에게 도움이 되는 '환경독성학' 텍스트를 만들어 갈 계획이다.

많은 스승님들의 가르침과 은혜로 이번 책을 준비할 수 있었다. 참스승의 지표이신 존경하는 은사이신 허병렬 뉴욕한국학교 교장 선생님과 무사히 학위를 마칠 수 있도록 이끌어 주셨던 Dr. Chalotte Witmer께 깊은 감사를 드린다.

끝으로 이 책이 나오도록 도와주신 도서출판 동화기술 최병훈 부사장님을 비롯한 많은 식구들에게도 감사드린다.

저자 박형숙

PREFACE

1장 환경독성학 서론

2장 환경독성물질

3장 용량 – 반응 관계

4장 독성시험

5장 독성물질의 흡수

6장 독성물질의 분포와 저장

7장 독성물질의 생체 내 변화

8장 독성물질의 배설

13장 신장 독성물질

14장 발암성과 변이원성

15장 환경독성물질

제 1 장

환경독성학 서론

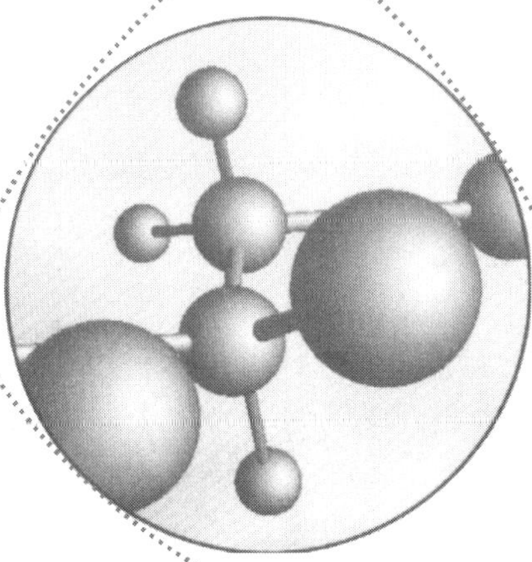

1 환경독성학이란?

환경독성학(environmental toxicology)은 우리 주위의 독성물질을 연구하는 학문으로 정의되며, 독성물질들이 인체건강에 미치는 해로운 영향을 포함한다. 'environment'는 '주위'라는 뜻의 프랑스 단어 *environ*에서 유래되었고 *mens*는 라틴어의 'mind'란 뜻이다. 'toxicology'란 단어는 화살촉에 잠겨진 독성물질이란 뜻의 그리스 단어 *toxikon*으로부터 유래되었으며, 어미 *-logy*는 학문 혹은 논문의 뜻을 나타내는 그리스 단어 *logos*로부터 유래되었다.

독성학은 독(poison)과 관련된 과학분야이다. 생물체가 고의나 사고에 의해 물질을 복용했을 때 해로운 영향을 주는 것을 뜻하며, 방사능 및 소음 등의 물리적인 현상에 의해 나타나는 해로운 영향도 포함하고 있다. 즉, 독성학은 넓은 의미에서 '독성물질의 검출, 사고, 특성, 영향 그리고 독성물질의 규제'까지도 포함하는 학문이다.

독성학에서는 유사한 용어들이 같이 사용되어 지는데 각각의 특이성을 가지고 있으므로 정확한 의사전달을 위해 적절히 선택해서 사용해야한다. 예로서, 독(毒, 독물, poison)이란 비교적 적은 용량으로 생명을 파괴하거나 세포기능을 심각하게 손상시키는 물질을 말한다. 다양한 독물들이 식물, 동물 혹은 광물로서 자연에 존재하며 사람에 의해 합성된 인공독물도 있다. 독소(toxins)는 식물(phytotoxins), 동물(zootoxins) 또는 미생물(bacteriotoxins)에 의해 생성되는 유독한 물질이다. 세포기능을 파괴하거나 손상시킬 때 독성(toxic)의 물질이라고 사용하며 유독한 상태를 독성(toxicity)이라 하고 벌, 거미, 뱀과 같은 특정 동물에 의해 분비되는 유독한 물질을 독액(venom)이라 한다. 일반적으로 중독증상을 나타내는 물질을 독성물질(toxicants)이라 하며 자연적으로 존재하는 독성물질은 물론, 과학기술이 발전되면서 산업과 농업에서 제조 사용되는 독성물질도 있다. 생체이물(xenobiotics)은 유기체 내에서 자연적으로 생성되지 않는 독성물질들을 의미한다.

여러 용어 중에서 가장 일반적으로 사용되는 단어는 독성물질(toxicant)로서 독성을 나타내는 물질로 정의된다. 독성물질이란 생체가 섭취 또는 흡수하면 유해작용(독작용)을 일으키거나 죽음을 초래할 수 있는 화학물질(인체나 생명체에 해로운 효과를 주는 화학물질이나 radiation)로 정의된다.

2 독성학의 역사

독성학의 초기 역사에 대한 기록은 충분하지 않다. 고고학이나 문화・인류학적 연구기록으로부터 선사시대에 동물의 뱀독(L. veneum, venom)과 식물 독을 사용한 기록들을 발견할 수 있다. 고대문명에서는 자연적으로 존재하는 독성물질들을 의약, 사냥, 전쟁에 실용적으로 사용하였으며, 지금까지도 자연적인 독성물질들을 사냥과 의약목적으로 사용하는 토착 원시인들이 있다.

유독물질을 사용했던 가장 오래된 문서기록은 약 B.C. 1500년 경 출간된 이집트 약전 'Ebers papyrus'이다. 8쪽으로 된 이 고문서는 800개 이상의 의약 및 독약의 수집, 조제, 처방들에 대한 지시들을 포함하고 있다. 고문서 중에서 통증을 완화시키기 위해서 아편을 사용하였다는 기록은 명백히 의약적 의미를 갖는다. 반면, 식물 Conium maculatum의 설익은 마른 열매로부터 뽑아낸 독당근(hemlock)과 같은 독물질의 처방기록은 의학적 가치가 의심스러우나 관심을 끄는 부분이다.

그리스 사람들은 식물과 동물의 독소(toxins)를 사용했다. 로마의 네루 황제시절에 근무하던 그리스 군의관 Dioscorides(A.D. 50 ~ 100)는 독물을 분류하는 책임을 가졌다. 약 600가지 이상의 식물, 동물, 광물성 독물(poisons)을 독성물질과 치료제로 나누어 분류한 그의 연구는 오늘날까지도 유효하다. 그리스 사람들은 사형의 방법으로 독물(poisons)을 사용하였는데 소크라테스, 데모스테네스, 클레오파트라는 모두 독물중독(poisoning)으로 희생되었는데 한 사람은 독살, 두 사람은 자살이었다.

사형선고를 받은 범인에게 독물을 먹인 후, 곧 이어 가능한 해독제를 투여함으로써 독물의 효과를 중화시키는 물질인 해독제를 발견하였다. 독물을 먹은 범인이 치사시험 후에도 생존하게 되면 새로운 해독제로서 목록에 추가시켰다.

로마인(A.D. 50 ~ 400)들은 주로 정치적 목적으로 독물(poisons)을 사형집행과 암살에 사용하였으며 A.D. 4세기까지 독물의 사용은 유행병처럼 증가하였다. 로마의 황제가 되기 위해서 네로는 숙적인 Claudius를 죽이고 다시 비소를 섞은 스프를 먹여 Claudius의 아들인 Brittanicus를 잇달아 죽였다.

A.D. 7세기 경 이슬람 황제는 그리스 의약에 크게 영향을 받았다. 많은 처벌의 책임을 담당하였던 Avicenna(A.D. 980 ~ 1036)는 독물과 해독제에 관하여 이슬람 최고 권위자였다는 기록이 있다.

그림 1.1 독일의 의사 Paracelsus(1493 ~ 1541)

고대 중국 문헌들에서 많은 식물들의 의학적 가치와 일부 물고기의 해로운 특성에 관한 자료들을 발견할 수 있다. Shen Nung 황제(B.C. 2700)는 식물의 약효와 독성에 관해서 시험을 한 것으로 보고되며, 실제로 도롱뇽과 불도마뱀으로부터 추출한 독물을 '우둔함'에 치료했던 기록이 있다.

B.C. 800에서 A.D. 1000까지, 인도의 힌두 의약은 독물과 해독제에 관하여 언급하고 있다. 의약에 관한 많은 저술들이 Ayurveda에서 발견되었으며 그리스인들이 힌두로부터 유래된 의약들을 가지고 사용하였다는 증거들이 있다.

중세기를 통해서 독물들이 재정적 이익은 물론 정치적, 사회적 이익을 추구하는데 사용된 기록들이 있다. 이탈리아의 Borgia 집안, 즉 Cesare와 그의 이복자매 Lucretia는 시기적으로 적절하게 와인에 비소를 사용함으로써 부를 얻었다. A.D. 1198년 스페인의 목사인 Maimonides는 독물중독치료의 지침서가 되는 '독물과 해독제'라는 책을 저술하였다.

독일 내과의사인 Paracelsus(1493 ~ 1541)는 현대독성학 후기 발전의 토대를 만든 인물이다(그림 1.1). 그는 화학물질의 용량 - 반응관계를 인식하였으며 용량에 따른 치료효과

그림 1.2 레이첼 카슨(1907~1964) : 환경운동을 촉발시킨 인물로 기록되고 있다.

와 독성효과를 잘 정립하였다.

"모든 물질은 독성이 있으며 독성물질이 아닌 것은 하나도 없다. 오직, 용량만이 독이냐 아닌가를 결정짓는다. 용량을 초과한 모든 화학물질은 독성물질이다."

즉, 화학물질의 용량을 증가시켜서 독성작용을 나타낼 때의 양을 독성물질이라고 정의하였으며, 이런 그의 이론들이 현재 독성학의 기초가 되었다.

이탈리아 의사 Ramazzini는 환경독성학에 각별한 관심을 가진 인물이다. 1713년에 저술한 '근로자들의 질병'이란 책을 저술하면서 작업장에서 독성화학물에 폭로되었을 때 발생되는 만성질병을 다루었다. 현대독성학의 아버지라 불리는 Orfila(1787 ~ 1853)는 루이 18세의 법정 군의관이며 파리대학에서 강의를 하고 있었다. 독성학을 독립된 과학으로 정립한 그는 동물을 사용하여 독성물질의 증상들을 연구하여 시험독성학의 분야를 열었다.

1962년에 발표되면서 베스트셀러가 된 '침묵의 봄(The Silent spring)'을 저술한 레이첼 카슨(Rachel Carson, 1907 ~ 1964)은 환경독성학의 시대를 연 인물이다(그림 1.2).

인공살충제가 만들어낸 시급한 위험들을 경고하고 잔류화학물질들이 자연계를 오염시키는 과정을 기술한 '침묵의 봄'이 출간되어 사람들에게 큰 반향을 일으켰으며 미국은 DDT의 판매를 금지하였다. 해양생물학자이며 작가인 레이첼 카슨은 현대인들에게 환경문제의 중요성을 인식시키고 '현대적 환경운동'을 촉발시킨 인물로 기록되고 있다.

1960 ~ 70년대 이후, 독성학은 빠르게 발전단계에 들어섰으며 묘사 설명하는 과학에서 메커니즘(기전)을 연구하는 학문으로 변화하였다. 이것은 1945년 이후 새로운 분석방법이 발달되면서 thalidomide 비극 이후에 강조되는 약에 대한 시험, 레이첼 카슨의 '침묵의 봄' 출판 이후 강조되는 살충제 시험, 그리고 유해폐기물 처리에 대한 대중의 관심들이 뒷받침되었기 때문이다.

'당신의 정자가 위협받고 있다'의 가제를 달고 1996년에 출간된 '도둑맞은 미래(Our Stolen Future)'는 미국인 테오 콜본 외 2인에 의해 저술된 책이다. 이 책은 광범위한 인공 화학물질들이 섬세한 호르몬 시스템을 방해하여 각종 질병을 일으키는 것에 대해 설명해주고 있다. 환경독성학에서 최근 가장 큰 이슈(issue)인 환경호르몬(내분비계 장애물질)이 생물체에 미치는 위험한 영향들의 사례들을 포함하고 있다.

부록 Thalidomide의 비극

Thalidomide는 1950년대 말에서 1960년대 초, 임산부들이 임신초기(3 ~ 8주)의 입덧을 완화시킬 목적으로 복용한 진정제이다. Thalidomide를 복용한 산모에게서 해표지증(phocomelia)이나 사지결손증과 같은 선천성 기형으로 태어난 아이들이 7000 ~ 8000명으로 추산되었다.

이 사건으로 인해 화학물질이 태반을 통과하여 태아를 손상시킬 수 있다는 사실이 알려지게 되었다.

3 독성학의 분야

독성학은 우리들의 일상생활과 긴밀한 관계를 가진다. 의사에게 진단을 받아서 방사선을 찍는다면 사진영상을 향상시키기 위해 명암 향상제와 같은 화학물질을 사용할 것이다. 또한 질병을 방지하거나 치료하는 의약품을 처방받을 것이다. 그러나 과용량의 이러한 화학물질들은 당신의 건강에 위험을 줄 수 있다. 우리들이 먹는 채소들은 성장을 촉진하기 위한 촉진제와 저장시에 저장수명을 연장시키기 위한 화학물질들을 포함할 수 있고, 고기를 제공하기 위해 도살되는 동물들은 성장촉진을 위하여 위해화학물질을 섭취할 수도 있다. 집안의 부엌 씽크 아래 혹은 차고를 살펴보면 정원의 벌레를 죽이기 위한, 또는 목욕 타일에 자라는 곰팡이를 제거하기 위한 살충제를 발견할 것이다. 우리가 숨쉬는 공기 혹은 당신이 마시는 한 컵의 물들은 다양한 산업장, 자동차, 농업, 가정용품 혹은 자연으로부터의 독성물질들을 함유하고 있을 것이다.

현대독성학은 크게 세 분야로 나눌 수 있다.

(1) 평가독성학(Descriptive toxicology)

화학물질의 독성시험을 하는 것이다.

초기에 안전성과 규제가 발표되기 전에 화합물의 독성 유무를 먼저 결정해야 한다. 독성시험은 일반적으로 시험동물을 사용하여야 한다.

(2) 이론독성학(Mechanistic toxicology)

독성기전의 생화학적 과정을 고찰함으로써 어떤 기전에 의해 생물체에 영향을 주는가를 규명한다. 평가독성학자들에 의해 물질의 독성이 밝혀져도 유기체 내에서 독성작용이 어떻게 일어나는가 하는 정확한 기전을 지속적으로 연구하는 과정이 필요하다.

(3) 규제독성학(Regulatory toxicology)

화학물질들의 판매에 의해 생태계에 부과되는 위험은 물론, 특정화합물의 합법적 사용을 결정하기 위해 평가독성학과 이론독성학의 데이터를 평가한다.

표 1.1 독성학을 이해하는데 도움을 주는 학문분야들

생태독성학	산업독성학
법독성학	위해성 평가
유전독성학	환경독성학
기형학	생화학적독성학
발암연구	면역독성학
살충제독성학	식품독성학
분석독성학	임상독성학
수의독성학	혈관독성학
간독성학(간장)	호흡기독성학
약리학	산업위생
생화학	역학
병리학	의학
환경법	대기과학
해양생물	생태학
토양학	유전학
세포학	분자생물학
세포생리학	생리학

독성학을 이해하기 위해서는 [표 1.1]과 같은 많은 학문들이 기초가 되기도 하고 관련이 있다. 그 중 특히 임상독성학, 법독성학, 산업독성학이 주목을 받고 있다.

- 임상독성학(clinical toxicology) : 화학물질의 중독영향과 중독증상의 치료효과를 연구한다.
- 법독성학(forensic toxicology) : 독성물질의 해로운 영향과 관련된 의학적, 법률적인 연구분야이다.
- 산업독성학(industrial toxicology) : 작업장에서 유해한 물질에 폭로된 작업자들의 장애를 연구한다.

이 책에서 다루고자 하는 영역은 독성물질이 인간을 포함한 **생태계**에 주는 영향, 즉 우리 주위의 독성물질이 사람들 건강에 미치는 위해성을 다루는 환경독성학이다. 본 저자는 이 책에서 주로 인간에 대한 독성물질의 효과에 초점을 맞추고 있지만, 우리 생태계는 복합적이며 식물, 동물을 포함한 모든 형태의 생물체들이 잠재적으로 독성물질에 의해 영향을 받고 있다.

4 생태계와의 관계

생물권이란 살아있는 유기체를 포함하는 지구의 영역이다. 지구가 크다고는 하지만 대부분은 몇 미터의 지각층과 대기권, 수권들로 구성되어 있으며 생물체를 발견할 수 있는 영역은 지구의 얇은 표면뿐이다. 생태계는 동물, 식물들이 서로 간에 또는 비생물계와 상호 작용해가며 스스로 조절되어지는 집단이다. 생태계는 진공에 존재하는 것이 아니며 우리의 모든 활동, 과정, 상호작용은 생태계에 영향을 준다 — 즉, 돌을 연못에 던졌을 때 잔물결이 일어나면서 연못을 흔들어 놓는 것과도 같다. 생태계에서 생물 혹은 무생물의 인자들이 흔들리면 번갈아 다음에는 서로 작용하는 집단에 수가 늘거나 감소하도록 영향을 줄 것이다. 이런 것들은 각각 긍정적인 피드백(positive feedback) 또는 부정적 피드백(negative feedback)으로 불린다.

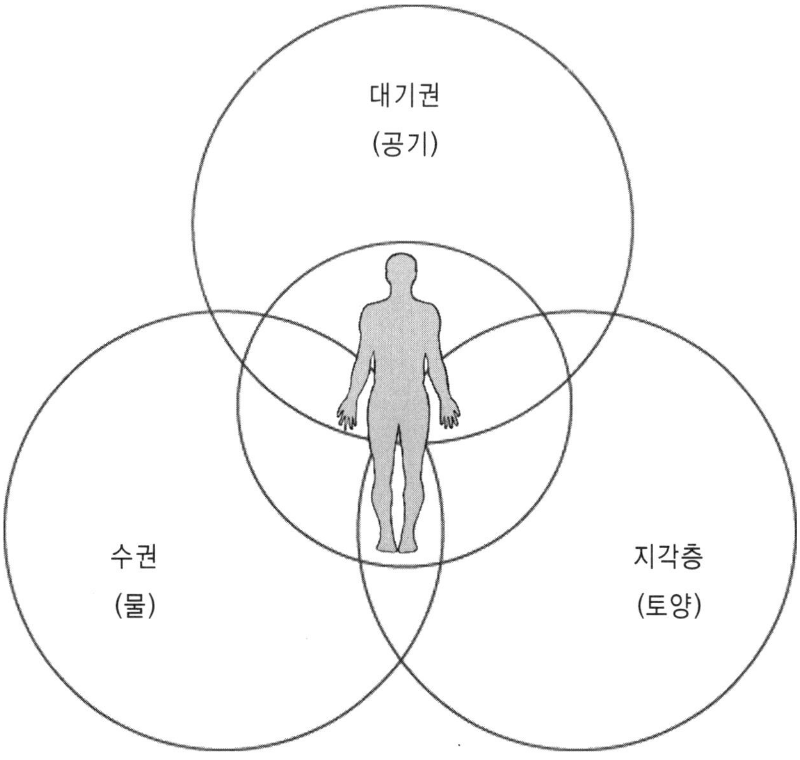

그림 1.3 생물권은 유기체들이 살고 있는 대기권, 수권, 지각층을 포함한다.

시간은 생태계에서 일어나는 모든 것에 중요한 기본적 변수이고, 생태계에서 생물과 무생물 상호작용 변화에 대한 시간의 의존 비율(time-dependent rates)들은 고려해야 할 중요한 문제이다 – 즉, 얼마나 빨리 잔물결들이 퍼질 것인가? 시간 개념은 우리가 묻고, 제안하는 해결에 관한 과정에 영향을 미친다. 수백만 년에 걸쳐 형성된 생태계에 우리가 가져오는 변화들은 너무 빠른 속도로 압도적으로 일어나고 있다. 결코 놀라운 일은 아니지만, 우리는 장기적 계획을 세워서 우리 생태계의 안정성을 지키는데 앞서야 할 것이다.

'환경독성학'이 중요한 학문으로 발전되는 사실은 우리가 우리 생태계의 자정능력을 초과하고 있다는 것이다. 우리가 환경에 미치는 많은 영향을 평가하기 위하여 종(種)으로 우리 생존에 환경독성학과 관련된 것들로서, ① 독성물질의 원인들, ② 독성물질들을 운반하는 환경적인 순환, ③ 이들 독성물질이 인체로 들어오고 궁극적으로 영향을 미치는 방법, ④ 사회가 정의하는 안전의 정도와 독성물질에 폭로시에 어떤 위험들을 허용할 수 있는가? 등에 대하여 고찰하고 토론하여야 할 것이다.

5 환경독성학과 인간과의 관계

인간은 생태계에서 중요한 영향력을 갖는다. 인류역사 초기에는 인구가 적고 생태계에 대한 요구도 크지 않았으므로 사람들은 동물, 식물들의 무리들과 잘 공존할 수 있었다. 그러나 인구가 빠른 속도로 증가(산업, 교통의 발달과 경제성장 등을 포함)하면서, 한때 생태계와의 무리없던 상호관계에서 음식, 물, 주거 공간 등의 자원에 대한 요구가 공급량을 초과하게 되었다.

이러한 자원들을 소비할 때 마지막으로 남는 것은 엄청난 양의 폐기물이다. 폐기물을 처분하는 일반적 해결방법은 수십 년에 걸쳐 희석을 반복하는 것이었다. 넓은 바다, 광대한 육지와 무한한 대기는 마치 적은 양의 독성 폐기물들이 희석될 수 있는 큰 양동이와 같아서 실제로 처분되는 폐기물은 양동이에 떨어지는 독성물질 한 방울과 같다. 더욱이 양동이는 매우 광대하기 때문에 독성 폐기물은 사람 건강에 해로운 영향이나 결과를 주지 않았다. 그러나 우리 모두가 한 개의 양동이 속에서 먹고 숨쉬고 잘 때, 결과적으로 어느 순간에는 한 방울씩 떨어지는 독성물질들의 집합적 효과에 폭로될 것이라는 것을 잊고 있었다.

일반적으로 폐기물은 생물학적, 화학적, 물리학적 특성과 양, 농도가 클 때 생물체에 사망과 치사의 위험을 주기 때문에 해롭다(그림 1.4).

우리나라는 2003년에 각종 산업장과 농업, 광산 및 도시 하수 오물로부터 하루에 총 295,000톤 이상의 폐기물이 발생되었다. 평균 한 사람이 매일 1.05 kg 이상의 국내 고형 폐기물을 제공하고 있는 것이다. 대부분의 폐기물은 현행 폐기물관리법상 소각, 매립, 재활용 등의 방법으로 적정하게 처리되고는 있으나, 과연 소각과 매립에 의한 발생물질과 잔유물까지도 100% 모두가 환경적으로 안전하게 처리되고 있는지는 생각해봐야 할 사항이다.

현재 5백만 개 이상의 자연 혹은 인공화학물질과 80,000 이상의 합성화학물질들이 각종 산업장, 농업, 가정용품 및 그 외 다양한 용도로 사용되고 있으며, 이로 인해 배출되는 유해폐기물에 대한 폭로 가능성이 관심이 되고 있다. 폐기물들이 안전하지 않은 방법으로 폐기될 경우에 독성물질은 물론 유해폐기물에 폭로될 수 있으므로 개인의 건강 위해도에 심각한 문제를 줄 수 있다. 특히 일정한 폐기물과 질병 간에 원인 · 결과 관계가 정립되는 경우는 건강에 영향을 주는 것이 확실하다. 광범위하고 과학적인 역학 자료에 근거하여 세계보건기구(WHO)는 '모든 암의 90 ~ 95%는 환경적으로 관련되어 있다'고 예측하였다. 우리가 어지럽혀 놓은 환경은 이제 역습으로 우리들의 사망률과 치사율을 높이는데 기여하고 있다.

직업상, 사고, 고의적인 폭로의 결과로 독성물질과 접촉하고 있지만 우리가 조절할 수 없는 폭로나 접촉들이 있을 수 있다. '우리의 의지로 달릴 수는 있으나 숨을 수는 없다'는 말은 확실히 우리 생존의 기본이 되는 대기, 물, 지각에 관한 한은 사실이다. 지금 우리는 전혀 의식하지 못한 채로 수백, 수천 킬로 떨어진 먼 곳으로부터 독성물질에 오염되어 온 공기를 들이쉬고, 물을 마시며, 음식을 먹고 있는 것이다.

환경독성학의 많은 연구자료들은 생태계에서 식물과 동물종(species)을 해하고 위협하는 많은 물질의 근원을 없애고 제한하는 데에 큰 역할을 할 것이다. 또한 평가독성, 규제독성, 이론독성들과 같은 다양한 분야의 연구는 지구 생물종의(species) 미래를 위해 큰 도움을 줄 것이다. 이와 같은 사실들을 이해한다면 환경독성학이 사람들과 얼마나 밀접하게 관련되었는지 이해할 수 있을 것이다.

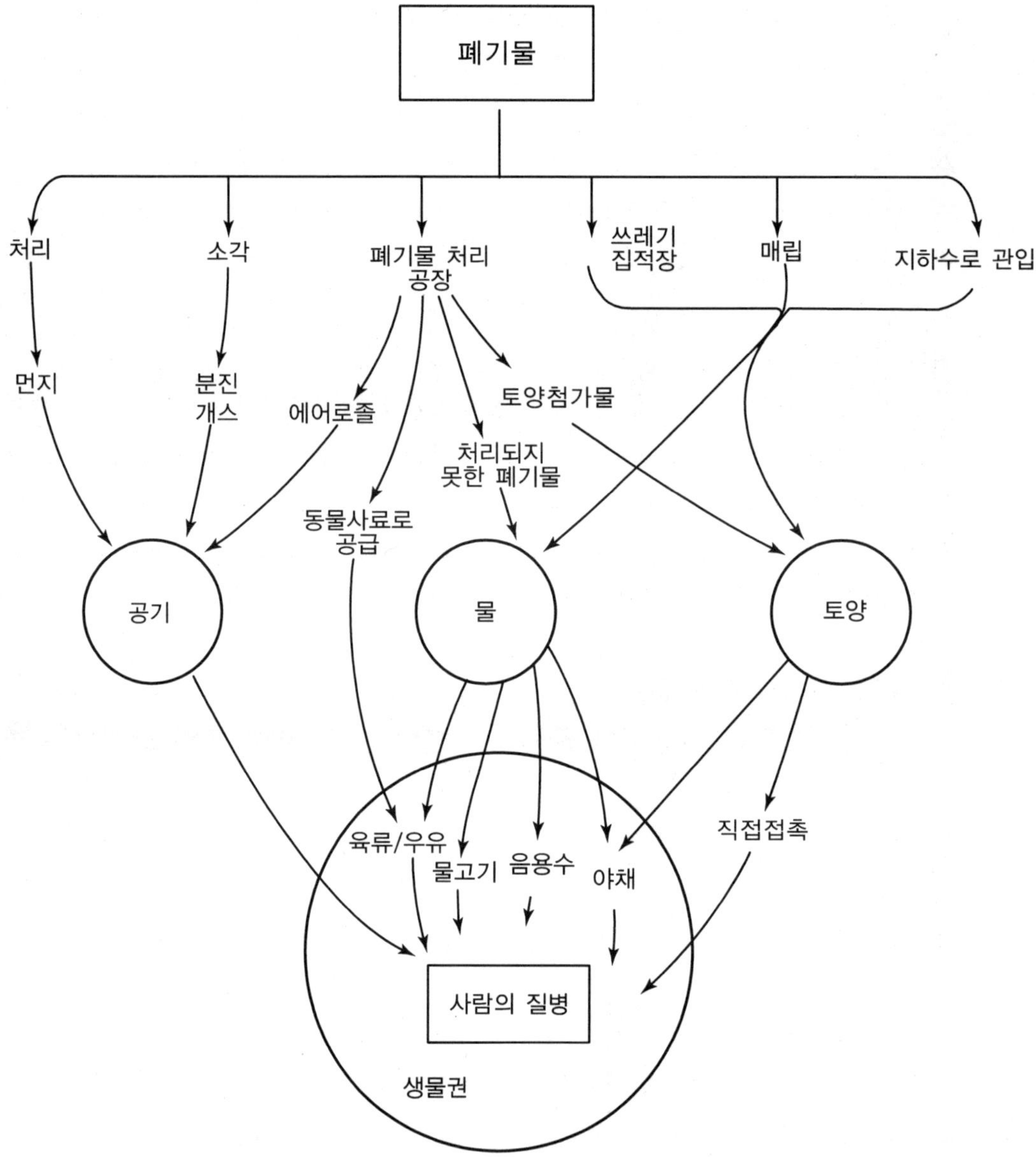

그림 1.4 폐기물이 질병을 발생시키기까지의 과정

제 2 장
환경독성물질

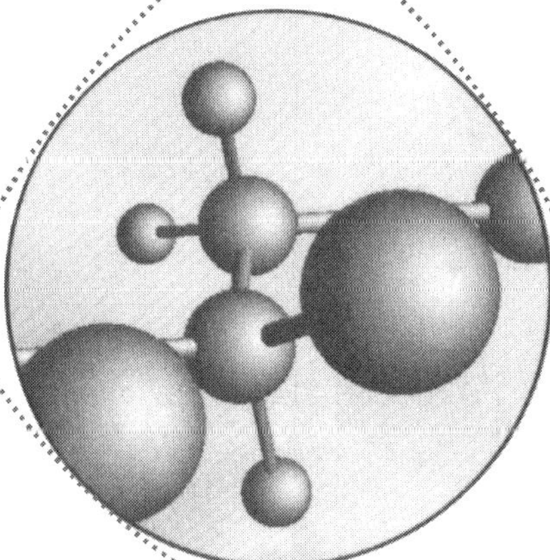

1. 독성(Toxicity)이란?
2. 독성동력학(Toxicokinetics)
3. 환경독성물질들
4. 독성물질의 환경에서의 이동

1 독성(Toxicity)이란?

독성이란 유독한 상태를 말하며, 독이나 독성물질에 의해 유기체에서 나타나는 해로운 효과 또는 해로운 증상을 나타내는 용어이다. 흔히 사용되는 단어인 '위험'과 '독성'을 명확히 구별하자면 독성은 모든 화학물질이 나타내는 생물학적 특성을 말한다. 모든 화학물질은 적절한 조건일 경우에 일정 용량에서 어느 정도의 독성을 나타낸다. 그러나 독성이 있는 모든 화학물질이 위험(hazard)하지는 않으며 조건에 따라서 독성이 나타날 수 있을 뿐이다. 예로서, 벤젠을 고온보관 하는 것은 위험하지만 낮은 온도에서는 위험이 없다. 독성물질에 폭로되면서 발생되는 독성은 다양하지만 몇 가지 범주로 분류할 수 있다.

독성영향의 지속기간에 따라 분류하면,

- 급성독성(acute toxicity) : 일반적으로 단기간 내(1 ~ 14일)에 독성이 발생되는 것을 의미하며 일종의 가역적인 영향을 미친다.
- 만성독성(chronic toxicity) : 장기간(1년 이상 ~ 평생)에 걸쳐서 독성이 발생되는 것을 의미하며 일종의 비가역적인 영향을 끼친다.

독성의 작용부위에 따라 분류하면,

- 국소독성(local toxicity) : 독성물질과 생체계 사이에서 발생되는 폭로 혹은 독작용은 국소적이다.
- 전신독성(systemic toxicity) : 독성물질이 흡수된 후 혈액을 따라서 해당물질에 민감한 조직이나 기관으로 이동 · 분포되면서 전신독성을 일으킨다.

독성용량의 표현

해당되는 생물학적 반응을 나타내는데 필요한 독성물질의 양을 동물의 체중(kg)으로 표현할 수 있다. 즉, mg/kg, μg/kg 등의 방법으로 표기한다.

- LD_{50}(50% lethal dose) : 반치사량, 시험동물 중 50 %를 치사시키는 독성물질의 용량
- LC_{50}(50% lethal concentration) : 반치사 농도, 시험동물의 50 %를 치사시킬 수

있는 사료, 또는 물에 녹아있는 독성물질의 농도를 나타낸다.

- HNTD(highest nontoxic dose) : 최대 무독성용량
- TDL(toxic-dose low) : 최저 독성용량
- MTD(maximum tolerated dose) : 최대 허용량/(minimal toxic dose) 최소 독성용량

많은 화학물질의 독성을 일반적인 기준에 의해 6개의 군으로 나누어 분류한다.

분류	독성용량(LD_{50})
맹독성(extremely toxic)	1 mg/kg 이하
고독성(highly toxic)	1 ~ 50 mg/kg
보통 독성(moderately toxic)	50 ~ 500 mg/kg
저독성(slightly toxic)	0.5 ~ 5 g/kg
실제적 무독성(practically nontoxic)	5 ~ 15 g/kg
상대적 무해(relatively harmless)	15 g/kg 이상

예를 들면, 수컷 쥐에서의 다이옥신(TCDD)의 LD_{50}은 0.022 mg/kg이며 맹독성물질이 된다. 쥐에서 LD_{50}이 3.75 g/kg인 소금(NaCl)은 실제적인 무독성물질이다.

2 독성동력학(Toxicokinetics)

독성동력학이란 독성물질들이 살아있는 유기체와 작용할 때에 시간에 따라 일어나는 다음의 다섯 단계의 과정을 연구하는 것이다.

① **흡수** : 독성물질이 유기체 내로 들어오는 과정
② **분포** : 유기체 내에서의 독성물질의 이동
③ **축적** : 특정조직과 어떤 특정물질과의 우선적인 결합과정
④ **생체대사** : 유기체 내에서 독성물질이 변화하며 해독되는 과정
⑤ **배설** : 독성물질이 유기체 내에서 제거되는 과정

독성물질들이 어떻게 국소독성 혹은 전신독성, 급성독성과 만성독성들을 발생하는가를 설명하려면 시간에 따라서 거쳐 가는 다섯 과정을 이해하는 것이 필요하다.

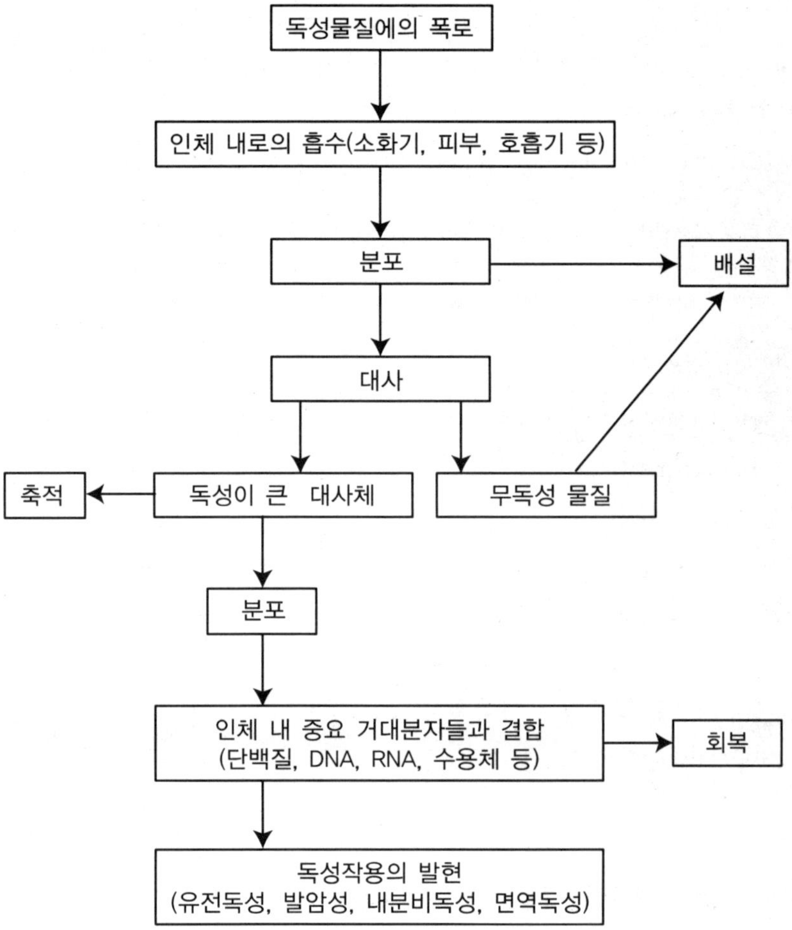

그림 2.1 인체 내에서 독성물질의 독성동력학

3 환경독성물질들

환경독성물질이란 사람들이 생활하는 주위에 존재하면서 건강에 해로움을 주는 물질들을 말한다. 우리는 공기와 물을 오염시키는 몇몇 물질들의 독성작용은 이미 잘 알고 있다. 즉, 누구라도 황산이 오염된 공기를 호흡하거나 살충제가 포함된 물을 마시지는 않을 것이다. 그러나 우리 생활에서 흔하게 사용되는 많은 화학물질들이 사람의 건강에 해롭고 심각한 독성작용을 갖고 있다는 사실은 깊이 인식되지 못하고 있다. 많은 사람들이 천연독성물질들의 유해성은 비교적 잘 이해하고 관심을 갖고 있는 반면, 생활에 많이 사용되는 합성된 산업화학물질의 독성이 심각하다는 사실은 최근에 와서야 알려지고 있다.

환경독성물질의 발생원

생명체를 포함하여 사람들에게 해로운 독성물질들의 배출원인을 합성유기물질, 천연독성물질, 무기화학물질 등의 세 가지로 크게 분류하여 살펴보기로 하자.

1. 합성유기물질
   - 대기 및 수질 오염물질
   - 식품에 첨가되는 화학물질
   - 작업장에서 발생되는 화학물질
   - 남용되는 의약품과 치료약품
   - 농약(살충제)
   - 용매
   - 다환성 방향족 탄화수소
   - 화장품
2. 천연독성물질
   - 진균독소
   - 미생물독소
   - 식물독소
   - 동물독소
3. 무기화학물질
   - 주로 중금속들

3.1 합성유기물질

(1) 대기 및 수질오염물질

대기오염물질은 주로 교통이 혼잡한 대도시나 석탄화력발전소 및 산업지역에서 발생되는 일산화탄소(CO), 이산화탄소(CO_2), 질소산화물(NO_x), 황산화물(SO_x), 탄화수소(hydrocarbon), 오존(O_3) 등이 있다. 벤조피렌(benzo(a)pyrene)은 대표적인 탄화수소로서 자동차에서 불완전연소 되면서 많이 발생되는 발암물질이다. 광화학 대기오염물질은 자외선(UV)이 있을 때 질소산화물과 탄화수소가 반응하여 생성되는 PAN (peroxyacetyl nitrate), acrolein, 폼알데하이드(formaldehyde) 등이며 호흡기의 폐를 자극한다. 대기오염 입자들은 다양한 성분들이 혼합되어 스모그 형태로 존재하며 탄화수소에 흡착되어 호흡기관을 자극한다.

수질오염은 도시 생활하수, 농업지역으로부터 흘러온 농업화학물질, 공장폐수를 포함한 산업배출원 등에 의해서 일어난다. 수질 오염물질의 배출원들은 분산되어 있으므로 관리하기 어려우나 산업폐수, 축산폐수와 같이 특정 점오염원인 경우에는 발생지에서 오염을 관리할 수 있다. 염소탄화수소, 유기인, 카바메이트 등의 대표적인 살충제들과 제초제, 곰팡이 방지제, 선충제 등의 많은 농업용 화학물질들이 물 속에서 발견된다. 비료의 경우 독성은 약하나 부영양화와 같은 환경문제를 일으킨다. 널리 알려진 미국 버지니아 제임스강의 수질오염은 농약제조공장에서 제조한 Kepone이 무더기로 강에 버려지고 강바닥에 침전되면서 일어난 환경사건이다.

물을 염소화 살균할 때에 물속 유기물질과 반응하여 생성되는 할로겐 화합물 THM (trihalomethane)은 발암성이 있어서 경계하는 물질인데 클로로폼이 그 중의 대표적인 물질이다(그림 2.2). 그 외에도 PCBs (polychlorinated biphenyls), TCDD (2,3,7,8-tetrachlorodibenzo-*p*-dioxin)와 같이 독성이 매우 큰 방향족염소화합물과 di-2-ethylhexylphthalate, di-*n*-butylphthalate 같은 가소제들이 물에서 쉽게 검출된다. Alkyl benzene sulfonates 같은 세탁제는 가정하수에서 발견되는 수질오염물질이며, 중금속과 같은 무기물질들도 물에서 흔히 발견된다.

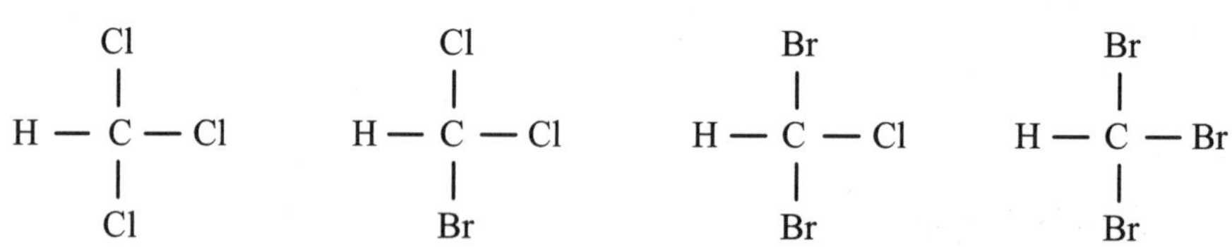

$CHCl_3$	$CHBrCl_2$	$CHBr_2Cl$	$CHBr_3$
trichloromethane Chloroform	bromodichloro methane	dibromochloro- methane	tribromo methane

그림 2.2 대표적인 THM의 구조

(2) 식품첨가물질

세균 · 곰팡이 방지, 산화방지를 위한 보존제, 맛 색채 냄새를 위한 화학물질 등 많은 화학물질들이 식품에 첨가되어 사용되고 있다. 많이 사용되는 식품첨가제들이 [표 2.1]에 소개되어 있다. 일반적인 식품첨가제는 독성시험을 거친 안전한 것들이지만 일부는 독성이 늦게 나타나기도 한다. 전세계적으로 많은 식품첨가제들이 사용되면서 올바른 시험을 거치지 않고 사용되는 경우가 있는데, 매우 우려되는 사실이다. 특히 화학물질들 간의 상승적 상호반응에 대한 연구는 되어있지 않은 현실이다. 첨가되는 화학물질 이 외에 자연적으로 발암물질과 돌연변이 물질이 음식에서 생성되기도 한다.

표 2.1 많이 사용되는 식품첨가제들

기능	종류	예
보존제	산화방지제	Butylatedhydroxyanisole Ascorbic acid
	곰팡이 방지제	Metyl-*p*-benzoic acid Propionates
	세균살균제	Sodium nitrite
가공보조제	Anticaking agents	Calcium silcate Sodium aluminosilcate
	부화제	Propylence glycol Monoglyceride
	킬레이트제	EDTA Sodium tartrate
	안정화제	Gum ghatti Sodium alginate
	Humectants	Propylence glycol Glycerol
향과 맛의 변조	인공감미제	Saccharin Mannitol Aspartame
	인공향료	Piperonal Vanillin
색깔 변화	인공염료	Tarrazine (FD&C Yellow5) Sunset Yellow
영양분 보조제	비타민	Thiamin Vitamin D_3
	아미노산	Alanine Aspartic acid
	무기물질	Manganese sulfate Zine sulfate

(3) 작업장의 화학물질

공장 등 작업장에서 사용되어지는 화학물질은 종류가 많으며 생물체에 해로운 영향을 준다. 2005년에 화성시에서 발표된 태국 여성노동자들에게 '다발성 신경장애'를 일으켜 주목을 받은 노말-헥세인은 대표적인 사슬형 탄화수소의 용제이다. 방향족 탄화수소(벤젠, 톨루엔, 자일렌), 할로겐화탄화수소(디클로로메탄, 트리클로로에탄, 트리클로로에틸렌, 비닐클로라이드 등), 알코올(메탄올, 에틸렌글리콜 등) 외에도 2-디에틸헥실프탈레이트, 아닐린, 나이트로 벤젠 등을 포함하여 많은 물질들이 사용된다.

(4) 남용되는 의약품과 치료제

모든 화학물질은 일정 용량 이상에서는 독이 되며 사람에게 해로운 영향을 준다. 올바르게 처방된 것을 복용하면 효력을 나타내어 도움이 되나, 필요량보다 많은 양을 취할 때에는 대부분의 약들이 해를 준다. 흔히 남용되는 약으로는 중추신경진정제(에탄올, secobarbital), 중추신경자극제(코카인, 메타암페타민, 카페인, 니코틴), 마취제(헤로인, 모르핀, meperidine), 환각제(LSD, 마리화나의 원료인 THC = tetrahydrocannabinol) 등이 있다. 또한 남용되는 많은 약들의 제조과정이 비위생적이고 품질관리가 제대로 되지 않음으로써 위험한 물질에 오염될 수도 있다.

약의 효력은 모든 신체조직과 관련되기 때문에 대부분의 약들은 치료효과와 함께 부작용을 가진다. 또한 치료제로 사용되는 의약품일지라도 각 개체의 차이, 음식섭취, 나이, 다른 화학물질의 존재여부 등에 따라서 약이 생물에 미치는 효과와 독성이 다르게 나타날 수 있다. 특히 치료효과를 나타나는 용량과 독성이 나타나는 용량의 차이가 적은 경우에는 사용시 용량에 특별한 주의를 하여야 한다. 그러나 치료제 사용으로 인한 독성과 부작용이 빈번히 일어나는 것은 아니고 단지 예민한 개인이나 집단에서 발생할 수 있다는 것이다.

암(cancer)을 치료하는 항암제들(adriamycin, melphalen, nitrogen mustard)은 치료를 하는 동시에 가장 강력한 발암작용을 일으킬 수 있다. 한때 유산방지제로 널리 사용되었던 DES (diethylstilbesterol)는 사용하였던 여자들의 딸들이 사춘기가 되면서 자궁경부와 질에 암을 발생시키면서 사용이 중지되었다. 설사 방지제인 클로로퀴놀(chloroquinol)은 치료효과를 주는 동시에 시각신경 손상과 관절경직 등의 독성 부작용을 가진다. 1956년경, 임신 초반기의 오심 구토를 진정시키기 위해 thalidomide를 섭취했던 임산부들은 팔다리가 없는 기형의 태아를 출산했으며, 코티코스테로이드(corticosteroid) 사용시에는 피부염을 일으키는 부작용이 있다.

치료제를 사용하면서 혈액에 독성효과가 나타난 경우도 있다. 메틸도파(methyldopa) 사용시에 용혈성빈혈이 생기며, methotrexate에 의한 megaloblastic 빈혈(거대적아구 빈혈)이 발생하였다.

(5) 살충제

살충제는 해충을 제어하여 수확량을 늘리기 위해 농사에 주로 사용하는 화학물질이다. 근래에는 도시생활에서도 화초재배나 해충박멸을 위해 분무제 형태로 많이 사용되고 있다. 제어하려는 표적 생물체에 대해 선택적인 작용을 목표로 하지만 사용되는 과정에서 사람을 포함하여 원치 않는 생물체에까지 확대되어 영향을 준다. 세계생태보전기금(WWF)이 분류한 내분비계 장애물질(환경호르몬) 목록 67종 가운데 농약류가 45종을 차지하며, 호르몬계를 교란하여 생식기장애는 물론 신경장애를 일으키는 독성을 나타내고 있다.

우리나라에서 농사를 지을 때 과량의 농약을 마구 뿌려대는 것은 심각한 문제이다. 경제협력개발기구(OECD) 발표에 따르면 일정면적에 사용되는 우리나라 농약사용량은 뉴질랜드의 48배에 이른다고 한다. 2004년 부산, 울산 등지에서 유통되는 채소류를 검사한 결과 기준치를 초과한 농약이 검출되었으며 일부 채소는 60배 이상 초과하였다. 농약을 사용할 때에는 적절한 시기에 알맞은 양만 사용함으로써 해충의 농약 내성을 줄여나가도록 해야 할 것이다. 또한 살충제의 등록과 사용에 관한 법과 규제가 마련되어야 할 것이다. [표 2.2]에 많이 사용되는 살충제를 나열하였으며 [그림 2.3]은 중요한 살충제의 구조를 보여준다.

(6) 용매

용매는 주로 산업장에서 사용되며 가정에서도 일부 사용된다. 벤젠은 혈액성분에 영향을 주어 백혈병을 일으킨다. 어떤 용매는 피부에 영향을 주어 탈지방이 되게 한다거나 국부적으로 자극을 준다. 화학구조에 따라서 다음과 같이 분류한다.

① 사슬모양의 탄화수소 : 헥세인

② 할로겐화된 사슬모양의 탄화수소 : 염화에틸렌이 가장 많이 사용되며 디메틸디클로라이드, 클로로폼, 사염화탄소 등이 있다.

표 2.2 살충제의 종류

종류	기본화학물질종류	예 상품명
살조제	Organotin	Brestar
살균제	Dicarboximide Chlorinated aromatic Dithiocarbamate Mercurial	Captan Pentachlorophenol Maneb Phenylmercuric acetate
제초제	Amides, Acetamides Bripyridyl Carbamates, Thiocarbamates Phenoxy Dinitrophenol Diniroanilline Substituted urea Triazine	Propanil Paraquat Barban 2,4-D DNOC Trifluralin Monturon Atrazine
구충제	Halogenated alkane	Ethylene dibromide(EDB)
연체동물살충제	Chlorinated hydrocarbon	Bayluscide
살충제	Chlorinated hydrocarbon DDT analogs Chlorinated alicyclic Cyclodiene Chlorinated terpenes Oragnophosphate Carbamate Thiocyanate Dinitrophenols Fluoroacetates Botanicals Nicotinids Rotenoids Pyrethroids Synthetic pyrethroids Juvenile hormone analogs Growth regulators Inorganics Arsenicals Fluorides Microbials	 DDR BHC Aldrin Toxaphene Parthion Carvaryl Lethane DNOC Nissol Nicotine Rotenone Pyretrrin Fenvalerate Methoprene Dimilin Lead arsenate Sodium fluoride Thuricide, Avermectin
살충제상승제	Methylenedioxyphenyl Dicarboximides	Piperonuyl butoxide MGK-264
진드기살충제	Organosulfur compounds Formamidine Dinitrophenols DDT analogs	Ovex Chlordimeform Dinex Chlorobenzilate
쥐약	Anticoagulants Botanicals Alkaloids Glycosides Fluorides Inorgnics Thioureas	Warfarin Strychnine Sulfate Scillaren A and B Fluoroacetate Thallium sulfate ANTU

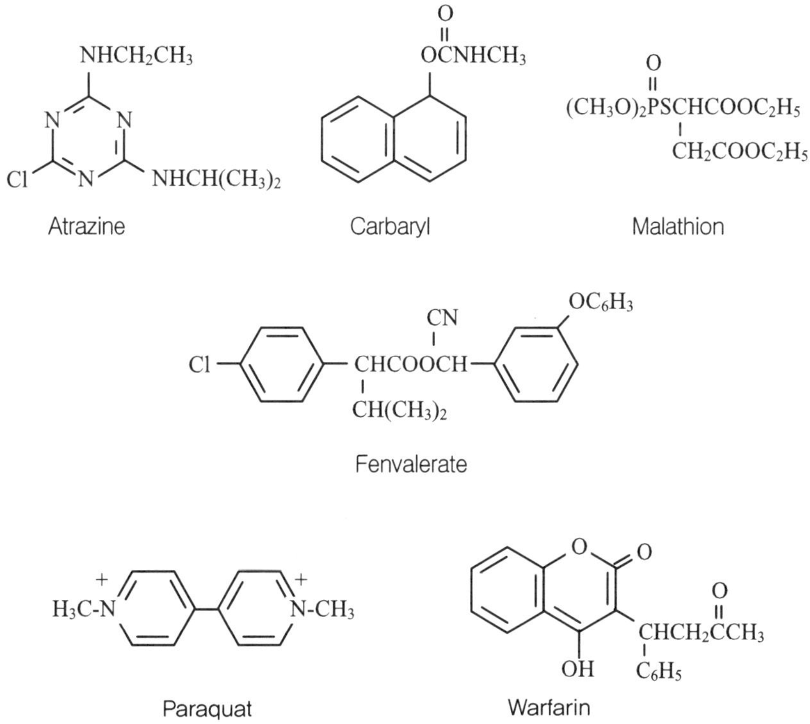

그림 2.3 많이 사용되는 살충제의 구조

③ 사슬모양의 알코올 : 메탄올, 에탄올

④ 글리콜과 글리콜에테르 : 에틸렌, 프로필렌글리콜 부동액에 사용되므로 일반대중이 많이 노출되어 있다.

⑤ 방향족 탄화수소 : 벤젠이 가장 대표적인 물질이며, 이 외에 톨루엔 등의 용매들이 있다.

(7) 다환방향족 탄화수소(Polycyclic aromatic Hydrocarbons)

다환방향족 탄화수소는 석탄, 석유 등의 일부 천연물질에 함유되어 있으나 일반적으로 유기물질이 불완전 연소되거나 탄음식물, 나무, 석탄, 담배 등의 연기에서 발견된다. 다환방향족 탄화수소의 일부는 발암물질이므로 DNA와의 상호작용이나 화학적 발암성 측면에서 많이 연구되었다. 이들 물질들의 일부는 고리에 질소원자를 함유한 heterocyclic 화합물이다. 연구가 많이 된 다환방향족 탄화수소의 화학적 구조가 [그림 2.4]에 있다.

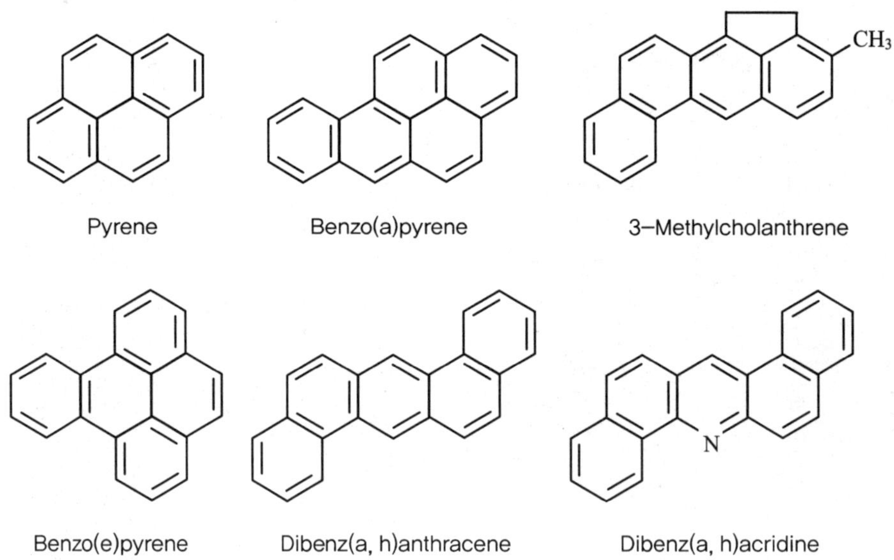

그림 2.4 발암성 다환방향족 탄화수소

(8) 화장품

화장품이 일으키는 흔한 부작용은 알러지 반응과 피부염이다. 파마의 중성제로 사용되던 브롬염(bromate)과 향수에 사용되던 에탄올을 먹으면 급성독성을 일으킨다. 파마액과 탈모용으로 사용되던 티오글리코레이드와 티오글리세롤 및 직모제로 사용되던 수산화나트륨은 먹으면 해로운 물질이다.

3.2 천연으로 존재하는 독성물질

(1) 진균독소(Mycotoxins)

균독소물질들은 화학적 구조와 생물학적 작용이 광범위하다. 그 중 가장 흥미로운 진균독소는 음식물이나 가축들의 사료에서 발견되는데 *Claviceps sp.*에 의해 생성되는 ergot alkaloids, *Aspergillus sp.*에 의해 생성되는 aflatoxins과 관련물질들, 여러 가지 불완전균류 특히 *Fusarium sp.*에 의한 tricothecenes 등이 있다.

Ergot alkaloids는 신경계통과 혈관수축군에 영향을 주는 것으로 알려져 있다. 유행성 괴저병과 경련성 맥각병(St. Anthony's fire)과 관련이 있다는 기록들이 있으나, 현재는 관련된 지식이 증가되고 식사가 현대화되면서 더 이상 사람들에게 발생하지는 않는다.

그러나 가축들에게는 아직도 맥각중독(ergotism)이 빈번하게 발생한다. 화학적으로는 lysergic acid의 아마이드(amides)인 에르고틴(ergotin)의 파생물질이다.

Aflatoxin은 *Aspergillus sp.* 중에서 특히 곡물, 옥수수, 땅콩 등을 부패시키는 곰팡이 *Aflavus*의 생성물이다. 발견 초기에 양계에 Turkey-X 질병을 일으켰으며, 동물시험에서 암을 발생하였고 역학조사에서도 사람에게 암을 유발시킨다는 것이 밝혀졌다. Aflatoxin 중 가장 독성이 강한 aflatoxin B_1이 발암효과를 나타내기 위해서는 먼저 효소에 의해 활성화 되어야 한다. 진균독소들은 유용하게 이용될 수도 있다. 진균독소인 에버멕틴(avermectin)은 최근 살충제와 가축의 기생충인 선충을 없애는데 사용되면서 주목을 받고 있다.

(2) 미생물독소(Microbial toxin)

미생물에 의해 생성된 물질을 미생물독소라 일컫는데 분자량이 크고 항원성이 있다. 대부분 단백질이나 점액단백질로서 효소의 특성을 갖고 있다. 박테리아에 의해 생성된 물질은 이 부류에 포함하지 않으며 단순히 독(poisons)이라고 한다. 독성이 강한 물질 중에는 파상풍독소(tetanus toxin), 보툴리누스균독소(botulinus toxin), 디프테리아독소(diphtheria toxin) 등이 알려져 있다.

(3) 식물독소(Plant toxins)

식물들이 가지고 있는 식물독소는 해충이나 척추동물들에게 대항하기 위한 방어기전으로 생성되는 것이다. 특별한 독성 없이 불쾌감을 주기도 하고, 때로는 생물체에서 급성독성을 나타내기도 한다. 구성물질로는 황화학 물질, 지방, 페놀, 알칼로이드, 글리코사이드 등의 화학물질들이 있다. 또한 코카인, 카페인, 니코틴, 모르핀, 칸나비노이드 등 많이 오용되는 약들이 식물 독성물질에 속한다. 우리가 흔히 먹는 식용식물의 주요성분들이 독성을 나타내는 경우도 있는데, 예로서 후추에서 발견되는 사프롤(safrol)과 관련된 화학물질들은 발암물질이다. Cholinesterase 억제제이며 기형발생 물질인 solanine과 chaconine은 감자에서 발견되는 독성물질이다. 가축들이 사료 중 포함된 식물에 중독되는 경우는 수의학적으로 심각한 문제가 되고 있다.

(4) 동물독소(Animal toxins)

동물독소는 효소, 신경 및 혈관에 독성을 나타내는 펩타이드, 단백질, 알칼로이드, 글리코사이드, 테르펜, 그 외의 작은 분자들이 포함된다. 대부분의 경우 독액(venoms)은 주로 단백질과 작은 분자들을 포함하는 복합체의 혼합물이며 그들의 독성효과는 성분의 상호작용에 따라서 달라진다. 예를 들어, 벌의 독액에는 생화학적 아민, 히스타민, 세 개의 펩타이드 및 두 가지 효소가 들어있다. 곤충의 독액과 방어를 위한 분비액도 fomic acid, benzoquinone, 그 외 다른 퀴논, citronella 같은 terpense 등 간단한 구조의 많은 독성물질이나 자극제들을 포함한다. 뱀의 독은 60 ~ 70개의 아미노산으로 구성된 펩타이드가 독성물질을 구성한다. 뱀의 독성물질은 심장과 신경에 유해하며 독성효과는 독액에 들어있는 phospholipase, peptidase, protease 및 다른 효소에 의해 상승되는데, 이들 효소들은 피를 응고시키거나 혈관에 손상을 주기도 한다.

3.3 무기화학물질

대기오염물질인 질소산화물과 황산화물 외에 가장 중요한 무기독성물질은 금속이다. 철강산업에 사용되는 베릴륨, 용접과 담배연기를 통해 방출되는 카드뮴, 전자산업과 살균제에 사용되는 수은들이 있다. 배터리, 페인트에 사용되며 유연휘발유에 들어있는 납은 이미 물과 공기에 널리 퍼져 있다. 빈민가의 어린 아이들이 납에 중독되기 쉬우며 가축에서도 발견되고 있다. 테트라에틸납 등의 유기납 성분은 호흡기나 피부를 통하여 쉽게 흡수된다. 음식물과 가축사료에 함유되어 있는 질산염과 아질산염은 가장 관심을 끄는 독성 무기화학물질이다.

4 독성물질의 환경에서의 이동

환경으로 유출된 오염화학물질은 대개의 경우 한군데만 머물러 있지 않는다. 자연에 노출된 후 물, 공기, 토양을 통하여 널리 퍼지기도 하지만, 동시에 생물체 간의 전이를 통해 확산되면서 농도가 증가되거나 생물학적으로 축적이 된다. 특히 지용성 독성물질의 경우, 대기 수질 토양 중에 배출되면 생물에 의해 쉽게 흡수되며 일단 흡수된 후에 대사되지 않고 지방에 축적되어 있다가 먹이사슬을 통해서 다른 생물로 이동되기도 하며, 지방에 축적이 되면서 독성농도를 증가시키기도 한다. 예로서, 농약을 비행기를 이용해 분무제로 뿌리면 대기오염을 일으키면서 이동하다가 물에 떨어지면서 수질오염을 일으키고 다시 미생물에 의해 분해되기도 한다. 살충제인 DDT (dichloro dibenzo trichloroethane)의 대사산물인 DDE도 먹이사슬을 통해서 식품에 오래 잔류되기 때문에 DDT 사용을 중단해도 많은 지역에서 여전히 발견된다. 다른 예로서, 일본의 미나마타만에 수은 폐기물 수 톤이 버려진 후, 수은은 박테리아에 의해서 해로운 메틸수은으로 바뀌고, 물속의 플랑크톤들이 메틸수은을 먹고 다시 고기들이 플랑크톤을 먹어서 메틸수은은 물고기 지방에 축적되었다가, 사람들이 요리를 해서 먹으면서 메틸수은의 중독증상(마비증세, 정신이상증세)이 '미나마타' 지역에 살고 있던 수천 명의 사람들에게 나타난 경우이다. 독성물질의 이동은 수중이나 내륙의 먹이사슬을 통하여 모두 일어날 수 있으며, 물고기 같이 먹이사슬의 상위 단계에 있는 생물의 경우에는 매체를 통하여 많은 양의 독성물질이 직접 축적될 수 있다.

제 3 장

용량 - 반응 관계

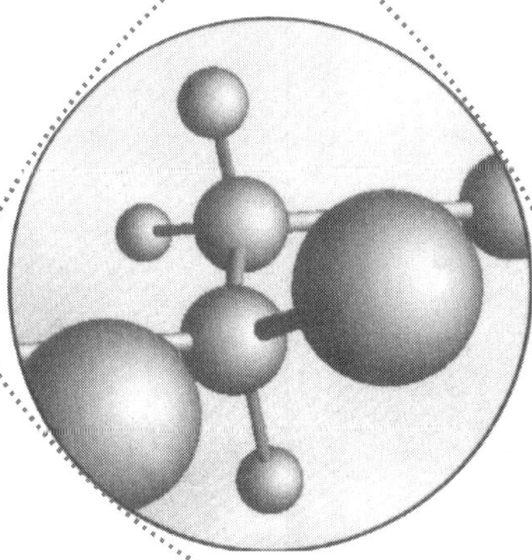

1. 독성의 판단기준
2. 용량 – 반응 관계
3. 용량 – 반응 곡선
4. 용량 – 반응 곡선의 안전역과 기울기
5. 독성관계

1 독성의 판단기준

화학물질이 독성을 갖고 있다면 이의 판단 기준은 무엇일까? 독(poison)이란 양적 개념이 중요하다. 현대독성학 후기발전의 토대를 이루어놓은 Paracelsus는 '모든 물질은 독성이 있으며 독성물질이 아닌 것은 하나도 없다'고 주장하면서 독(poison)을 양(dose)의 개념으로 정의하였다. 독성물질의 용량과 반응과의 관계는 독성학에서 중요한 상관성을 가지는 동시에 기본이 된다.

대부분의 물질은 일정한 양에서는 유해한 반면, 매우 낮은 용량에서는 무해하다. 두 한계 사이에는 감지하기 어려운 만성독성으로부터 치명적인 독성을 일으키는 범위가 존재한다.

예 1) 비닐클로라이드는 많은 양 복용시에는 간 독성 물질이나, 낮은 용량에서는 발암작용을 하고, 미량에서는 무독성이다.

예 2) 아스피린(아세틸 살리실릭산)
권장량에서 안전한 반면 장기복용시 위점막에 유해하다.
0.2~0.5g/kg 정도 복용으로 목숨을 잃을 수도 있다.

그러므로 독성 반응을 관찰함으로써 독물의 유해성을 확인할 수 있고 사용조건들을 추정할 수 있다. 또한 용량-반응의 관계로서 독성을 수치화함으로써 다른 독성물질과의 비교 목적으로도 사용할 수 있다.

2 용량-반응 관계

특정한 생리효과를 나타내는 모든 화학물질의 용량(dose)을 증가시켜서 독성작용을 나타낼 때의 양을 독성물질이라 정의하였다. 모든 물질은 용량에 따라서 독성물질이 될 수 있으므로 용량-반응 관계는 중요한 의미를 갖는다.

용량-반응 관계는 주로 시험을 통해서 얻게 된다. 시험동물이 일정기간 동안 특정용량에 일정한 수학적인 비율로 반응할 때에 존재할 수 있다.

용량 - 반응 관계를 위해 몇 가지 가정이 전제되어야 한다.

1. 투여되는 물질이 있어야 한다.
2. 생체에는 독성물질에 반응하는 수용체(receptor)가 존재하며, 반응의 크기는 독성물질 농도에 영향을 받는 수용체 수에 비례하여 나타난다.
3. 반응의 정확한 관찰과 측정이 필요하다.

3 용량 – 반응 곡선(Dose–response curve)

용량 - 반응 관계를 curve로 그려 수치화 할 수 있으며, [그림 3.1]은 전형적인 용량 - 반응 곡선을 보여주고 있다. 생물체가 화학물질에 반응하는 반응률(% response)과 용량(dose)이 양축(Y, X)이 된다. 반응률(% response)이란 약리학적, 생화학적, 병리학적 변화를 뜻하며 가장 간단하고 중요한 독성측정은 치사율(mortality)의 측정이다. 혈압강하제나 혈압상승제 투여시와 같은 예외가 있기는 하나 일반적으로 용량이 0이면 반응은 0이다. 시험생물체에 투여된 화학물질의 양이 증가되면 시험 생물체의 반응률(예 ; 치사율)은 이에 따라 증가하는 것이 일반적이다. 최대반응률을 E_{max}(maximum effects)라 하는데, 반응률이 50% 일어난다는 것(1/2 E_{max})은 생물체의 수용체 50%가 영향을 받는 것이며 이

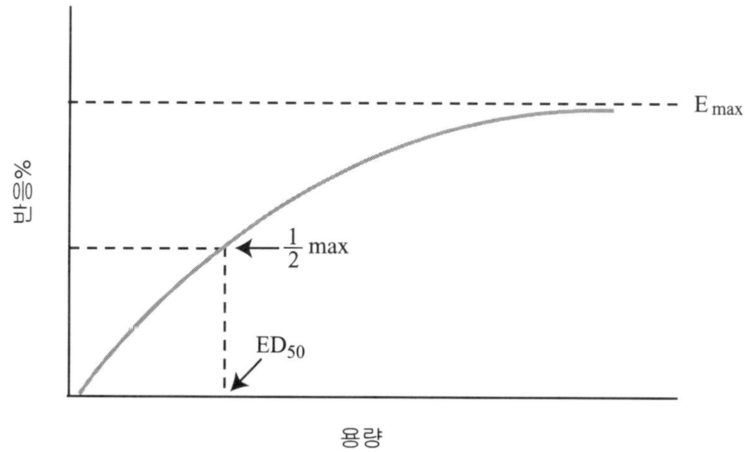

그림 3.1 전형적인 용량 – 반응 곡선

때의 용량을 ED_{50}(유효량 50%, effective dose 50%)라고 한다. 많은 화학물질의 경우, 반응이나 영향이 관찰되지 않는 용량이 있는데 이 용량을 한계용량(threshold dose)이라 한다. 용량 - 반응 곡선은 대부분의 화학물질과 독성효과에 적용이 되지만, 발암성 화학물질의 경우는 독성 기전에 따라 반응이 달라지면서 곡선형태가 논란이 된다.

용량반응 곡선들(Dose-response curves)

대표적인 용량반응 곡선으로는 아래의 세 가지가 있다. 용량반응 곡선의 모양은 여러 가지 요인들에 의하여 결정된다. 같은 형태의 곡선이라도 반응은 생물의 종에 따라 다르고, 동일 생물종이라도 집단이나 개체에 따라 다르게 나타난다.

① 종모양 곡선(bell-shape curve 혹은 gaussian curve)
정규분포 곡선(normal frequency distribution curve)

② S형태의 용량 - 반응 곡선(sigmoidal curve)

③ 확률 곡선(probit curve)

3.1 정규분포 곡선(Normal distribution curve)

종모양(bell-shape)의 정규분포곡선은 Gauss라는 사람이 완성했기 때문에 gaussian curve라고도 부른다. 화학물질을 시험생물에 투여할 때 생물학적 다양성 때문에 동일 투여량에 대하여 약한 반응을 나타내는 개체도 있고 민감하게 반응하는 개체들도 존재한다. 동일 투여량에 대하여 시험생물이 나타내는 반응의 크기와 빈도를 플롯하면 평균 크기의 반응을 중심으로 종모양의 대칭 · 만곡형 용량 - 반응 곡선이 그려진다(그림 3.2). 즉, 평균 반응의 ±1 표준편차는 시험동물의 67%를 나타내고, ±2의 표준편차는 시험개체군의 95%가 반응을 나타낸다. 이때 많은 수의 동물을 사용할수록 곡선은 더욱 만곡형에 가까워진다. 그러나 일반적으로 독성물질을 취급시에 [그림 3.2]와 같은 정규분포곡선, 즉 반응에 대한 빈도수를 나타내는 곡선은 실용적이지 못하다.

[그림 3.3]은 동일반응을 관찰시에 X축이 용량이 되고 Y축을 빈도수로 표시하여 그린 정규분포 곡선이다. 평균용량에 대한 반응개체수가 많아지면 종 모양을 이루게 된다.

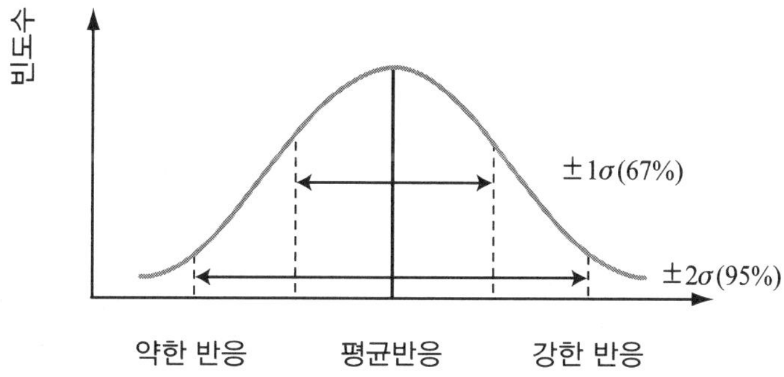

그림 3.2 동일한 투여량에 대한 생물체의 반응

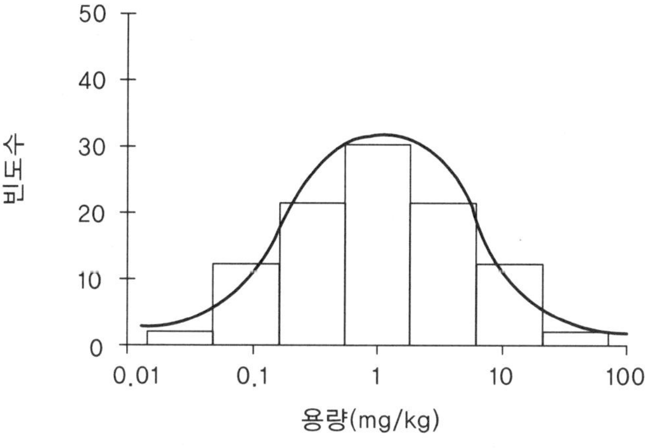

그림 3.3 동일한 반응 관찰시 투여량에 따른 빈도수

3.2 S-형태의 곡선(Sigmoidal curve)

누적투여량에 대한 반응곡선 [그림 3.3]에서 X축을 투여량의 log 값으로 변형시키면, 누적 투여량의 log 값에 대한 시험동물의 반응%로서 표시할 수 있다. 이때, 독성물질의 용량-반응 곡선은 S 형태를 나타내는데 sigmoidal curve라고 부르며, 대표적인 독성물질의 용량-반응 곡선형태이다.

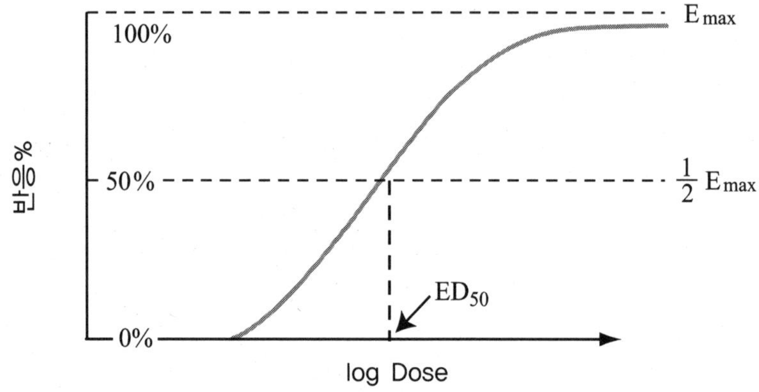

그림 3.4 누적투여량 log 값에 대한 반응%(sigmoidal curve)

S자형 용량 - 반응 곡선은 중간 용량을 중심으로 여러 표준편차 구간으로 나누며, 중간 용량, 즉 ED_{50}은 사용된 동물의 50%가 반응을 나타내는 점이다. 중간용량을 중심으로 위, 아래 ±1씩의 표준편차 이내에서는 개체의 67%를 포함하는데 일반적으로 이 구간 내에서 곡선은 직선형태를 갖는다. 직선 형태의 부분은 1차 함수로 전환할 수 있으며 데이터를 분석하는데 편리한 장점이 있다. S형태의 곡선에서 용량을 log값으로 전환하는 이유는 첫째, 경험적으로 sigmoidal curve에서는 더 넓은 범위에 걸쳐 직선을 얻을 수 있으며 둘째, 용량의 log값으로 전환시에는 넓은 범위의 용량까지도 그릴 수 있다는 장점을 가지기 때문이다. 많은 수의 동물을 사용할수록 곡선은 더욱 S자형에 가깝게 된다.

3.3 확률곡선(probit curve)

Bliss는 probit 변환이라는 개념을 도입하여 반응률을 probit 단위로 표현한 형태로 용량 - 반응 곡선을 도식하였다(그림 3.5).

Probit = probability unit (확률단위, units of deviation from the mean)
Probit 단위 = NED + 5 (NED = normal equivalent deviation, 표준편차)

반응률(반응%)을 NED로 표시하면서 NED가 가지고 있는 +, −를 피하기 위하여 NED 단위에 5를 더하여 probit 단위로 바꾸었다. 즉, 사용된 동물의 50%가 반응을 나타내는 ED_{50}은 probit 단위 5에 해당되며, 각 표준편차 단위는 1 probit 단위이다.

X축인 용량(dose)을 상용대수 log로 표시하면 용량 - 반응 곡선은 직선이 된다.

Probit curve에서는 용량 - 반응 곡선이 직선이거나 거의 직선에 가까우므로 선형회기 $Y = aX + b$로 분석이 가능하며, 이때 a는 직선의 기울기이다.

반응률(% response)	NED(표준편차)	probit 단위
0.1	−3	2
2.3	−2	3
16	−1	4
50	0	5
84	+1	6
97.7	+2	7
99.9	+3	8

* 1SD : 67%   2SD : 95.4%   3SD : 99.8%

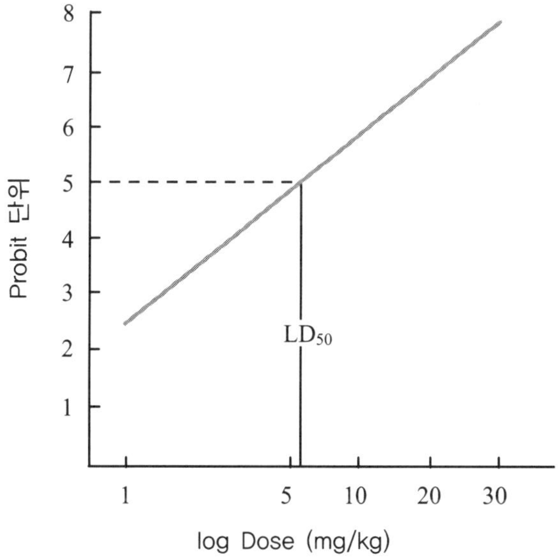

그림 3.5 용량 – 반응 곡선의 probit 변환

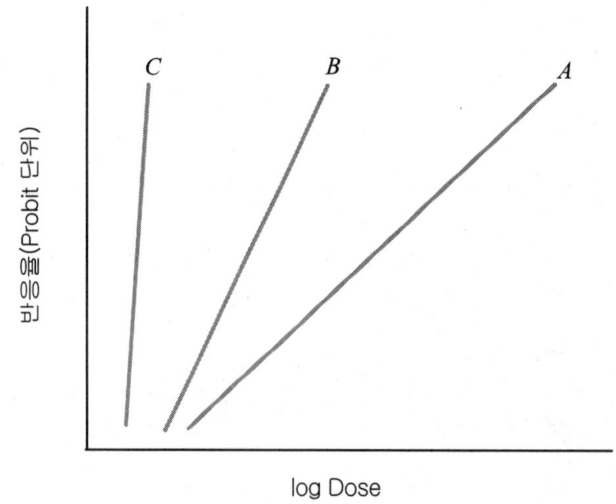

그림 3.6 용량 – 반응 곡선과 안전역

4 용량 – 반응 곡선(curve)의 안전역과 기울기

안전역이란 무효량으로부터 치사량까지 용량의 점차적인 폭을 말한다. [그림 3.6]에서와 같이 A물질은 무효량으로부터 100% 비가역적 작용까지의 용량이 아주 넓은 폭을 갖지만, B물질은 폭이 보다 좁고, C물질은 실제 치사시키는 양을 정하기가 어렵다. 따라서 A > B > C의 순으로 안전역이 크다. 화학물질의 안전성의 문제는 특히 의약투여의 경우 중요하기 때문에 반드시 고려되어야 한다.

안전역(margin of safety)은 LD_{01}/ED_{99} 혹은 LD_{50}/ED_{50}과 같이 치사량과 유효량의 비로서 결정할 수 있다.

Probit curve에서 선의 기울기는 반응의 형태를 반영하며, 안전한계를 결정함에 있어 중요한 인자이다. 기울기가 급하면 용량이 조금 증가하여도 현저한 독성변화를 나타낸다. 기울기가 낮을수록 안전한계는 커진다.

※ 용어의 해석

ED(effective dose, 유효량), TD(toxic dose, 독성용량), LD(lethal dose, 치사량)

Threshold dose(한계용량, 시험생물이 처음으로 반응하는 용량, Sigmoidal curve의 시작 지점의 용량)

5 독성관계

A 그림 : 독성물질 A가 B보다 효능(potency)이 크다.

B 그림 : 독성물질 B가 A보다 효력(efficacy)이 크다.

C 그림 : LD_{10} 비교시에는 독성물질 B가 A보다 효능이 크다.

LD_{50} 비교시에는 독성물질 A가 B보다 효능이 크다.

D 그림 : 안전역은 LD_{01}/ED_{99} 혹은 LD_{50}/ED_{50}로 구할 수 있다.

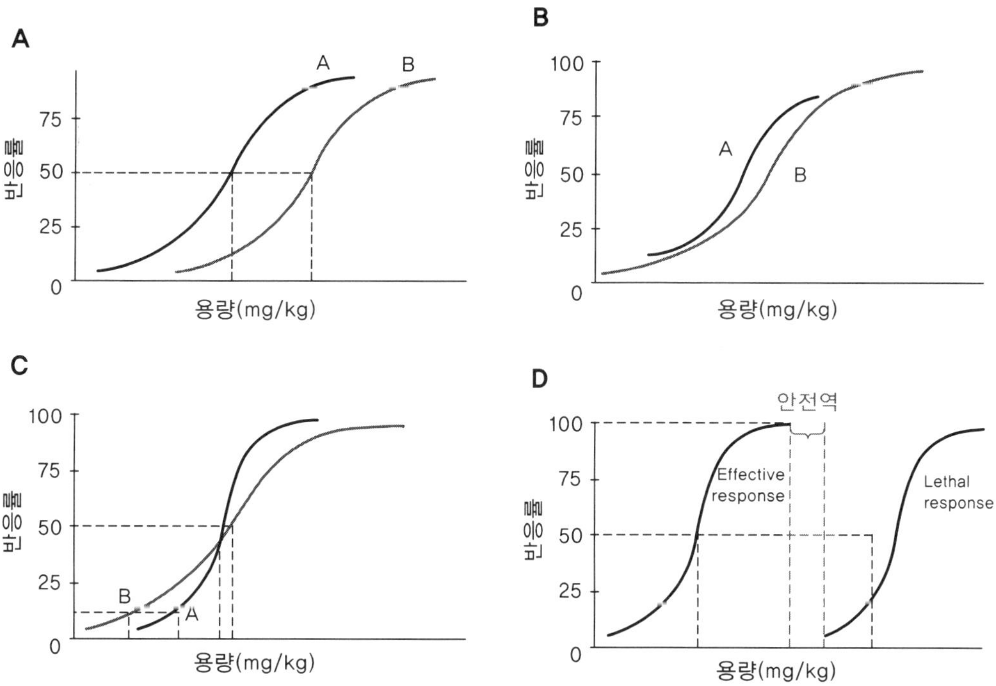

그림 3.7 독성관계

연습문제

1 다음 그림은 독성물질 A와 B의 Sigmoidal 형태의 용량 – 반응 곡선을 나타낸다.

① 각 독성물질의 LD_{50} 수치는 얼마인가?

② 독성물질 A가 항상 독성물질 B보다 더 독성이 크다고 가정할 수 있는가?

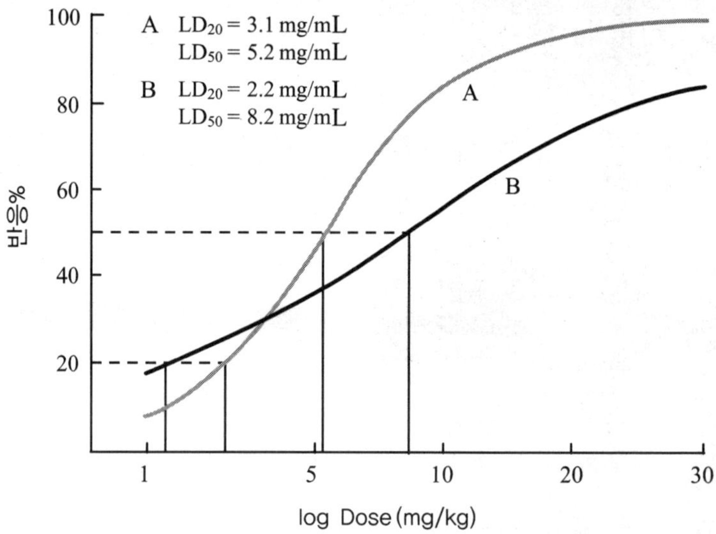

그림 3.8 기울기가 다른 A와 B 물질의 용량 – 반응 곡선 비교

2 아래 표는 독성화학물질 A와 B의 용량에 따른 치사율을 나타내고 있다.

① LD_{10}을 기준으로 어느 물질이 더 독성이 큰가?

② LD_{50}을 기준으로 어느 물질이 독성이 큰가?

③ 이들 두 독성물질은 각각 어느 용량에서 같은 치사율을 보이는가?

용량(mg/kg)	독성물질 A (치사율 %)	독성물질 B (치사율 %)
0.01	10	5
0.05	15	10
0.1	20	15
0.5	30	30
1	35	40
5	45	55
10	50	60
50	60	75
100	65	85
500	85	95
1,000	90	97
5,000	95	98
10,000	97	99

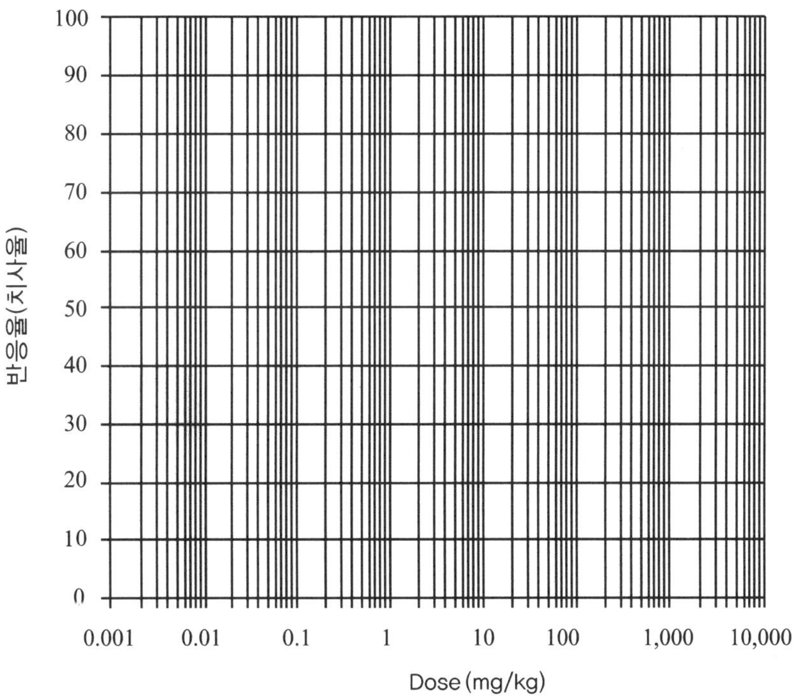

그림 3.9 Semi-log 그래프

제 4 장
독성시험

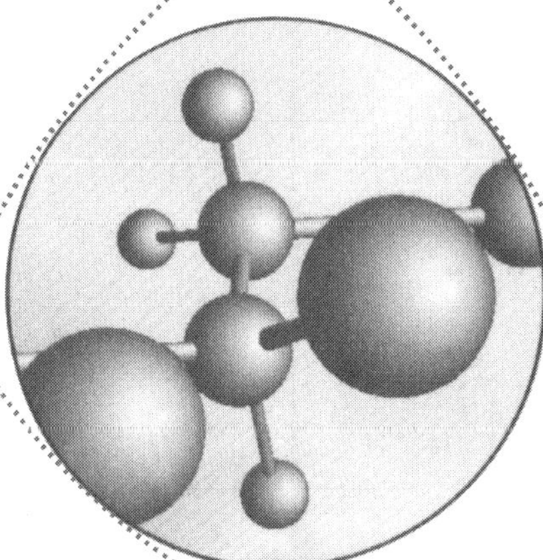

1. 독성시험의 목적
2. 생체시험법
3. 시험생물
4. 시험관 내 시험법
5. 수서생물을 사용한 독성시험

1 독성시험의 목적

화학물질의 일반적인 위해성 평가를 위해서 독성시험이 필요하다.

독성평가는 어떤 물질이 독(poison)으로서 잠재성이 발현될 수 있는 조건과 작용의 특성을 판단하고자 하는 것이다. 반면, 위해성 평가는 주어진 노출 조건하에서 유해한 결과가 나타날 가능성을 정량적으로 평가하는 것이다. 독성시험은 크게 시험생물을 사용하는 것과 시험관 내 시험법들이 있다. 시험관 시험법들은 유전적 독성이나 변형에 관한 것들이 대부분이다.

독성시험의 목적은 사람에 대한 위험잠재성을 알아보기 위한 것이지만 실제로는 시험동물을 대상으로 실행된다. 시험동물의 독성물질, 노출조건 등에 대한 조건이 평가하고자 하는 사람에 근접할수록 이상적이다. 독성시험에 동물을 사용할 경우 몇 가지 논란의 여지가 있다. 우선, 시험동물에서 독성물질의 안전성을 구하는 것은 상대적으로 용이하다. 그러나 궁극적으로 사람의 안전도를 확립하는 것이 목적이므로 사람에게 적용시에는 엄격하게 해석을 해야 한다. 또한 동물을 사용할 경우에 시험법이 복잡하고 비용이 많이 소요되나 다행히 새로운 시험법들이 꾸준히 개발되고 있다.

동일한 독성물질이라도 독성시험의 급성과 만성작용은 흔히 다른 조직에서 나타날 수 있다. 예로서, 염소화탄화수소(chlorinated hydrocarbon)은 고농도로 급성폭로 된 후 신경조직에 영향을 주지만 저농도・만성폭로의 경우에는 간암이 발생하기 쉽다.

2 생체시험법

독성물질의 독성을 측정하는 생체시험법에는 일반적으로 급성 독성시험, 아만성 독성시험, 만성독성시험 등이 대표적이다. 독성시험을 시행하고자 할 때에 고려해야 할 사항은 다음과 같다.

① 시험대상 독성물질의 선정

② 시험생물의 선정

③ 측정할 반응의 선정

④ 시험기간 혹은 폭로기간 결정

시험동물의 연령, 성, 음식물, 생리상태, 건강상태 또는 연구기관에 따라서 결과에 차이가 있을 수 있다. 가장 간단한 독성 측정인 LD_{50}(일정상태에서 생물개체군의 50%를 죽이는데 필요한 양)은 앞에 언급한 변수들을 어떻게 조절하는가에 따라 크게 영향을 받으므로 각 연구 기관에 따라 다소 다르게 나타날 수 있다.

2.1 급성독성시험(Acute toxicity test)

급성독성시험은 독성시험 중 가장 기초적인 것으로서, 대상물질의 독성정도를 측정하고, 독성을 나타내는 동물에 대한 자료를 얻음과 동시에 다음 단계의 아만성 독성 및 만성독성시험에 대한 용량범위를 정할 수 있다.

측정되는 가장 중요한 반응은 LD_{50}(반치사량)인데, 가스나 휘발성 물질 또는 어류를 대상으로 하는 독성시험의 경우는 LC_{50}(반치사농도)으로 표현하며, 이는 대상물질을 시험동물에 투여하였을 때 시험동물의 절반이 지사되는 투여량 또는 투여농도를 통계학적으로 계산한 것을 말한다. LD_{50} 외에 약리학적, 생화학적, 병리학적 변화를 측정하며, 가능한 기본적인 작용기전과 관련 있는 독성작용을 측정함이 바람직하다.

① 새로운 화학물질에 대하여 가장 먼저 행하는 독성시험이다.

② LD_{50}을 구하는 것이 급성독성시험의 목적이며, LD_{50}량에 따라 기관 손상 등의 독성효과들을 확인할 수 있다.

③ 대상물질을 단 1회의 높은 용량으로 투여하거나 규정된 기간 내에 수회 투여한다.

④ 대상물질 투여 시작 후 2주간을 독성물질로 나타난 결과의 관찰기간으로 한다.

⑤ 보통 2종(이상)의 시험동물을 사용하며 투여 경로도 1개 이상을 사용한다. 자주 사용되는 시험동물은 쥐(rat), 생쥐(mouse), 개, 토끼 등이며 성인 암/수 모두를 사용한다.

⑥ 14일 이내에 죽는 동물의 수를 센다.

⑦ 다음 단계의 아만성독성시험, 만성독성시험에 대한 용량범위의 지침을 준다.

2.2 아만성독성시험(Subchronic toxicity test)

시험동물에게 대상물질을 장기간 반복 투여함으로써 일어나는 독성을 평가하는 것이다. 발암성을 제외한 거의 모든 독성시험에 관련된 정보를 제공해 주며, 만성시험에 사용할 투여량을 결정하는데 필요하다. 이 시험은 유해하거나 비정상적인 영향이 나타나지 않는 최대투여량이며 위해성 평가산정에도 사용되는 NOEL (no observable effect level, 비감지성 영향수준)을 결정하는 근거로 자주 사용된다.

① 화학물질을 사용하여 90일 경구투여, 30일 피부도포, 30 ~ 90일 흡입시험을 하는 가장 일반적인 시험이다.

② 보통 2종의 동물을 사용해서 시행하며 개, 쥐, 생쥐 등이 주로 사용된다. 가능한 어린 동물을 사용한다.

③ 관찰 : 체중감소, 기관독성(29기관), 혈액검사, 죽음에 이르는 과정의 여러 가지 약리학적, 생화학적, 병리학적 변화를 측정하는데, 가능하면 화합물에 의해 야기되는 독성작용의 기본적 작용기전과 관련있는 독성작용을 측정하는 것이 바람직하다. 시험이 끝나면 29기관을 병리학적으로 검사한다.

2.3 만성독성시험(Chronic toxicity test)

만성독성시험은 시험동물의 일생동안, 때로는 한 세대 이상에 걸쳐 실시된다. 주로 발암성, 기형유발, 생식독성 등을 확인하는 시험이다.

① 화학물질을 장기간 혹은 만성적으로 폭로하는 경우로서 물질에 따라서 6개월 ~ 2년 동안 계속된다.

② 낮은 용량의 화학물질을 사용한다.

③ 많은 수의 동물을 사용하며 주로 쥐, 생쥐가 사용된다.

④ 장기간, 평생 동안 사육하므로 비용이 비싸다.

⑤ 주로 발암성, 기형유발, 생식독성을 관찰한다.

⑥ 이 시험 후에는 살아남은 것과 죽은 것 모두 관찰한다.

일반적으로 만성독성시험에서 얻어진 결과에 의해서 사람에 대한 평가방법을 고찰하게 된다.

3 시험생물

독성시험에는 다양한 생물체가 사용될 수 있으며 일반적으로 사용되는 동물 외에도 분리한 세포, 세균 균주, 고등식물, 고등동물에 이르기까지 다양하다.

독성시험에 동물을 사용하는 경우에는 다음과 같은 사항들을 전제로 한다.

① 동물에서 어떤 독성물질의 효과가 나타나는 경우, 사람들에게서도 같은 결과가 일어난다, 즉 정성적으로 동일하다고 가정한다. 시험동물은 사람에 대한 유용한 대용물이기 때문이다. 동물에서 얻은 결과를 가지고 다음 단계에서 사람에게 확대할 수 있다. 즉, 동물의 기지의 사실로부터 사람에 대한 미지의 사실을 추정한다.

② 시험동물을 시험독성물질에 고농도로 폭로시킴으로써 모든 가능한 독성적 영향들을 밝힐 수 있다. 사람에게 저농도로 폭로시킨 후 결과를 얻으려는 것보다 더 경제적이다.

③ 두 가지 이상의 동물을 사용한 시험결과를 사람에게 적용할 때 확률이 커질 수 있다. 동물의 種(species)에 따라서 대사에 차이가 있으므로 투여되는 동물에 따라 독성이 있을 수도 있고 없을 수도 있다.

그러나 최근 동물 보호차원에서 동물을 사용한 시험이 점점 줄어들고 있으며, 사람과 유사한 효소군을 지닌 어류를 사용한 독성시험법들이 많이 권장되고 있다.

부록 실험실에서 흔히 사용되는 농도의 단위

시험실에서 사용되는 용액의 농도는 몰농도, %농도, ppm들이 주로 사용된다.

(1) 몰농도

가장 보편적인 단위이다. 용액 1 L 속에 포함된 용질의 몰수이며, 기호 M으로 표시한다.

$$몰농도(M) = 용질의\ mol수 / 용액의\ L수$$

문제 ① 수산화나트륨 NaOH 2.00 g을 녹여 정확하게 200 mL 용액을 만들었다. 이 NaOH 용액은 몇 몰농도인가?

(2) %농도

질량백분율과 용량백분율로 표현되며 질량백분율이 많이 사용된다.

- 질량백분율 : 100 g의 용액 속에 몇 그램의 용질이 있는가를 나타낸다.
- 용량백분율 : 100 mL의 용액 속에 몇 그램의 용질이 있는가를 나타낸다.

문제 ② 물에 대해 5.00%(W/W) NaCl 용액을 어떻게 만들 것인가?

(3) PPM(parts per million, 백만분율)

- ppm(10^{-6}) = 1 mg / L
- ppb(10^{-9}) = 1 ng / L

해답

1. 0.250M NaOH
2. • 100 g의 용액에 5.00 g의 NaCl이 있어야 한다.
   • 5.00 g의 NaCl에 95.0 g의 물을 더해준다.
   • 물의 밀도는 1.00 g/mL에 아주 가까우므로 95.0 mL의 물을 사용하여 물의 무게를 재는 수고를 덜 수 있다.

4 시험관 내 시험법

다음 세 가지 대표적인 독성시험들은 분리된 세포계로 시험관에서 수행하는 시험법으로서 일부는 생체 내에서 수행하는 단기시험법이거나 생체 내와 시험관 내 시험이 합쳐진 시험법이다. 이 시험들은 독성효과와 화학적 발암기전을 알아보는데 중요한 유전자 또는 세포변형에 대한 효과를 측정한다. 미생물에서 세포의 돌연변이는 그 자체가 독성의 하나이지만, 이런 돌연변이 유전자는 유전되어 다음 세대에 다시 나타난다.

화학적 발암작용의 초기단계로서 '체세포변이' 이론은 널리 알려져 있으며, 돌연변이 잠재성과 발암잠재성이 상호관련되어 있다는 것을 뒷받침하는 증거도 상당수 있다. 이들 시험의 목적은 시험동물 생애에 길친 만성독성의 연구로 지연될 필요 없이 발암물질의 잠재성에 대한 경각심을 제공하는 것이다. 이들 시험법의 중요한 기능은 독성잠재성이 큰 화합물을 확인하고, 만성시험의 양을 조절하기 쉬운 정도로 감소시킬 수 있다는 것이다.

4.1 Ames test

브루스 에임스(Bruce Ames)와 그의 캘리포니아 버클리대학 공동 연구자들이 개발한 Ames test는 히스티딘 생합성 경로의 결함이 있는 돌연변이 *Salmonella typhimurium* 균주에서 역 돌연변이를 일으키는 돌연변이 유발 화합물의 능력에 근거한 것이다. 즉, 균주 TA-1531은 염기쌍 변환을 TA-1537, TA-1538은 프레임 이동(frame shift)에 의한 변이를 시험하도록 개발된 균주이다. 최근에는 항생물질 ampicilline 저항성의 plasmid를 삽입하여 더욱 민감해진 균주 TA-98 및 TA-100도 개발되었다.

박테리아성 세포의 현탁액을 용해된 한천(agar) 상층액과 혼합하여 시험을 수행한다(그림 4.1). 이 현탁액에 S-9 분획 및 시험할 화합물을 첨가한다. 경화시킬 최소한의 한천이 담겨있는 페트리 접시에 이 화합물을 붓는다. 배양액에서 자란 군집을 세어서 히스티딘 부재하에 자랄 수 있는 능력을 획득한 박테리아 수를 평가할 수 있다. 시험의 정확성을 위해 다수의 농축액을 시험하고, 공지된 돌연변이원을 가한 양성대조 그룹과 시험 화합물만을 제외한 음성대조 그룹도 포함시킨다. 전체시험을 반복하여 적절한 통계적 유의성을 만족시킨다.

Mc. Cann 등이 이 방법으로 수백 가지 이상의 화합물을 시험하였지만 오직 3분의 1 정도만이 정량 분석에 적절하였다. 그러나 적절히 수행된다면 Ames test는 반복 가능하고 정확하다는 장점이 있다. 가끔 오차가 발생하긴 하나, 돌연변이성과 발암성 사이의 상호관련성이 높은 것으로 나타나 유용성이 인정되고 있는 시험법이다. 오차가 발견된 경우로는 비발암 물질인 특정 염기 동족체와 망간이 돌연변이원성인 반면, DES(diethyl stilbesterol)은 발암물질이지만 박테리아성 돌연변이원성 물질은 아니다.

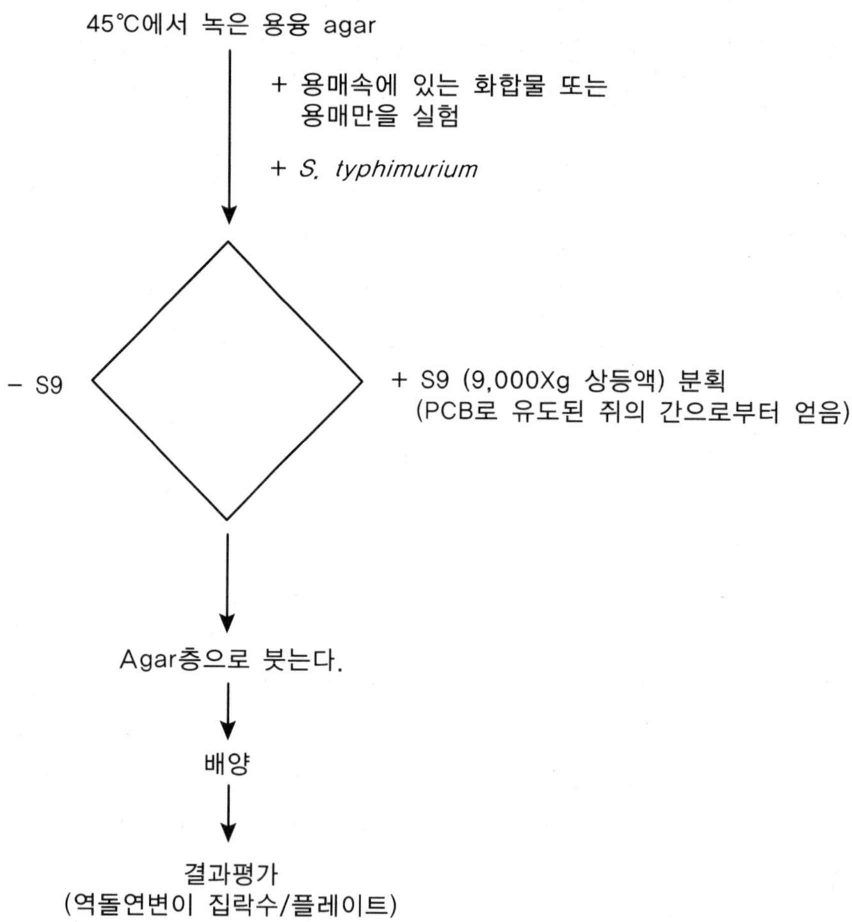

그림 4.1 변이원성을 시험하기 위한 Ames test의 시험방법

4.2 자매 염색분체 교환법(Sister chromatid exchange)

자매 염색분체 교환(SCE)은 염색분체를 형성하는 자매 염색분체 사이에서 일어난다. 염색체 교환이 각 염색분체의 동일한 자리에서 일어나는 대칭교환이다. 엄밀히 말하면 교환된 생성물이 정상 염색체와 형태가 다르지 않기 때문에 변이가 아니다. 그러나 SCE는 화학적 유도에 민감하며, 화합물의 유전독성 및 종양발생 가능성과 관련되어 있는 것으로 보인다. 복제된 DNA에 결합된 5-bromo-2'-deoxyuridine 존재하에 처리된 세포를 2개의 DNA 복제 사이클을 통과시킴으로써 이런 교환이 일어나는 것을 볼 수 있다. 그 후, 세포를 형광염료로 염색하고 UV선으로 조사하여, bromo-deoxyuridine을 함유하거나 하지 않는 염색분체로 나눈다.

이 시험은 배양된 세포 또는 생체 내 처리된 시험동물의 세포로 수행할 수 있다. 배양된 세포로 시험을 할 경우, 시험화합물은 일반적으로 쥐의 간에서 유도된 S-9 활성계의 존재 및 부재하에 검사한다. 일반적으로 햄스터의 난소세포 계통에서 유도한 세포를 액체 배지 속에서 배양하고, 약 2시간 동안 S-9 분획의 존재 및 부재하에 여러 농도의 시험약품에 노출시킨다. Ethyl methane sulfonate(직접작용 화합물) 또는 dimethylnitrosamine(활성화 필요물질)과 같은 양성대조 그룹 및 음성대조 그룹도 포함시킨다. 시험화합물의 농도는 성장억제가 더 이상 일어나지 않는 용량을 최고용량으로 하여 선택한다. 처리가 끝난 후 세포를 세척하고 bromodeoxyuridine을 가하고 세포를 24시간 이상 배양한다. 세포를 고착시키고 형광염료로 염색하고 UV선을 조사한 다음, 두 번째 종류의 세포를 현미경으로 SCE에 대해 평점한다.

생체 내 처리된 세포에 대해서도 시험할 수 있으며, 암환자, 화학약물 처리한 환자, 흡연자 및 직업적으로 노출된 근로자로부터 추출한 림프구의 SCE를 분석한 여러 경우에 SCE의 증가가 기록되었다. 이 시험법은 잘못된 양성결과가 거의 없이 DNA를 알킬화시키는 화합물에 대해 민감한 시험이며, 또한 phorbol-ester와 같은 유도물질의 탐지에도 유용하다.

4.3 소핵시험법(Micronucleus)

일반적으로 마우스에 대하여 수행하는 생체 내 시험이다. 시험동물을 생체 내에서 처리하고 골수에서 수득한 적혈구 줄기세포(stem cell)를 염색하고 소핵을 검사한다. 소핵은 염색체 조각, 또는 유사분열 초기의 남은 염색체들이다. 이 시험은 기본적으로 염색체 파괴를 일으키는 화합물(clastogenic agents)과 방추섬유 기능에 영향을 미치는 화합물을 포함하여 정상적인 유사분열을 방해하는 화합물에 대한 시험이다.

급성, 아만성 및 만성시험에 상술한 바와 같이 이종 교배시켜 얻은 수컷과 암컷 마우스를 최적 배우자 방법으로 사육하고, 시험화합물의 0.5 LD_{50} 또는 0.1 LD_{50}을 용매로 처리한다. 시험동물들은 2일까지의 여러 시간 간격으로 희생시키고, 골수를 추출하여 현미경 슬라이드에 놓고 건조시킨 후 염색한다. 현미경으로 소핵을 보아서 평점한다. 이 시험은 비교적 간단하고 무상해 동물 처리하지만, SCE 시험 같은 많은 다른 시험들 같이 민감하지는 않다.

5 수서생물을 사용한 독성시험

근래에 와서 생물체를 사용해 독성을 평가하는 시험법에 사육이 쉽고 시간 · 계절에 제한되지 않으며 대량으로 공급할 수 있는 물고기와 물벼룩 등의 수서생물들이 많이 사용되고 있다. 일반적으로 수서생물을 사용하여 시험할 경우에 실제로 생물체 내부에 투여된 농도를 정확히 알 수 없으므로 시험시에는 투여된 내부농도보다 외부농도로 시험물질의 농도를 표시한다. 수서생물 독성시험 기간 중에 대상물질의 일정한 농도를 유지하는 것도 시험법에 고려되어야 한다. 휘발성 물질, 분해성 물질, 수용성이 낮은 물질 등은 독성시험을 수행할 때에 농도 유지를 위해 각별한 주의를 해야 할 것이다.

5.1 일본산 송사리(*Japanese Medaka*)

이 어종은 세계적으로 시험용으로 널리 사용되며, 특히 산업용 화학물질의 유해성 시험지침인 경제협력개발기구(OECD) 시험 가이드라인의 공시어종으로 등록되어 있다. 일본산 송사리(oryzias latipes = aplocheilus latipes)는 toothcarps(cyprinodontidae)족에 속하는 난생의 민물 담수어(killfish)이다. 야생종은 갈색이 도는 검은색인 반면, 재배되는 종은 푸른색, 흑색, 금빛(golden), 흰색 혹은 붉은색과 흰색이 검정과 얼룩덜룩하다. 시험에 사용할 송사리는 금빛 종족(golden strain)으로서 아래의 설명은 금빛 종족에 기초한 것이다. 성장한 Medaka는 2 ~ 4 cm 길이의 매우 튼튼하고 내한성을 지녔기 때문에 추위에 잘 견디고 일상의 온도에서도 쉽게 유지된다. 외형은 동종이형(sexual dimorphism)이 뚜렷하다.

Medaka는 수조에서 자유롭게 알을 생산한다. 건강한 암컷은 한 산란기에 3,000개까지 알을 생산할 수 있다. 자연적인 일광하에서 산란은 새벽에 일어나며 광선 주기에 의해 조절된다. 겨울 동안에도 인공적인 광주기(photoperiodicity)로 생식작용을 조절하여 산란을 유도할 수 있다. 수컷 송사리에 의한 이리의 방사(spreading)는 거의 산란과 동시에 일어난다. 대개의 경우, 일회에 10 ~ 30개의 알을 낳으며 숫자는 1 ~ 70까지 다양하다. 알의 지름은 1 ~ 1.5 mm이며 아름답게 선명하고 투명한 융모막(chorion)을 가지고 있고 수많은 세사(filament)들이 돌출되어 있다. 이 세사들은 알들을 집단의 송이(cluster)로 얽히게 하고 암컷의 배출구에 붙도록 함으로써 알들이 여러 시간 동안 암컷에 매달릴 수 있게 한다. 시험시에 손으로 안전하게 제거하여 시험에 사용할 수 있다.

Oryzias latipes는 일년 내내 어느 시기건 정규적으로 알을 얻을 수 있고, 특별하게도 광학적인 투명함을 지닌 관계로 발생학적(embryologial)인 연구목적으로 대단히 유용하다.

(1) 발생학적 연구를 위한 송사리의 장점

① 산란이 일년 내내 어느 시기건 광주기에 의해 조절되므로 필요할 때 언제든지 정규적으로 알을 얻을 수 있다. 수정 후에 알들이 암컷에 수 시간 동안 붙어 있으므로 그 동안에 알들을 떼어 사용할 수 있다. 성어의 입이 비교적 작기 때문에 아주 큰 물고기만이 수조 안에서 작은 알들을 먹을 수 있으며, 알들이 어미를 떠나 떨어질 때까지 알들은 거의 먹혀지지 않는다.

② 알이 대단히 투명(transparent)하고 알의 발생과정이 명확하게 구분되어 있다. 독성물질에 대한 민감성이 높아서 독성물질 투여 후 광학현미경 하에서 발생기간 동안의 변화를 연속적으로 관찰할 수 있다. 즉, 알이 성장하는 과정 중의 독성물질에 의한 결손부위와 결손정도를 파악하기 쉽다. 독성기작의 파악으로 원인물질 추정이 가능하다.

③ 비용이 많이 소요되지 않아 경제적이다. 튼튼하고 내한성이며 표피가 단단하고 길이가 최대 2 ~ 4 cm로 많은 수의 물고기를 좁은 공간에서 쉽게 관리할 수 있다. 알 생산율과 부화율이 높은 장점을 가지고 있으며, 건강한 암컷은 한 산란기에 3,000개까지 알을 생산할 수 있다.

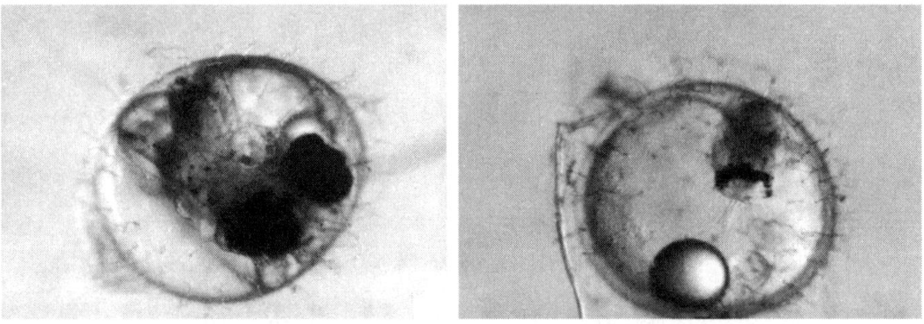

그림 4.2 정상적 배발생을 한 송사리알(좌)과 독성물질이 투여된 기형개체(우)
부화직전(180 ~ 200시간)

(2) 송사리 알을 사용한 발생과정 독성시험

(가) 시험물질

① 수은 : $HgCl_2$

② 카드뮴 : $CdCl_2$

(나) 시험물질의 농도

LD_{50}을 정확히 측정하기 위해서는 시험물질의 최소 세 가지(3 ~ 5 농도 사용) 이상의 농도를 사용하는 것이 바람직하다. 사용할 각 농도는 예비시험을 통해 근사치를 결정하는데 가장 높은 농도는 LD_{50}보다는 높지만 100% 치사율을 발휘하지 않는 농도를 취하고, 중간농도는 LD_{50} 부근, 그리고 가장 낮은 농도는 LD_{50}보다 낮으며 전혀 치사를 가져오지 않는 농도보다는 높은 농도를 취하는 것이 좋다.

① 수은 $HgCl_2$: 25, 50, 75, 100 ppm의 시험용액을 사용하였다.

② 카드뮴 $CdCl_2$

(다) 시험방법

① 아침 일찍 송사리의 알을 암컷으로부터 떼어 준비한다.

② 시험물질을 4 ~ 5개의 농도로 준비한다.

③ 2 mL의 teflon 뚜껑 vial에 시험용액을 각 농도별로 1 mL씩 5 ~ 10 vial씩 준비한 후 알을 한 개씩 넣는다.

④ 25 ~ 26°C로 유지한 항온기에서 배양하면서 매일 일정한 시간에 현미경에서 관찰한다.

⑤ 알 내에 수정란들의 발생이 시작된 후, 각 장기가 생기고 혈액순환이 되면서 약 10일에서 12일 정도가 경과되면 송사리로 부화되면서 알껍질을 벗고 나온다.

⑥ 대조군은 모두 정상적인 발생을 하여 부화해야 하며, 농도가 진한 시험물질 일수록 눈에 띄는 손상이 많아지므로 독성증상들을 자세히 관찰한다.

⑦ 약 2주 경과하여 시험이 끝난 후에 각 농도별로 산 것과 죽은 것의 마리 수를 세어 LC_{50}을 구하며, 대표적인 독성증상들을 관찰한다.

(3) 송사리 성체를 사용한 독성시험

크기 2 ~ 3 cm 정도의 송사리를 사용하되 외부로부터 입수한 경우, 시험조건과 동일한 환경하에서 최소한 1주일 이상 순화시키고 먹이의 공급은 시험개시 24시간 전에 중단한다.

시험용 수조는 유리제품을 사용하되 원통형의 경우 직경과 높이의 비율이 비슷한 것이 바람직하다. 시험용수는 오염되지 않은 지하수, 자연수 또는 조제수를 사용하되 수돗물을 사용할 경우는 일정기간 탈염소시켜 사용한다. 수온은 20 ~ 28°C 범위 내에서 수온변화가 ±1°C 이상 되지 않도록 한다.

(가) 시험용액의 준비

시험물질은 사용되는 농약제품 혹은 원제를 사용한다. 농약제품의 경우는 소량의 물에 미리 잘 교반하여 현탄시키고, 물에 용해 또는 현탁되지 않은 원제는 소량의 용매 및 계면활성제를 사용한다.

조제된 시험약 양을 시험용수에 넣어 잘 교반시킨 다음 시험어를 넣고, 이탈방지를 위한 망을 씌운다.

(나) 시험방법

시험은 기초시험, 예비시험, 본시험 순으로 시행한다.

① 기초시험

6.5 L 수조를 준비하고 한 개 수조는 대조군, 한 개 수조에는 시험용액을 농도를 결정하여(10 ppm) 5 L씩을 채운다. 시험어 수는 10마리로 한다.

24, 48, 72, 96시간으로 4일 동안의 치사량을 결정한다.

② 예비시험

기초시험에서의 결과에 따라 시험농도는 3 ~ 7개 단계 범위 내에서 설정하며, 어류는 7마리 이상으로 한다. 농도범위를 결정하기 위한 시험이다.

③ 본시험

시험농도는 5단계 이상으로 설정하며 농도당 어류는 10마리 이상으로 시험한다. 반수치사농도(LC_{50})을 구한다.

④ 대조군 설정

약제 조제시 사용된 용매 및 계면활성제를 가한 시험용수 자체를 음성대조군으로 하고 음성대조군에서 10% 이상 치사될 경우에는 재시험을 실시한다. 필요시 PCP-Na 염(pentachlorophenol sodium salt)을 양성대조군으로 하여 시험을 실시하도록 한다.

(다) 시험의 관찰

① 관찰기간 : 약제 처리 후 당일에는 수시 관찰하되 그 후에는 24시간 간격으로 96시간까지 관찰한다.

② 관찰사항 : 형태이상, 유영이상, 출혈 등의 중독증상과 치사개체수를 관찰하며 치사된 개체는 발견 즉시 수조에서 꺼낸다.

③ 체중 및 크기 측정 : 시험 종료 후 음성대조군에 사용된 어류의 평균체중 및 전장을 측정한다.

④ 수질조사 : 시험기간 중의 수온, pH, 용존산소량 등을 최소한 하루에 한번은 측정한다.

(4) 레포트 제출

① 시험이 끝난 후 레포트 쓰는 양식에 따라 관찰과정과 결과를 써서 제출한다.

② 시험결과에는 각 농도에서의 치사 마리 수를 세어 용량과 치사율이 표시된 용량-반응 곡선으로 그린다. 반수치사농도(LC_{50})를 산출한다.

③ 치사율 이 외에 다양한 반응 결과들을 상세히 관찰하면 좋은 그래프나 표를 얻을 수 있다.

④ 사용한 시험물질에 관한 자료를 찾아보고, 발생기 독성을 포함한 생물체와 인체에 대한 독성을 조사한다.

⑤ 침출수나 폐수를 사용하여 시험한 경우에는 결과를 분석하여 독성을 일으킨 유해독

성물질을 추정할 수 있다.

⑥ 생물체를 사용한 경우에는 생물체의 공급여부, 건강 상태, 숫자 등에 따라서 시험의 진행이나 성공이 결정된다.

5.2 물벼룩(*Daphnia magna*)

수서생물인 물벼룩(*Daphnia magna*)은 담수에 서식하는 1 ~ 3mm 크기의 동물성 플랑크톤으로서, 무성생식으로 3일마다 15개까지의 알을 생산하고 1주일 정도면 성숙할 정도로 사육이 용이하므로 안정된 공급이 가능하다. 물고기에 비해 상대적으로 유해화학물질에 민감하게 반응하는 특성이 있다.

독성시험에 사용되는 것은 생후 24시간 미만의 어린 개체를 사용하도록 한다.

(1) 물벼룩 급성독성시험

(가) 장치 및 기구

100mL 유리제 용기를 사용하며 사육수는 18 ~ 22℃의 온도범위에서 편차가 1℃ 정도가 유지되도록 한다. pH 미터, 용존산소 측정기 등이 필요하다.

(나) 사육수 준비

사육수는 탈염소수도수, 지하수 또는 양질의 천연수(총경도가 160mg/L 내외 - $CaCO_3$로서 pH 8.0 내외의 것을 사용)를 사용하거나 조제수를 사용한다.

사용되는 조제수의 조성은 다음과 같다.

시 약	첨가량(mg/L, 증류수)
KCl	8
$MgSO_4$	120
$CaSO_4 \cdot 2H_2O$	120
$NaHCO_3$	192

※ 위와 같은 조성을 가진 조제수의 pH는 7.6 ~ 8.0, 경도는 160 ~ 180(mg/L, CaCOS), 알칼리도는 110 ~ 120(mg/L, $CaCO_3$)이며, 사용하기 전에 24시간 정도 통기시킨다.

(다) 시험방법

물벼룩에 시험물질을 처리한 후 48시간 동안 관찰하여, 처리한 물벼룩의 50%가 유영 저해를 받는 농도(48시간 EC_{50})를 구한다. 이때 시험물질의 적절한 농도범위를 알기 위해 예비시험을 실시한 후, 그 결과에 기초하여 본시험을 실시한다.

> ※ 유영저해(Immobilization)
> 시험용기를 조용히 움직여 준 후 약 15초 후에 관찰하여 일부기관(촉각, 후복부 등)은 움직이나 유영하지 않는 것을 말한다.

1. 예비시험

시험물질을 3～4개 농도로 만들어 예비시험을 실시한다. 각 농도군을 100mL 비커에 50mL 용액으로 조제한다. 한 농도당 5마리씩을 처리한 후 48시간 동안 관찰한다.

시험용액의 농도를 일정하게 유지하며 시험방법에 따라서 시험용액의 농도를 시험 전과 시험 후 2회 실시 비교한다. 용존산소는 포화농도의 60% 이하가 되지 않도록 하고, pH 7～8 범위가 유지되도록 한다. 시험기간 동안에는 먹이를 주지 않으며 48시간 후에 물벼룩의 유영저해, 기타의 상태를 관찰하여 기록한다.

2. 본시험

예비시험 결과에 기초하여 1개의 대조군과 5개 이상의 농도군으로 설정한다.

각 농도군은 100mL 비커에 50mL 용액을 첨가한 후 농도당 5마리의 물벼룩을 노출시킨다. 물벼룩은 24시간마다 관찰하며 48시간 후 시험을 종료하고, 유영저해를 최종 관찰한 후 48시간 EC_{50} 값을 산출한다.

> ※ 시험기간 동안 시험물질의 농도는 원칙적으로 설정농도의 120% 이내로 유지하며, 용존산소는 포화농도의 60% 이상 유지되도록 한다.

3. 시험결과의 관찰

- 시험기간 동안 한 마리도 안 죽은 농도와 100% 사망한 농도 측정
- 각 노출 농도별 누적 유영저해 개체수(24시간, 48시간 2회)
- EC_{50}과 95% 신뢰구간의 통계 처리
- 농도 - 반응 곡선
- 대조군에서의 치사율
- 기타 시험 과정에서 관찰된 이상현상

5.3 수서생물체를 이용한 폐수관리

미국, 독일 등 선진국에서는 산업발달에 따라 급증하는 화학물질의 독성을 효과적으로 관리하기 위해 1970년대부터 생물체를 이용한 폐수관리 시스템을 도입하여 사용하고 있다.

우리나라도 2007년 현재 연 4만여 종의 화학물질을 사용하며, 매년 400여 종의 새로운 화학물질이 증가하면서 하천으로 유입되는 실정으로 유해물질관리가 시급하다.

환경부는 물벼룩을 이용한 "생태독성 배출허용기준"을 도입하는 내용의 수질환경보전법 시행규칙 개정안을 2007년에 입법예고 하였으며, 2010년부터는 폐수배출 사업장에서 단계적으로 시행하기로 하였다.

생태독성이란, 폐수가 생물체(물벼룩 등)에 미치는 급성독성 정도를 나타내는 것으로, 산업폐수 배출수에 포함된 미지의 수많은 유해물질로 인한 독성 영향을 통합적으로 분석하고 수치화하여 기준으로 설정한 후, 그 영향 정도에 따라 배출원을 관리하는 새로운 형태의 선진화된 공장폐수 관리제도이다.

제 5 장

독성물질의 흡수

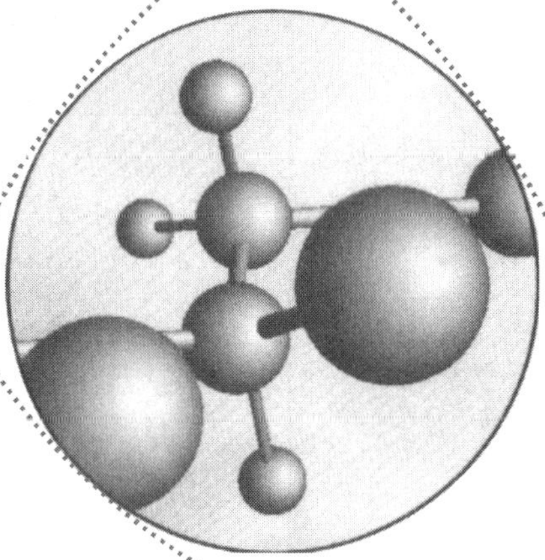

1. 독성물질과 세포와의 상호작용
2. 세포막 구조
3. 세포 내 흡수과정
4. 독성물질 흡수에 영향을 미치는 인자들
5. 포유동물에서의 흡수경로

1 독성물질과 세포와의 상호작용

일반적으로 독성물질은 세포와 상호작용을 할 때 효력을 나타내는데, 궁극적으로 독성물질이 영향을 나타내는 곳은 세포이기 때문이다. 세포와의 상호작용은 세포의 표면, 세포 내, 조직간극의 공간에서 일어난다. 사람의 신체는 상피성, 결합성, 근육, 신경 등 다른 형태의 4개 조직으로 되어 있는데, 인체 표면을 감싸는 피부와 호흡계 및 소화계 내강의 내층은 상피성 세포(epithelium)들로 형성되어 있다. 독성물질과 세포막의 화학적 특성이 이 둘 간의 상호작용이 세포 표면에 일어나는가, 또는 장벽(barrier)을 형성하여 유기체 밖에 독성물질을 유지하도록 하는가를 결정한다. 정상적 조건에서 인접한 상피성 세포 간의 접촉부분은 물질이 통과하지 못하도록 한다. 이것은 인접한 세포막을 연결해 주는 막 내부 단백질에 의해서 형성된 '세포 접합부의 교합'이 존재하기 때문이다.

2 세포막 구조

세포막은 세포 내의 환경을 일정하게 유지하는 역할과 세포 내외로의 물질의 운반을 조절한다. 독성물질뿐 아니라 세포 생존에 필요한 영양물질(포도당), 가스(O_2, CO_2), 전해질(Na^+, K^+, Cl^-), 그리고 세포 밖으로 내보내는 분자물질들(효소, 호르몬, 구조단백질)도 결국 세포표면을 통과하여야 한다. 즉, 독성물질이 인체로 흡수되기 위한 중요한 관문은 막(membrane)이다. 세포막이나 원형질막의 상피세포 구조의 특성을 파악함으로써, 어떤 독성물질이 쉽게 경계를 통과하며 반면 다른 독성물질들은 인체 내로의 통과가 어렵거나 불가능한가를 이해할 수 있다.

세포막은 기능에 따라서 다양한 구조를 가지고 있으나 기본적으로는 비슷하며, 단일화된 세포막 개념에 의해 설명될 수 있다. 1935년 Davson과 Danielli은 처음으로 막의 기본 모델을 제시하였다. 그 후 1972년에 Singer와 Nicolson에 의해 '막의 유동성' 부분이 첨가되면서 현재의 '유동 모자이크 모형'이 정립되었다. 이들은 적혈구의 기질을 모델로 하였다(그림 5.1).

막은 지방, 단백질, 소량의 당이 주성분이다. 막에 따라서 지방의 종류와 양, 단백질의 크기와 모양, 물리적인 결합성들이 다르기 때문에 '막의 다양성'이 존재한다. 그러나 기본적으로 잎 모양의 지방과 단백질의 이중층으로 구성되어 있으며, 잎 모양의 지방들은 막의 반대쪽으로 향하여 서로 거울과 같은 상(mirror image)을 이루고 있다. 전형적인 세포막은 약 10 nm 두께로서 기능에 따라 피부막, 위장과의 내층막과 같이 비교적 두꺼운 조직막들이 있는 반면에 호흡기의 폐포와 같이 얇은 막들도 있다.

막의 지방

세포막을 구성하는 지방은 인지질(phospholipid)이 40% 이상으로 가장 많으며, 그 외에 콜레스테롤, sphingolipids 등으로 구성된다. 인지질(phospholipid)이라는 단어가 의미하듯이 인산염(phosphate)과 지질(lipids), 두 개의 성분으로 구성되어 있다. 인산염의 머리부분은 친수성의(hydrophilic) 영역이다. 즉, 이 부분은 물과 결합하는 것을 좋아하고, 반면 지질의 꼬리부분은 물에 의해 반발되어지는 소수성(hydrophobic)의 영역이며 지방친화성(lipophilic)이므로 지용성 물질에 끌린다.

세포막은 샌드위치 형태의 두 층의 인지질 분자로 구성되어 있다. 인지질 이중층 중간영역에는 인접한 지질의 꼬리부분이 있으며 인산염 머리부분은 세포막 안과 바깥 표면에서 발견되는데 주로 살아있는 유기체에서 유일한 용액인 수분 쪽으로 노출되어 있다. 인지질 이중층은 반투과성 막을 형성하며 세포를 둘러싼다. 막은 반투과성으로서 어떤 분자는 통과시키는 반면, 동시에 다른 분자들은 통과를 막거나 방해한다. 막의 표면이 친수성, 내부구조는 소수성을 나타내는 '막의 양쪽성(amphipathic nature)'으로 인해 이온성/극성이 큰 화합물에 대해서 어느 정도 장벽으로 작용한다.

단백질

세포 내에서 중요한 생리적 작용을 하는 단백질은 지방과 밀접하게 결합되어 있으며, 지방 이중층 사이에 다양하게 분포되어 있다. 막 내에서의 소수력(hydrophobic forces)이 단백질과 지방의 구조를 보전, 유지하는 책임이 있다. 대부분의 막은 거의 같은 양의 단백질과 지방을 함유하고 있으나, 막의 종류에 따라서 구성비율이 다르다. 예를 들면, 마이엘린막 표면은 거의 대부분이 지방 이중층이며, 미토콘드리아 안쪽막은 단백질이 대부분이다.

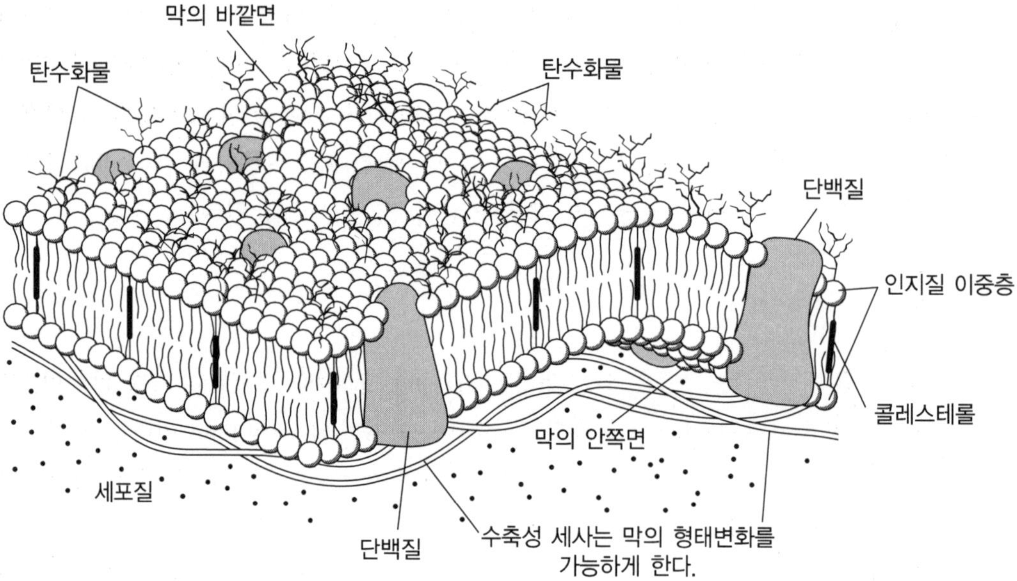

그림 5.1 세포막의 구조(유동성 모자이크 모델)
지방 이중층 사이에 단백질, 표면에 탄수화물이 있다.

막에는 구멍(pores)들이 존재해서 물과 같이 작은 분자들이 빠르게 막을 통과할 수 있도록 한다. 구멍 크기는 막에 따라 다르며 평균 4Å 정도이다. 신장의 막에 있는 구멍은 인체 내에서 가장 크며 약 45Å 정도라서 분자량이 5만 dalton의 큰 분자들도 빠르게 이동시킬 수 있다. 막 내에서 단백질이나 지방의 분자가 한 쪽의 막면으로부터 다른 쪽 막면으로 확산하는 일은 거의 없으며, 막은 바깥쪽과 안쪽이 서로 다른 구조를 가지게 된다.

3 세포 내 흡수과정

물질들은 세포 내로 통과하기 위해서 다양한 수동적이고 능동적인(에너지를 요구) 통과 기전들을 사용한다.

- 단순 확산(simple diffusion)은 가장 일반적으로 사용되는 과정이다. 이 과정에서 물질분자는 농도경사도(concentration gradient)에 의존하여 세포막을 통과하며 세포 내 에너지를 사용하지 않는 수동적 운반이다. 확산은 물질이 높은 농도영역에서 낮은

농도영역으로의 이동이며 농도경사도의 방향에 따른다. 즉, 물질은 세포 내로 혹은 세포 밖으로 농도의 평형이 이루어질 때까지 이동을 계속한다. 농도경사도가 존재하지 않는 경우 물질의 이동은 일어나지 않는다.

- 촉진적 확산(facilitated diffusion)은 세포막 통과의 두 번째 과정이다. 이 과정에서 분자는 특정 운반체 단백질(carrier protein)에 결합되어 세포막을 통과하며 수동적으로 운반된다. 운반을 위한 에너지는 세포에 가해지는 에너지가 아닌 농도경사도에 축적된 potential 에너지로부터 끌어낸다. 촉진적 확산은 포도당이 세포막을 통과하는 경우처럼 영양물질의 수송에서 잘 알려진 기전이다. 촉진적 확산은 독성물질의 세포 내 수송에서 일부 역할을 하며, 지용성이 약한 화합물이 지방성 막을 아주 천천히 이동할 때 많이 사용된다. 그러나 이 기전은 독성물질과 다른 기전에 의해 흡수된 독성물질의 대사체(metabolites)들의 제거를 위해서 중요한 수송 기전으로의 역할을 하고 있다.

- 능동수송(active transport)은 세포 내로 들어가는 세 번째 방법으로 촉진적 확산과 같이 특정 운반체 단백질을 이용하는 동시에 세포 내 생산되는 ATP(adenosine tri phosphate)와 같은 에너지를 소비한다. 수동적 수송과 촉진적 확산이 농도경사도를 잘 이용하는 반면, 능동수송은 농도경사도에 반해서 혹은 농도경사도를 넘어서 세포가 분자들을 운반하도록 한다. 비록 촉진적 확산과 같이 독성물질이 세포 내로 들어가는 주요 경로는 아니지만, 능동수송은 독성물질과 이들의 대사체들을 세포로부터 제거하는데 중요한 역할을 담당한다.

- 세포 내 이입(endocytosis)과 세포 외 배출(exocytosis) 과정은 큰 분자들과 큰 입자들이 수동적수송이나 능동수송 기전으로 세포 내로 들어오고 나가는 것이 불가능할 때에 사용되는 과정이다. 세포 내 이입(endocytosis) 동안 세포막은 주위로 늘어지면서 세포에 가까이 밀착되어 있는 거대분자를 삼킨다. 일단 삼켜지면 입자는 세포막 껍질 안으로 함입되거나 안쪽으로 회전한 후 소포(소낭)를 형성한다. 소낭은 인접한 세포막으로부터 떨어질 것이고 세포질의 일부가 된다. 세포 내 이입작용(endocytosis)에는 식작용(phagocytosis, 고체물질)과 음세포작용(pinocytosis, 액체) 두 가지 형태가 있다. 일종의 백혈구에 의해 수행되는 식작용(phagocytosis)은 호흡기에서 가장 왕성하여 폐의 폐포(alveoli)로부터 입자들을 제거하는 일을 책임진다.

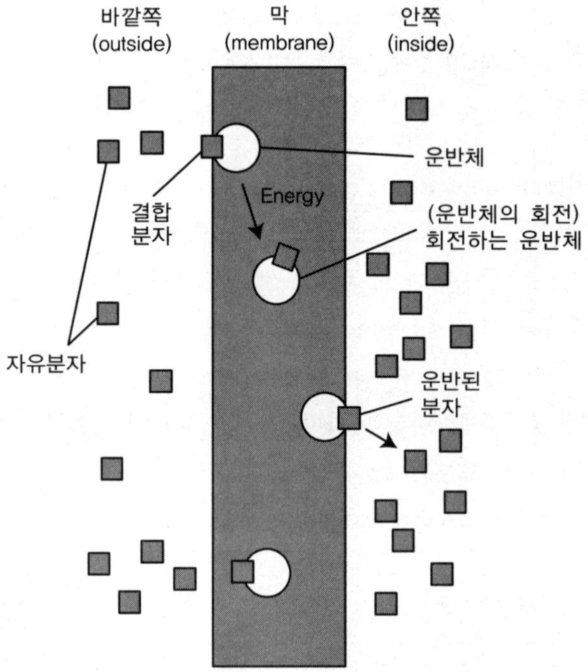

그림 5.2 능동수송

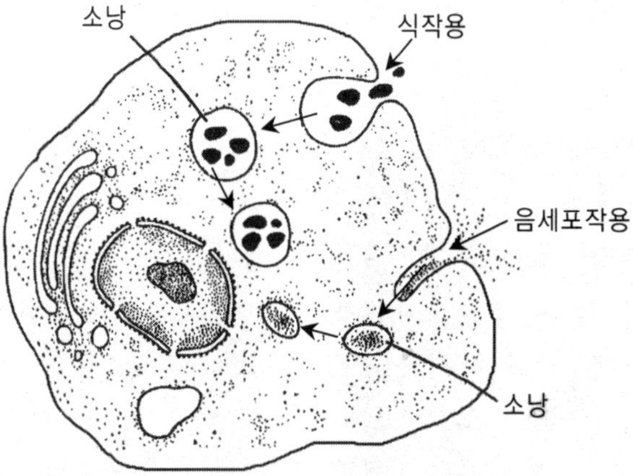

그림 5.3 세포 내 이입작용

4 독성물질 흡수에 영향을 미치는 인자들

독성물질들이 수동적인 단순 확산(농도경사도에 비례)에 의해 세포내로 흡수될 때에 몇 가지 특성의 영향을 받는다.

첫째, 비극성
둘째, 지용성
셋째, 저분자량

비극성(nonpolar)이란, 양성이나 음성전하를 갖는 극성 분자와 달리 중성분자의 전하분포를 갖는 것을 뜻한다. 지용성이란 독성물질이 지질에 용해된다는 것을 의미하며, 이를테면 독성물질이 인지질 이중층 중간에서 발견될 수 있는 것이다.

저분자량 물질은 빠르게 흡수된다(분자량 600 이하를 저분자량이라 한다). 화학물질의 분자량과 세포막을 통과하는 능력에는 역관계(inverse relationship)가 있다. 일반적으로 비극성·지용성 독성물질은 같은 크기의 극성·수용성 독성물질에 비해 세포막을 훨씬 빠르게 확산 통과한다.

독성물질에 적용되는 Overton's Rules은 극성(polarity)과 용해성(solubility) 간의 일반적인 관계를 설명한다.

① 작고 비극성분자의 세포막 투과성은 독성물질의 지용성에 직접 비례한다.
② 극성분자의 세포막 투과는 용질의 분자 크기에 역비례한다. 분자 크기가 작으며 극성인 물은 이들 규칙에서 예외가 되며, 물은 세포막을 쉽게 통과할 수 있다.

독성물질이 항상 세포 내로 들어와 독성 영향을 나타내는 것은 아니다. 많은 독성물질들이 세포막 표면 바깥에 결합되어 있는 다른 분자들(수용체 단백질, 인식 단백질, 통로 단백질, 운반 단백질 그리고 전자운반 단백질)과 작용할 수 있다. 세포 내로 들어오는 독성물질들은 많은 다양한 세포 내 성분들(핵, 세포 내 기관들, cytoskeletal 단백질, 그리고 세포질)과 잠재적으로 상호작용 할 수 있으며, 기능적이고 구조적인 변이를 발생하면서 독성작용을 일으킨다.

4.1 농도경사도(Concentration gradient)

막 양측의 농도, 막 면적 및 두께, 화합물의 물리화학적 성질에 따른 확산상수에 비례한다. Fick가 확산상수를 정의하여 'Fick의 확산법칙'으로 알려졌으며, 투과속도는 Fick의 확산의 법칙에 따른다.

$$K = \frac{A \cdot C}{d}$$

여기서, K : Fick의 확산상수
C : 농도
A : 이동에 관련된 면적
d : 막의 두께

4.2 분배계수(Partition coefficient)

독성물질의 흡수작용을 비교할 때, 그들의 유기상(organic phase)에서의 농도를 수용상(aqueous phase)에서의 농도로 나눈 값으로 비교한다. 이것을 분배계수(partition coefficient)라 부르며, 독성물질의 비극성 용매[chloroform($CHCl_3$), hexane(C_6H_{14}) 혹은 octanol($C_8H_{17}OH$)]에서의 용해력과 궁극적인 극성용매 물(H_2O)에서의 용해력의 비율로서 정의한다.

수동적 확산은 막의 지질 성분 속에 화합물의 용해 정도에 따라 일어나므로 지용성 분자만이 수동적 확산에 의하여 수송된다. 화합물의 지용성은 수용상과 지용상 사이의 화합물의 분할을 측정하는 분배계수에 의해 측정되며, 분배계수가 높은 것은 지방 친화성이 큰 것을 나타낸다.

측정에 가장 흔히 쓰이는 지방 용매는 옥타놀(octanol)인데 이는 인지질(phospholipids)의 탄소고리와 가장 흡사하기 때문이다. 그 외 다른 여러 용매들의 계가 알려져 있다(클로로폼/물, 에테르/물, 올리브기름/물). 물과 유기용매 및 화학물질을 혼합하여 교반한 후에 '평형상태'에 도달되면, 각 상에서의 화학물질의 농도를 측정하여 분배계수를 결정한다. 이들 각각의 용매계는 확실하게 다른 값을 가지며, 투과와 다른 용매계로부터 유도된 분배계수 간의 관계는 일관성이 없다.

분배계수(partition coefficient)가 높은 것은 지방친화성이 큰 것을 나타내며 빠른 투과를 보여준다. 유사한 알코올 계열들과 같이 화학적으로 관련된 화합물들이 가장 좋은 상관관계를 보여준다. 지용성은 초기단계의 흡수에는 분명히 필요하지만, 일단 독성물질이 막을 통해 들어오면 다른 요소들이 더 이상의 투과를 복잡하게 한다. 예로서, 지용성이 너무 클 경우 막의 극성영역을 통해 출입구를 제한함으로써 지방막 투과를 감소시키며, 매우 지용성인 화합물들은 막을 통과하기 보다는 막에 머무르게 된다. 그러므로 적당한 수용성은 투과를 증가시키는 요소가 된다. 그러나 DDT, polychlorinated biphenyls (PCBs), 합성 pyrethroids들과 같이 대단히 지용성인 화합물들은 대부분 어려움 없이 통과할 수 있다. 높은 수용성을 가진 큰 분자들의 투과속도는 예외 없이 낮은 편이다.

4.3 이온화도(Ionization)

화합물의 형태를 가진 독성물질이 체내로 흡수될 때에는 이온화되지 않은 형태만이 지용성을 나타내며, 이온화도에 따라 막의 흡수정도가 결정된다. 막은 지방성이므로 이온상태의 화합물보다, 비이온성화합물을 더 잘 투과시킨다. 대부분의 독성물질들은 이온화가 잘 되지 않으며 pH에 의해 영향을 받지 않으나, 알칼로이드나 유기산 같은 소수의 독성물질은 이온화가 될 수 있기 때문에 이들의 투과는 pH에 의해 상당히 바뀔 수 있다.

예 >> Strychnine(알칼로이드)는 소화관의 위와 소장 사이를 묶으면 위의 강산 내에서 이온화가 되어 독성작용을 나타내지 않는다. 이 알칼로이드가 더 알칼리성인 소장으로 통과시키면 비이온화 되므로 독성 알칼로이드는 쉽게 흡수되어 독성작용이 뚜렷하게 된다. 대부분 의약품은 약산과 약염기이기 때문에 용액에서 완전히 이온화되지 않는다.

어느 한 물질이 이온화 혹은 비이온화 형태로 존재하는 비율은 그 물질의 pKa와 잠겨지는 용액의 pH에 의존한다. pKa란 그 물질의 50%가 이온화된 상태에서의 pH를 말한다(약산 혹은 약염기 해리상수의 －log값). 즉, 용액의 pH가 용해되는 화합물의 pKa와 동일 할 때 화합물의 1/2은 이온화 형태로, 남은 1/2은 비이온화 형태로 존재한다. 그러므로 흡수 부위에서의 pH를 알면 비이온화 형태로 존재하는 양과 흡수될 수 있는 물질의 양을 계산할 수 있다.

이온화정도는 Henderson-Hasselbach 방정식으로 나타낼 수 있다.

$$\text{즉, } pH = pKa + \log \frac{\text{염기 형태}}{\text{산의 형태}}$$

어떤 물질의 pKa와 용액의 pH를 알고 있다면, 이 물질이 전반적으로 흡수되거나 또는 그렇지 않을 가능성을 위의 방정식으로부터 산정할 수 있다.

산(proton donors) $HA \rightleftharpoons H^+ + A^-$

염기(proton acceptor) $A + H^+ \rightleftharpoons HA^+$

일반적으로 산성부위(pH 1 ~ 3)에서는 약산과 같은 비이온화 형태의 지용성 약물이 잘 흡수되는 반면, 알칼리성(pH 6)인 소장에서는 약염기성 약물이 흡수되기 쉽다.

문제 1 pKa = 4인 **산성 약물**이 pH = 1인 위장에서 이온화되는 정도를 계산하자.

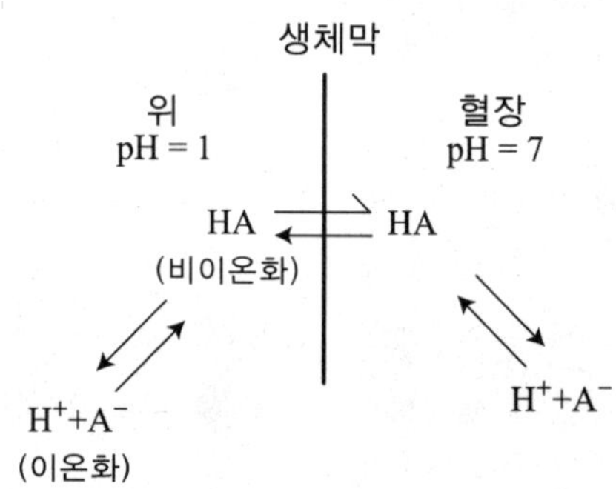

풀이 산성약물이 위장(pH=1)과 혈액(pH=7)에서 존재하는 산과 염기 형태를 Henderson-Hassel bach 방정식에 넣어 구하면, 바로 산성약물의 이온형태와 비이온 형태로 존재하는 약물의 양을 구할 수 있다.

위장(pH=1) ; $pH = pKa + \log \frac{\text{염기 형태}}{\text{산의 형태}}$

$$1 = 4 + \log \frac{A^-}{HA}$$

$$-3 = \log \frac{A^-}{HA}$$

$$\frac{A^-}{HA} = \frac{1}{10^3} = \frac{1}{1000}$$

즉, 이 산성약물은 위(pH=1)에서 99.9%가 비이온화 형태인 HA로 존재하며 0.1%만이 이온화형태 A^-로 존재하게 된다.

혈액(pH=7) ; $7 = 4 + \log \frac{A^-}{HA}$

$$3 = \log \frac{A^-}{HA}$$

$$\frac{A^-}{HA} = \frac{1}{1000}$$

이 산성약물은 혈액으로 흡수되면 HA 형태보다 A^- 형태로 대부분 존재한다. 이 같이 HA가 막의 내부로부터 계속 제거되며($HA \rightarrow A^-$로 됨), 흡수부위에서 그 농도가 다른 요인에 의해 감소되지 않는 한, 산성약물은 대부분 위장에서 흡수된다.

문제 2 pKa = 5인 **염기성 약물**이 pH = 1인 위에서의 이온화 정도를 계산하자 이 물질의 위에서의 흡수정도는 어떻겠는가? (혈장 pH=7)

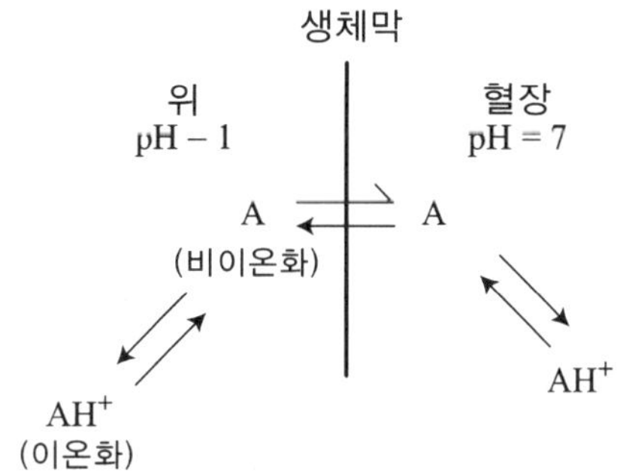

풀이 Henderson－Hasselbach 방정식에 대입하면

위장(pH＝1) ; $1 = 5 + \log \frac{A}{AH^+}$

$$-4 = \log \frac{A}{AH^+}$$

$$\frac{A^-}{AH} = \frac{1}{10^4} = \frac{1}{10,000} \quad \frac{\cdots \text{ 염기 형태}}{\cdots \text{ 산 형태}}$$

염기성약물은 위에서 AH^+(이온화된 산 형태로 99.99%가 존재한다. 즉, 흡수가 잘 되지 않는다.

혈액(pH＝7) ; $7 = 5 + \log \frac{A}{AH^+}$

$$2 = \log \frac{A}{AH^+}$$

$$\frac{A}{AH^+} = \frac{100}{1}$$

염기성약물은 혈액내에서도 A형태로 더 많이 존재하게 된다.
그러므로 염기성약물은 위장에서는 흡수가 잘 안된다.

5 포유동물에서의 흡수경로

흡수는 독성물질들이 상피세포의 경계를 통과하는 과정이다. 독성물질의 특성, 용량, 기간, 폭로형태에 따라서 독성물질들은 세포막을 통과하여 세포 안으로 들어오며 세포를 완전히 통과하여 순환계의 림프관이나 혈관으로 들어갈 수 있다. 포유동물에서 독성물질의 주요한 흡수경로는 피부, 소화기, 호흡기가 있다.

흡수경로의 연구에서는 직접적인 방법이 가능한 피부투과는 활발한 반면 호흡기와 위장관 흡수를 연구하기 위해서는 고도의 장비가 필요하므로 부진한 편이다. 그 밖의 투과경로들로는 복강투여, 근육주사 및 피하주사가 있으며 순환계로의 직접투여가 필요한 경우에는 정맥주사와 동맥주사 투여가 있다. 피부의 머리털 소낭(follicles) 같은 특정구조들은 실제로 일부 독성물질의 흡수를 용이하게 한다.

5.1 피부 흡수

피부는 환경에 넓은 표면적을 노출시키고 있는 복합적인 다층 조직이다. 대부분의 이온들과 수용액은 비교적 투과가 어려운 반면 고체, 액체 및 기체상의 많은 독성물질들은 용이하게 투과되어 중독현상을 일으킬 수 있다. 피부를 통한 많은 중독현상의 사례들이 보고되었는데 농업 종사자들에게 발견되는 유기인산염 농약중독, 가축 및 야생동물에서 발견되는 클로로페놀, 산업장에서 많이 사용되는 공업 용제들이 있다.

[그림 5.4]는 포유동물의 피부 모식도이다. 뚜렷하게 구분된 표피, 진피, 피하층들이 중요한 기관을 구성하고 있으나 이 중 표피만이 독성물질 투과에 중요한 층이다. 가장 바깥층에 있는 표피는 0.1 ~ 0.8 mm의 다양한 두께를 가진 다층 조직으로서 독성물질의 흡수를 막아주는 역할을 한다. 표피의 기저세포는 증식되고 분화되면서 바깥쪽으로 이동하는데 주상형태의 세포는 둥근 형태를 거쳐 납작하게 되면서 투과의 첫째 장벽인 각질층이 된다. 표피의 각질층은 8 ~ 16층의 납작하고 매우 각질화된 세포들로 구성되어 있다. 각질층은 약 25 ~ 40 μm 두께로 피부 표면에 평행하게 놓여 있으며 약 10 μm 두께의 투과성이 없는 자갈모양의 층을 형성한다. 세포가 기저층으로부터 탈피현상이 일어나는 각질층까지 움직이는데 26 ~ 28일 정도가 필요하다. 소멸되거나 케라틴화 된 세포들은 친수성이라서 피부를 부드럽고 촉촉하게 유지시키는 특성이 있으며, 피부를 덮고 있는 자연적

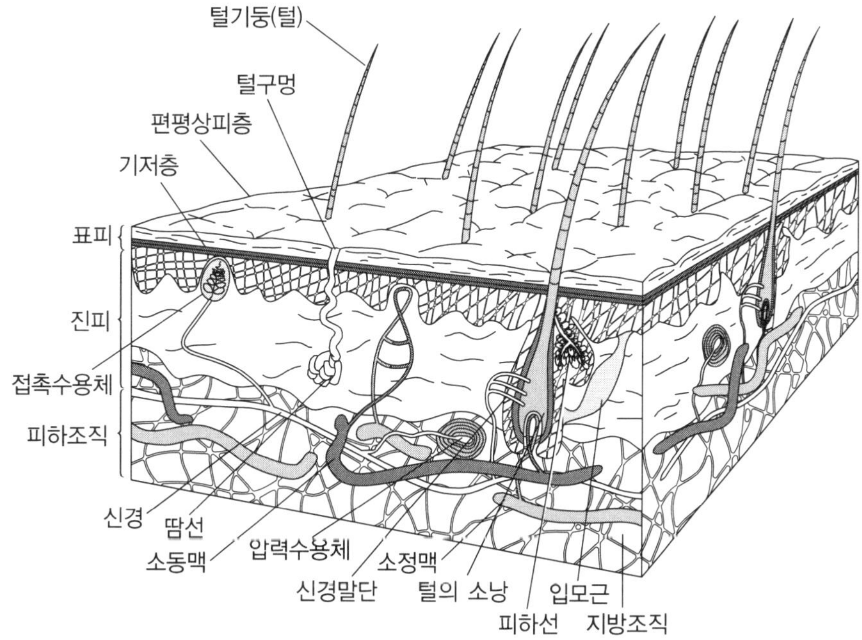

그림 5.4 사람 피부의 미세구조 모식도

인 피지는 표피의 수분 함유 능력을 유지시키는 기능이 있다.

피부에는 모낭, 피지선, 에크린과 아포크린 땀샘, 손톱, 발톱 등의 많은 부속기관들이 연결되어 있다. 각질층을 제거해도 완전하게 흡수가 되지 않는다는 것이 최근 밝혀졌는데 이는 각질층 외의 다른 장벽들이 투과에 중요한 역할을 한다는 사실을 뒷받침 해준다.

일단 표피를 통과한 독성물질들은 투과에 비교적 적은 영향을 주는 진피와 피하층을 쉽게 통과한다. 진피에는 많은 관들이 존재하며 일단 표피를 투과한 분자들을 이동시키는 최대의 역할을 한다. 진피에 공급되는 혈액의 온도조절 기능은 독성물질의 투과와 분포에 영향을 미친다. 피하층은 매우 지방성이며 충격 완화제와 절연체로 작용하고 에너지의 저장소가 된다. 피부의 pH는 4에서 7까지 다양하며 수화작용에 의해서 현저하게 영향을 받는다.

피부는 국소적인 대사작용도 한다. 비록 대사능력이 간의 2 ~ 6%에 해당하는 낮은 비율이지만 표피층의 생화학적 전환작용이 간과 같은 정도로 활발하며 일부 독성물질의 경우에는 간보다 몇 배 더 활발히 일어난다. 일반적으로 피부대사에 의해 비활성화 되지만 일부 발암물질은 활성화되기도 한다. 피부 대사 전환은 빠르게 투과되는 물질들의 경우보다 천천히 흡수되는 화합물의 경우에는 중요한 1차 통과의 대사기능을 갖는다.

표 5.1 사람의 여러 해부학적 위치에서의 Hydrocortisone의 투과

신체부위	투과율
발바닥	0.14
발목(외측)	0.42
손바닥	0.83
앞팔	1.0
등	1.7
머리두피	3.5
이마	6.0
음낭	42.0

(Feldman RJ, Maibach Hi, J Invest dermatol, 48 : 181~183, 1967)

피부흡수되는 물질 중에서 매우 지용성인 독성물질은 모낭이나 땀관을 통하기 보다는 각질층을 통해 직접 흡수된다. 표피에 상처가 생기거나 일부가 제거된 경우 표피층을 통한 흡수는 증가한다. 초기 투과시에 피부 부속물의 도움을 받기도 하지만 전반적으로 피부 표면을 통한 흡수가 부속물을 통한 흡수보다 더 중요하다. 피부에서는 능동적 수송은 일어나지 않으며 가스, 이온, 비전해질물 상태의 모든 독성물질들은 단순 확산에 의한다.

독성물질은 신체부위에 따라서 투과에 상당한 차이가 있으며 [표 5.1]에서 hydrocortisone의 경우를 나타내고 있다. 일반적으로 환경에 노출이 큰 머리, 목, 겨드랑이에서 흡수가 크며 모낭의 밀도가 극성화합물의 흡수에 영향을 준다.

붕대, 덮개, 연고로 화합물을 발라준 곳을 덮으면 흡수는 현저하게 증가한다. 이런 처치는 피부의 물리적, 생리적 요인들을 변화시키고 화합물의 외부적인 마모를 지연시켜 투과에 영향을 준다. 독성물질과 함께 투여한 계면활성제와 비누는 각질층을 변화시킴으로써 투과에 영향을 준다. 유기용매는 지방을 변화시켜 투과를 증가시키는 해로운 부류(아세톤, 메탄올, 에테르, 헥세인)와 투과를 감소시키는 해롭지 않은 부류(긴사슬 에스테르, 올리브기름, 고급알코올)들이 있다. 세탁용액은 투과를 현저하게 증가시키는 것으로 밝혀졌다.

어느 시험동물이 사람 피부와 유사한 투과 기전을 가졌는가를 비교한 시험결과에서 원숭이, 돼지 종류가 비교적 유사한 좋은 모델이며, 생쥐와 토끼는 독성물질을 사람보다 더 빠르게 흡수하는 것으로 나타났다. 피부흡수의 경우는 영향을 주는 많은 요소들, 즉 독성물질의 농도, 동물 나이, 온도, 반복투여, 피부상태, 상대적 습도, 적용량의 표면적, 충혈 등에 대해서도 신중히 고려되어야 한다.

5.2 위장관 흡수

위장관 흡수는 많은 독성물질의 가장 중요한 흡수경로이며 위장관 전체를 통해 일어난다. 볼의 강과 직장이 약을 주입하는데 사용되기는 하나, 일반적으로 섭취된 독성물질들은 위나 장을 통해 인체 내로 들어간다. 흡연시에 니코틴이 볼의 강을 통해 빠르게 침투되거나 코카인이 코의 점막을 통해 침투되는 경우는 흔하지 않은 예외이다.

소화기는 점액에 의해 보호된 주상 모양의 세포층이 나란히 정렬되어 있다. 바깥막으로부터 혈관까지의 거리는 약 40μm이며 혈관으로부터의 수송은 쉽게 이루어진다. 위와 장으로부터 흡수된 물질은 먼저 대사 작용을 하는 간으로 간다. 반면, 피부와 폐를 통한 흡수는 일차적으로 간을 통하지 않고 간접적인 해독 장기로 직접 가는 경로를 따른다. 장표면의 미소융모는 흡수표면의 면적을 크게 함으로써 장흡수에 중요한 요소가 된다.

위장관을 통한 흡수가 피부 투과보다 일반적으로 빠른 것으로 인정되고 있으나, 증명해주는 시험적 데이터는 충분치 않다. 최근 생쥐를 이용한 시험 결과에서 피부와 경구투여의 차이가 아주 작거나 없다는 것을 보여 주고 있다. 장의 표면적이 위보다 넓기 때문에 흡수가 잘되기는 하나 화합물이 먼저 위로 들어가 머무는 동안 빠르게 흡수된다.

또한 위장관에서의 pH는 위치에 따라서 매우 다르기 때문에 투과성에 영향을 준다. 위는 장보다 훨씬 산성이므로 이온화 된 화합물의 흡수에 영향을 준다.

위장관에서는 독성물질의 능동적 수송이 일어나며 능동적 기전에 의해 흡수되는 화합물과 비슷한 구조를 가진 독성물질의 투과는 증가된다. 예로서, 코발트는 일반적으로 철의 수송과 같은 능동적 수송에 의해 흡수되며 5-bromouracil은 pyrimidine 수송계에 의해 흡수된다. 매우 큰 분자들, 예를 들면 박테리아의 내부독소, 아조염료 같은 큰 분자, 카라게난 같은 화합물들은 세포 내 이입작용으로 흡수된다.

그 밖에도 많은 요소들이 위장관 흡수에 기여하고 있다. 즉, 위장관 내 독성물질의 용해는 상피세포와의 접촉을 긴밀하게 함으로써 흡수를 증가시키며 입자 크기, 용제의 효과, 부유제의 존재, 용해도 등이 관여한다. 미생물의 존재와 가수 분해를 촉진하는 pH 상태, 위장 내용물과의 결합, 위가 내용물을 비우는 속도, 내용물의 온도, 소장의 운동력, 식사와 건강상태, 위장분비작용들은 모두 투과에 영향을 주는 관련요소들이다.

장간순환도 위장관 흡수에 중요한 영향을 준다. 포합대사(conjugated metabolites)된 물질들이 담즙관으로부터 소장으로 분비된 후에, 수용성 대사물질은 극성이 약해진 화합물로 바뀌고 소장을 통해 재흡수되면서 간으로 되돌아온다.

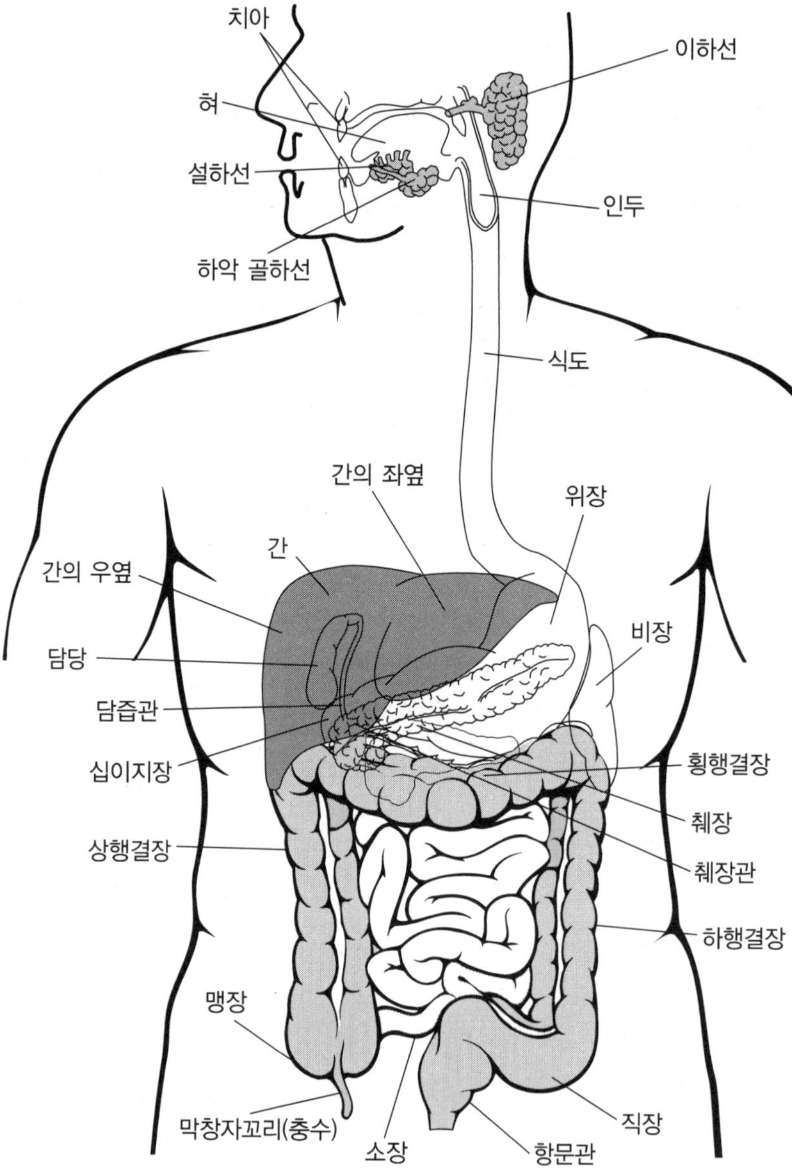

그림 5.5 소화기관과 관련 구조들

5.3 호흡기 흡수

호흡기는 독성물질이 가장 빠르게 흡수되는 또 하나의 중요한 경로이다. 오염된 공기와의 접촉을 피할 수는 없지만, 호흡기는 공기 중에 부유하는 작은 분진들을 감소시킬 수 있는 많은 보호 기전들을 갖추고 있다. 그럼에도 몇 가지 구조적인 취약점이 빠른 흡수에 기여하고 있다. 폐 깊숙히 안쪽에 있으며 순환계로부터 1 ~ 2μm 밖에 떨어져 있지 않은 많은 모세혈관들은 O_2와 CO_2의 빠른 교환은 물론 가스상 독성물질의 교환 또한 빠르게 한다. 또한 폐포 벽을 수용액이 적시고 있으며 폐포 공기로부터 독성물질의 초기 흡수를 돕고 있다. 때로는 지방성 독성물질이 표면의 인지질 성분과 작용하면서 천천히 흡수된다. 그 외에 폐의 표면적은 피부 면적의 50배 정도인 50 ~ 100 m^2 정도로 넓다.

호흡과정이란 코, 입, 인두, 기관, 기관지 및 폐포까지 이르는 좁은 통로를 통해 공기의 이동과 교환을 하는 것이다. 숨을 최대로 내쉬었을 때에 폐에 남아있는 공기의 양을 잔류부피(residual volume)라고 하는데, 독성물질은 잔류부피로부터 천천히 방출되기 때문에 빠르게 제거되지 않는다.

공기 중에 부유하는 독성물질을 크게 두 가지 형태로 요약할 수 있다. 기체의 법칙을 따르는 화합물에는 용제, 증기, 기체가 있으며 매우 쉽게 폐포에 도달한다. 기체의 법칙을 따르지 않는 부류에는 입자상의 에어로졸, 연무질(clouds), 분진, 훈연들이 포함된다.

에어로졸 등의 입자상 물질들은 폐포까지 이르는 동안 많은 요인들의 영향을 받는다. 코로부터 기관에 이르는 상부 호흡기에서 분진들은 효율적으로 여과된다. 평생 동안 적어도 6,000 g의 석탄 분말을 들이마신 광부의 시체를 해부했을 때 폐에서 평균 100 g 정도의 석탄 분말만이 발견된 것은 호흡계의 능률을 잘 설명해주는 예이다. 공기흐름과 속도에 의해 상부 호흡기에서 입자들이 충돌되면서 응고, 침전, 전하, 확산 등이 일어날 것이다. 입자들은 우선 코의 통로에 걸린다. 5μm보다 큰 입자는 비인두부위에 침착되며 2 μm보다 작은 입자들은 기관지 부위에 침착된 후 윗방향으로 물결치는 섬모를 덮은 점액에 의해 위로 밀리면서 제거되기도 하고 처음 삼켜진 성문 쪽으로 이동된 후 위장관으로 흡수되기도 한다. 입자 제거의 반감기는 5시간 이하(움직임이 1분당 1 mm)이며, 폐에서 제거되는 80% 정도가 거의 이 방법에 의한다.

폐의 식작용(lung phagocytosis)은 호흡기관 상부 및 하부경로 모두에서 활발하며 점액섬모와도 관련되어 있다. 식세포는 독성물질을 림프액으로 직접 빨아들인 후 그 곳에 오랫동안 저장한다. 이 제거 기전은 상부 폐 부위의 제거기전보다 현저하게 느리다. 1 μm 이하의 식작용 되지 않은 입자들은 폐포 부위까지 침투하게 된다.

미세입자와 가스상 독성물질들의 흡수는 폐포 부위에서 일어난다(그림 10.1). 가스는 폐의 모세혈관을 통과하는 혈액과 거의 즉각적으로 평형을 이루며 혈액 내외로의 방출은 혈액의 용해도에 의존한다. 만약 용해도가 낮은 가스의 경우는 폐에 있는 적은 양만이 혈액에 의해 제거되며 평형을 이루는데 약 10분을 초과한다. 낮은 운반능력 때문에 호흡속도는 교환에 영향을 주지 못한다. 반면 혈액에 잘 용해되는 가스는 호흡할 때마다 혈액으로 이동하므로 폐포에는 거의 남지 않는다. 용해도가 큰 독성물질일수록 혈액 내에서 평형에 이루는 시간이 더 걸리며 약 1시간 소요된다. 용해성이 높은 가스의 경우, 흡수를 제한하는 주요한 요소는 호흡속도이다.

호흡기 흡수에 음세포작용(pinocytosis)은 존재하지만 능동수송 기전은 없다. 폐는 동시에 대사산물(CO_2), 마취가스 및 에탄올 같은 가스상 독성물질들을 제거하는 중요한 배출기관이다. 독성물질들은 호흡기 폭로시에 심한 자극을 주기도 하고, 상부호흡기관에 축적되어 염증을 일으키기도 하며, 순환계로 흡수되어 순환기 독성을 일으키기도 한다. 또한 폐는 독성물질들을 활성화시키거나 불활성화시킬 수 있는 생체이물질 대사 효소들을 함유하여 대사기능도 수행하고 있다.

제 6 장
독성물질의 분포와 저장

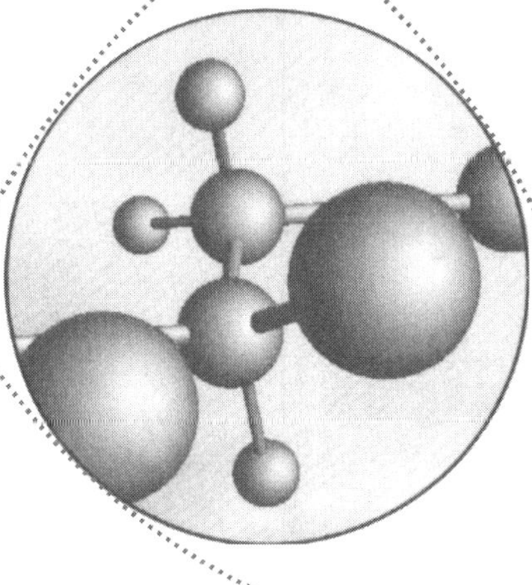

1. 독성물질의 분포
2. 독성물질 분포에 영향을 주는 요인들
3. 독성물질의 저장

1 독성물질의 분포

흡수과정을 통해서 인체 내로 들어온 독성물질은 여러 단계의 과정들에 의해 영향을 받으며 분포되어진다. 독성동력학(toxicokinetics)은 흡수, 분포를 포함하여 저장, 생체대사, 배설을 연구하는 과정이다.

독성물질이 흡수된 후 인체의 다른 영역으로 운반되고 분포되기 위하여 먼저 림프액이나 혈액과 같은 순환계에 들어가야 한다. 림프계는 조직으로부터의 과잉의 액체를 배수시키는 순환계이며 림프모세관, 림프절, 림프조직들의 집합체(편도선, 비장, 흉선), 순환하는 림프구(다섯 가지 형태의 백혈구 중의 하나)들로 구성된다. 주요 순환계인 심혈관계는 심장, 동맥, 정맥, 모세관 그리고 혈액으로 구성된다. 혈액은 세 가지 주요 세포성분, 즉 적혈구, 백혈구, 혈소판으로 구성되며 이들은 노란 비세포 용액혈장에 용해되어 있다. 림프계와 심혈관순환계 모두 독성물질들을 분포시킬 수 있으나, 심혈관계의 혈액이 대부분의 운반을 책임진다.

독성물질들이 분포될 때에 폭로 기간, 용량, 독성물질의 화학적 성질, 그리고 림프관 혹은 혈관의 존재와 같은 많은 요소들과 특징들이 고려되어야 한다. 독성물질이 혈류속으로 흡수된 정확한 위치는 매우 중요한데, 그 이유는 일단 독성물질이 유기체로 들어오면 다른 독성동력학 과정들(저장, 생체대사, 배설)과 림프액 및 혈액 내 독성물질의 농도에 영향을 줄 것이기 때문이다.

예를 들면, 소화기계를 통해 흡수되는 독성물질들은 심혈관순환계로 직접 들어오거나 림프순환계를 포함한 경로를 택할 것이다. 소화기에서 혈관이 많이 분포된 점막하조직(submucosa)의 혈류로 직접 흡수되는 독성물질들은 문맥정맥에 의해서 대사적 해독작용을 하는 간으로 운반된다. 간으로부터 혈액은 심장으로 운반되고, 폐순환계로 들어간 후 조직순환계로 펌프되어 공급된다. 소화기계를 통해 림프액으로 들어간 독성물질들은 구심성의 림프관을 통해 림프절로 간 후 원심성 림프관을 거쳐 림프트렁크(lymph trunk)라 불리는 더 큰 림프관으로 간다. 오른쪽, 왼쪽의 두 개의 림프관은 정맥피로 흘러들어가서 각각 오른쪽과 왼쪽 경정맥에 합쳐진 후에 심장으로 되돌아와서 조직순환계로 펌프 되어진다.

호흡기를 통해 흡수되는 독성물질들은 폐순환계로 직접 들어간 후 폐에서 심장으로 폐정맥을 통해 산소와 함께 운반된다. 심장은 독성물질과 산소화된 혈액을 조직순환계로 펌프질하여 인체의 각 조직으로 분포시킨다. 입자 형태의 호흡 독성물질들은 세포 간의 공간으로 이동된 후 림프관의 림프액과 함께 천천히 운반된다.

피부를 통하여 흡수되는 독성물질들은 말초혈액으로 들어와서 멀리 떨어진 조직까지 분포된 후 세포들과 작용하여 독성을 발생한다. 독성물질의 분포에서 기억해야 할 것은 독성동력학에 영향을 주는 저장, 생체대사, 배설과 같은 부가적인 과정들이 유기체 내에서 독성물질들의 농도를 낮추는데 기여한다는 것이다.

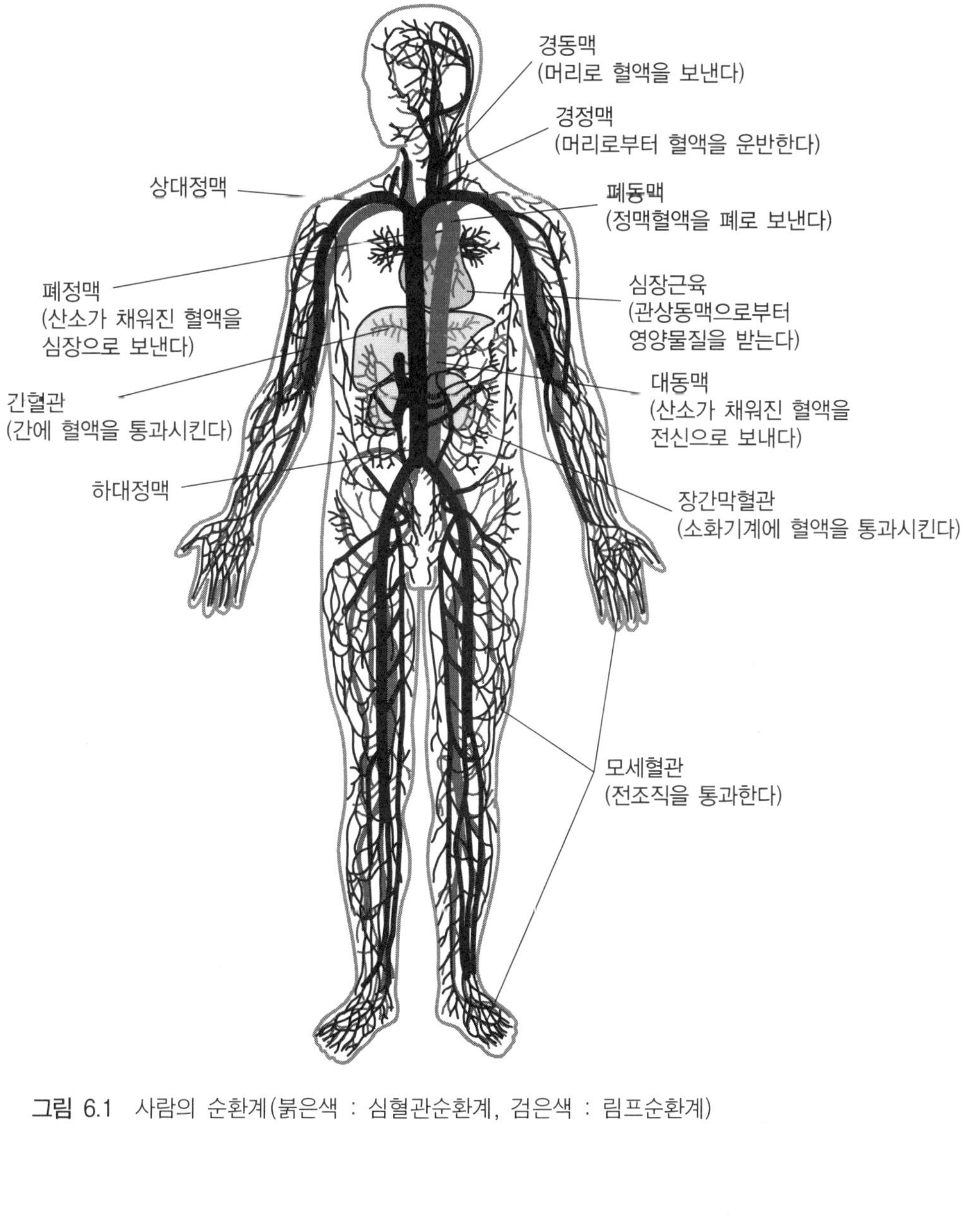

그림 6.1 사람의 순환계(붉은색 : 심혈관순환계, 검은색 : 림프순환계)

2 독성물질 분포에 영향을 주는 요인들

독성물질들이 조직으로 분포될 때는 아래와 같은 요소들에 의해 영향을 받는다.

① 독성물질의 물리・화학적 성질
② 혈액과 조직에서의 독성물질의 농도(즉, 농도경사도)
③ 특정조직을 통과하는 혈액량
④ 독성물질의 조직에 대한 특이성 혹은 선호도
⑤ 독성물질의 흡수를 지연시켜주는 특수 '장벽'의 존재

2.1 독성물질의 물리・화학적 성질

인체로의 흡수에 영향을 주는 독성물질들의 물리・화학적 특성들은 조직으로의 분포에서도 영향을 준다. 즉, 세포 수준에서 세포막을 통한 화학물질의 이동이 있고 '제5장 독성물질의 흡수'에서 학습한 '막의 기본적인 특성'이 분포에도 적용되므로 참고하도록 한다. 분포의 경우는 흡수장벽을 형성하는 세포와 작용하는 대신에 목표장기의 조직을 형성하는 세포들과 작용한다는 것이 다르다. 분자량과 극성은 분포에서도 역시 중요 요소가 되며, 크기가 작고 비극성 독성물질 일수록 목표조직에 더 잘 접근할 수 있다.

2.2 농도경사도

혈액과 조직에서의 독성물질 양의 농도경사도는 많은 특징들에 의해 영향을 받는다. 흡수된 후, 독성물질은 유기체 내의 액체 성분에 의해 희석될 것이다. 사람의 체액은 크게 다음과 같은 세 가지 기본적인 성분으로 나뉘어 진다.

① 혈장액(plasma water) : 혈액양의 거의 반을 차지하며 개인의 성, 나이에 따라서 혈액량은 4~6 L 범위에 있고, 총 체중의 7~9%를 차지한다.

② 조직간극액(interstitial water) : 세포간의 액체성분이며 총 체중의 13%를 차지한다.

③ 세포내액(intra cellular water) : 세포내 용액으로 체중의 약 40%를 차지한다.

즉, 이들 세 영역에서의 분포된 독성물질의 농도는 중요하다. 왜냐하면 이들 영역 간의 들어가고 나가는 독성물질의 수동적 투과는 독성물질의 농도경사도에 의해 결정되기 때문이다. 외관상 분포용적(V_D)은 독성물질이 분포되는 체내용액의 양을 정의하며, 일반적으로 다음의 식이 사용된다.

$$V_D(L) = \frac{\text{용량(mg)}}{\text{혈장 농도(mg/L)}}$$

외관상 분포용적(V_D)은 독성물질이 분포되어 있는 세 곳의 용액 양을 가리키는 것은 아니다. 그러므로 만약 독성물질이 혈장액에만 분포된다면 높은 수치의 V_D가 될 것이다. 그러나 만약 독성물질이 모든 곳(혈장액, 세포 간극액, 세포 내액)에 분포된다면 낮은 수치의 V_D가 될 것이다. 외관상 분포용적(V_D)의 결정은 독성물질의 빠른 저장, 생체대사 또는 배설에 의해서 한 단계 더 조절된다. 또한, 일부 독성물질들은 혈액을 순환하는 혈장단백질(예 ; 알부민)에 결합함으로써 세포와 결합하는 독성물질들을 제거해 주는 역할을 한다. 혈장단백질에 의한 제거는 혈장 혹은 V_D에서의 독성물질의 농도를 효과적으로 감소시키므로 단백질과 결합하지 않은 '유리'형태의 독성물질들만이 세포와 작용하게 된다.

2.3 혈액의 흐름

인체의 조직이나 기관을 흐르는 혈액용량은 분포에 영향을 끼치는 중요 요소이다. 두 가지 변수가 기관에서의 독성물질 축적에 영향을 준다.

① 기관을 통해 흐르는 혈액량
② 기관의 크기 혹은 질량

이 두 변수의 혼합, 즉 혈액량/질량 비율로서 다양한 기관에서의 독성물질의 축적을 비교할 수 있다(표 6.1). 각각의 인체장기로 공급되는 총 심장출력량(total cardiac output)의 비율도 중요한데 이는 많은 양의 혈액을 공급받는 기관이 더 많은 양의 독성물질을 축적할 가능성이 있기 때문이다. 심장출력량은 심장박동당 펌프되는 혈액양을 심장박동수로 곱해준 혈액용량과 같다. 운동할 때 더 많은 혈액량과 심장박동수의 증가로 인해서 심장출력량은 증가된다.

총 심장 출력되는 혈액의 큰 비율을 공급받거나 높은 혈액량/질량비율을 가지는 장기들은 간, 신장, 심장, 뇌들이다. 뇌로의 혈액흐름은 운동 중에도 일정하다. 총 심장출력량의 약 절반 정도는 간(27.8%)과 신장(23.3%)으로 보내지며 독성물질과 대사체들의 제거에 관련된 중요한 장기들이다. 근육과 피부는 중간치의 혈액량/질량비율을 갖는다. 격렬한 운동 중에 근육으로 공급되는 혈액은 750 mL/분보다 적은 양으로부터 10,000 mL/분(혹은 10 L/분)보다 많은 양까지 증가된다. 혈액의 흐름이 증가되면 근육과 장기들에 더 많은 독성물질이 폭로되고 축적될 수 있다.

뼈와 지방조직은 비교적 낮은 혈액량/질량 비율을 갖는다. 많은 독성물질의 주요 축적장소이며 특히 뼈에서 발견되는 무기질과 쉽게 결합하거나 지방 용해성이 큰 독성물질이 지방조직에 축적된다.

표 6.1 인체 장기의 질량, 혈액량, 총심장 출력량의 비교

부위	질량(kg)	혈액량		총심장 출력량 (전체의 %)
		(mL/분)	(mL/100 g/분)	
간	2.6	1500	58.0	27.8
신장	0.3	1260	420.0	23.3
골격근육	31.0	840	2.7	15.6
뇌	1.4	750	54.0	13.9
피부	3.6	462	12.8	8.6
심장근육	0.3	250	84.0	4.7
그 외 인체부위	23.8	336	1.4	6.2
전체 인체	63.0	5400	8.6	100.0

2.4 특정조직에 대한 독성물질의 친화력

일부조직들은 혈액의 흐름이 낮음에도 불구하고 특정 독성물질과 친화력이 있어서 독성물질들이 불균형적으로 높은 농도로 축적되기 쉽다. 피하지방과 같은 지방조직은 혈액이 잘 흐르지 않아도 지방 용해성, 지질 용해성 독성물질이 침착되기 쉬우며, 일단 침착이 된 후에는 조직에 대한 용해성과 낮은 혈액흐름 때문에 독성물질들이 오래 머물게 된다.

2.5 독성물질 통과를 제한하는 구조적 장벽

독성물질이 분포될 때에 모세혈관으로부터 인체의 조직으로의 독성물질의 통과는 일정하지 않다. 일부 기관들(예 ; 뇌, 태반, 정소)은 특수한 장벽들을 가지고 있기 때문에 독성물질들이 세포 내로 확산되기 어렵다.

(1) 혈관 - 뇌 장벽(Blood-brain barrier)

뇌에는 '혈관 - 뇌 장벽'이 존재하여 독성물질이 중추신경계로 이행하는 것을 최대로 억제하는 특별한 해부 · 생리학적인 구조를 가진다. 이 장벽은 많은 가는 실 같은 가지를 갖고 있는 성상세포(성장세포, star cell)라 불리는 특수한 신경교(glia)에 의해 형성된다. 각각의 성상세포(astrocyte) 가지에 많은 'end - feet'들이 모세관 안쪽 내피세포 바깥 표면에 붙어서 장벽을 형성함으로써 뇌신경으로부터 모세관의 내피세포를 분리시킨다. 성상세포 'end - feet'의 혈장막 지질은 수용성 독성물질들이 뇌 안으로 확산되는 것을 방해한다. 또한, 인접한 내피세포 간의 치밀접합부(tight junctions)들은 수용성 분자의 통행을 제한한다. '혈관 - 뇌 장벽'이란 용어가 원래 통과할 수 없는 장벽을 의미하나, 실제로는 단지 독성물질이 뇌조직으로 들어가는 속도를 늦추는 임무를 할 뿐이다.

(2) 태반 장벽(Blood-placenta barrier)

태반은 어미로부터 영양물질을 공급하고, 가스교환, 태아의 배설을 수행하는 외에도 어미의 순환계에 분포된 독성물질로부터 태아를 보호한다. 장벽은 어미와 태아의 순환혈관 사이의 세포층으로부터 형성되며, 이들 세포층의 혈장막에 있는 지질은 수용성 독성물질의 확산을 제한한다. 혈관 - 뇌 장벽과 함께, 태반 장벽은 독성물질이 어미로부터 태아로 확산되는 것을 늦추어 태아조직이 독성물질에 노출되는 것을 감소시킨다. 그러나 지용성 화합물은 쉽게 통과가 가능하여 모체와 태아 혈장 간에서 같은 농도를 유지하게 된다.

(3) 혈관 - 뇌척수액 장벽(Blood-cerebrospinal fluid barrier)

혈액 중의 세균, 화학물질, 항원, 항체 등이 뇌척수액으로 이행되지 않도록 하며 이행되더라도 미량으로 제한하기 위한 조직상의 구조이다. 수막염, 진행성 마비 등의 병적상태나 신진대사 장애시에 관문의 물질 투과성이 높아지면 수액으로 다량 이행되는 경우가 있다.

3 독성물질의 저장

독성물질이 일단 분포되면 축적, 생체대사, 그리고 배설과 같은 다양한 독성동력학 과정들이 진행한다. 독성물질이 특정 조직에 축적되거나, 순환하는 혈장단백질에 결합될 때 저장이 일어난다. 두 경우 모두 혈장 내의 '유리' 독성물질의 농도를 감소시킨다.

3.1 혈장단백질과의 결합

많은 화합물들이 혈액의 수성성분에 용해되는 것이 분포의 주된 경로이기는 하나, 일반적으로 독성물질(특히 지용성)은 혈장단백질과 결합하여 수송된다. 알부민은 가장 많이 순환하고 독성물질이 결합하는 혈장단백질이다. 많은 중금속들은 중금속 결합단백질인 메탈로티오닌(metallothionein)에 경쟁적으로 결합한다. 혈장단백질에 결합하는 특정 독성물질의 양은 0%에서부터 99%까지 매우 다양하다. 혈장단백질에 결합하는 독성물질은 일종의 '저장'되는 것이다. 독성물질 - 혈장단백질의 복합체도 순환하지만 '유리' 독성물질이 세포와 상호작용할 수 있듯이 작용하지 못한다.

독성물질과 혈장단백질 간의 결합은 전환이 가능해서 초기 결합반응을 일으킬만큼 강해야 하며, 다른 장소에서 해리될 수 있을만큼 약해야 한다. 독성물질과 혈장단백질의 화학적 결합은 공유결합 혹은 비공유결합 기전을 통해 이루어진다. 공유결합은 중요한 분자의 변형 때문에 유기체에 현저한 효과를 주지만, 총 용량에서는 적은 부분이고 매우 느리게 해리되므로 크게 중요하지 않다. 수소결합, 이온결합, van der waals 등의 비공유결합들이 쉽게 해리되므로 더 중요하다.

독성물질이 혈장단백질로부터 다른 높은 결합력이나 인력을 가진 분자에 의하여 대치되는 치환반응은 중요하다. 일단 치환되면 혈액을 순환하는 '유리' 독성물질의 농도는 증가할 것이다. 이 같은 치환반응이 빠르게 일어날 때 독성과 관계되는 심각한 문제들이 일어날 수 있다. 예를 들면, dicumarol은 항응고약(항응혈약)으로 보통 혈액 내에서 99% 혈장단백질에 결합되어 있다. 이 경우 결합된 dicumarol의 1%의 치환은 심각할 수도 있다. 즉, 99%에서 98%로 단백질과의 결합은 감소되지만 혈액 내의 dicumarol 농도는 100% 증가된다. 반면 해열 · 진통제로 사용되는 aminopyrine은 보통 혈장단백질과 85% 정도 결합되어 있어 1%의 치환은 '유리' 형태의 약품을 15%에서 16%로 증가시키므로 심각한 변화가 아니다.

3.2 뼈에 저장

뼈는 단백질(즉 콜라겐, 글리코스아미노글리칸, 프로테오글리칸)과 무기질염 hydroxyapatite($Ca_{10}(PO_4)_6(OH)_2$)로 구성되어 있다. 뼈는 정지된 것처럼 보이나 그렇지 않다. 뼈는 살아있으며 혈관을 갖고 있기 때문에 출혈도 한다. 골아세포(osteoblasts)들은 뼈 형성을 책임지는 세포이며, 뼈파괴세포(osteoclasts)는 뼈를 흡수하는 세포이다. 골격형성 기간 중 골아세포는 세포외 단백질을 생산하고, 자연적 또는 발생적인 hydroxyapatite가 결정체를 이룰 수 있는 화학적 환경을 만들 것이다.

골격형성을 위한 정상적인 세포외 과정에서 많은 원소들과 화합물들이 화학적 치환 반응에 관련된다. 불소(fluoride)는 수산기(hydroxyl)를 치환하며, 스트론티움 또는 납은 칼슘을 치환한다. 일단 치환되면 원소들과 화합물들은 골격의 바탕질로 병합된다. 정상적 조건하에서 골격은 지속적으로 재흡수와 침전의 과정을 통하여 재순환된다. 평균적으로 뼈의 무기질은 7 ~ 10년마다 재순환된다. 즉, 바탕질에 묶인 어떤 화학물질도 결국 축적된 곳에서 떨어져 나와 순환계로 다시 들어가게 된다.

3.3 간에 저장

간은 독성물질이 농축되기 좋은 기관으로서 높은 혈액량/질량비율을 가지며, 총 심장 출력량의 가장 많은 용량의 혈액을 공급받는다. 간세포(hepatocyte)는 독성물질을 포함한 많은 화학물질들이 결합하는 세포질 단백질을 포함하고 있다. 간은 독성물질들의 제일의 축적장소일 뿐 아니라 대부분 독성물질들의 생체 내 대사가 일어나는 곳이다.

3.4 신장에 저장

신장은 모든 기관 중 가장 높으며 심장근육의 네 배보다도 큰 혈액량/질량비율을 갖는다. 많은 양의 혈액이 신장을 흐르기 때문에 독성물질에 우선적으로 폭로될 수 있다. 뼈와는 달리 신장에의 축적은 무기질의 세포간질에만 한정되지 않으며, 네프론(신장의 기본단위)과 결합된 부드러운 조직도 독성물질과 독성물질 - 대사체에 폭로된다.

3.5 지방에 저장

지방조직은 중성지방인 triglyceride를 축적하는 주요한 기능을 갖는다. 우리 몸에 축적되는 중성지방의 반 정도가 피하지방조직에 축적된다. 그 외에 신장 주위, 작은창자 주위의 망과 같은 막, 생식기, 근육 사이, 눈의 뒤, 심장과 소장의 표면 주름 속에서 지방을 발견할 수 있다. 뼈에도 축적되는데, 뼈의 triglyceride는 혈액과 지속적으로 교환되면서 다른 지방조직세포에 재침착 된다. 알려진 많은 독성물질들은 지방친화성이며 쉽게 세포막을 통과하여 지방조직에 농축된다. 독성물질이 지속적으로 지방조직에서 발견되는 중성지방에 용해되면 축적이 일어난다. 일단 축적되고, 정상적인 치환과정의 결과로 독성물질이 해리되면 다른 부위로 분포되고, 그곳에서 재침착과 대사를 거쳐 배설된다.

제 7 장
독성물질의 생체 내 변화

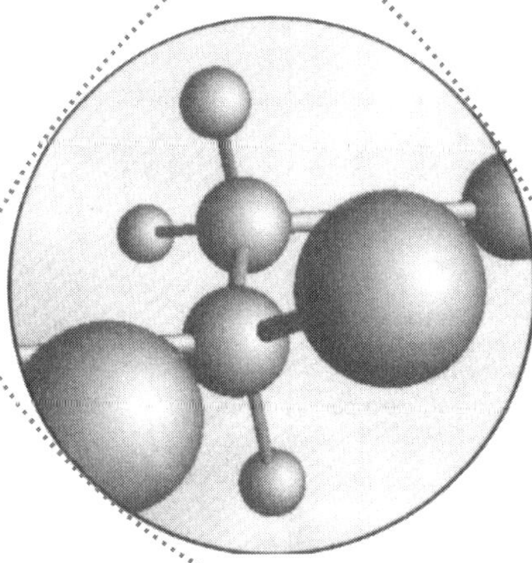

1 독성물질의 생체 내 변화

비극성이며 낮은 분자량을 지닌 지방친화성 독성물질들은 세포막을 통해 빠르게 흡수된다. 쉽게 흡수되고 생체 내 체계적 분포가 이루어지는 지방친화성 독성물질들은 흡수된 화학적 형태로 인체로부터 배설되기 어렵다. 즉, 그들의 흡수를 용이하도록 한 '지방친화성'이란 화학적 특성이 오히려 배설을 방해하기 때문이다. 흡수가 지속되고 배설은 되지 않을 때, 많은 지방친화성 독성물질들은 인체 내에 축척될 것이다. 인체는 대부분의 독성물질들을 흡수될 때의 화학형태 혹은 대사된 형태로 배설시키는 능력을 가진다. 배설을 위해 지방친화성 독성물질들은 대사되거나 친수성의 대사체로 생화학적인 변화를 해야 한다. 반면, 친수성 독성물질들은 인체 내에서 그들 원래의 화학형태로서 배설이 용이하다.

대사(metabolism)란 생체 내 물질에 일어날 수 있는 모든 생화학적인 변화의 총칭이다. 즉, 동화작용과 분해작용을 모두 포함한다. 동화작용(anabolism)은 단일물질이 세포에서 복잡한 생체물질로 전환되는 일종의 구축과정이다. 물질분해작용(catabolism)은 복잡한 물질이 세포에 의하여 보다 간단한 화합물로 전환하는 분해과정이다. 이러한 대사과정은 세포질 내에서 자유롭게 진행되거나 혹은 세포 내의 특정 소기관에 한정되어 일어날 수 있다.

생체 내 변화(biotransformation)는 인체 내에 들어오는 내인성 혹은 외인성물질들이 인체로부터 배설이 용이하도록 소수성(hydrophobic)에서 친수성 분자(hydrophilic molecule)로 변화시키는 과정이다. 생체 내 변화(biotransformation)는 원래 존재하는 지방친화성 물질을 인체로부터 더 쉽게 배설되는 친수성 대사체로 변화시키는 것이다. 좋은 예로서 적혈구 내의 산소 운반체인 철-단백질 복합체인 헤모글로빈이 있다. 정상조건 하에서 헤모글로빈은 대사체의 한 형태인 빌리루빈(bilirubin)으로 대사된다. 빌리루빈이 고농도로 존재할 때 신생아의 뇌에 되돌릴 수 없는 치명적인 뇌손상을 일으키게 된다. 간에서 지방친화성 빌리루빈 분자의 생체 내 변화가 일어나 수용성(친수성) 대사체를 생산하며 담즙을 통해 배출하고 대변으로 배설된다.

전형적인 생체 내 변화는 독성물질의 제거를 용이하도록 다음과 같은 4가지 특성을 갖는다.

① 대사체 혹은 변형된 독성물질들은 원래의 독성물질과 화학적으로 명확히 구별되어야 한다.

② 대사체들은 일반적으로 원래의 독성물질보다 더욱 친수성이어야 한다.

③ 생체내 변화된 대사체들의 친수성은 세포막을 통과하는 능력이 감소됨으로써 조직에서의 분포가 달라져야 한다.

④ 배설기관(신장, 소장)과 관련된 세포에 의한 대사체의 재흡수가 감소되어야 한다.

독성물질이 인체 내에서 제거되는 속도는 생체 내 변화속도와 인체로부터 배설되는 속도에 의존한다. 생물학적 반감기($T_{1/2}$)는 인체 내에 존재하는 독성물질의 양이 절반으로 감소되는데 걸리는 시간이다. 생물학적 반감기는 인체 내에서 다양한 독성물질들이 머무르는 시간을 비교하는 수단이 되고 독성물질들의 '안전한' 폭로기간을 결정하는 유익한 정보이다.

2 생체 내 변화 반응들

인체조직으로 들어오는 대부분의 독성물질들은 지방친화성이다. 지방친화성 독성물질을 인체가 배설할 수 있는 화학적 형태로 변화시키는 화학반응은 크게 제1상 대사, 제2상 대사라 부른다. 제1상, 제2상 대사의 목표는 해독을 용이하도록 하는 것이다. 즉, 신장계와 담즙계에 의해서 더욱 쉽게 제거될 수 있는 수용성 대사체를 생산하는 것이다.

생리학적 pH에서 수용성의 독성물질 또는 대사체들은 이온으로 해리되거나 이온화 될 것이다. 이온화된 분자들이 생물계에서 실질적인 작용을 하는 분자들이다. 양성 혹은 음성 전하를 가진 이들 이온화된 분자들은 더욱 쉽게 세포막을 통과해 수송될 수 있다. 때에 따라서 생체 내 변화를 거치면서 생체이물질 혹은 내인성 화학물질과 같은 어미 화합물에서 발견되지 않은 독성을 지닌 중간대사체 혹은 대사물이 생산되기도 한다. 생활성화(bioactivation) 또는 독성화(toxication)란 용어들은 어미화합물들이 대사되면서 더욱 독성이 큰 중간대사체 혹은 마지막 대사물을 생산하는 화학반응 경로를 말하는 것이다. 가끔 생활성화 과정에서 매우 활동성이 큰 대사체들이 발생되면서 세포질, 세포막 혹은

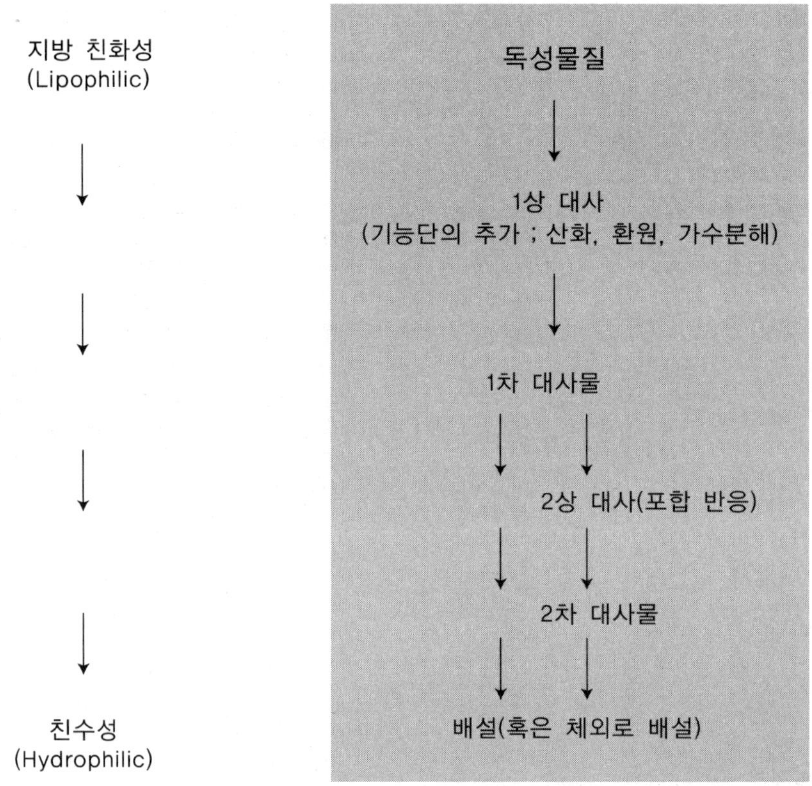

그림 7.1 독성물질의 생체 내 변환반응

핵(예 ; DNA) 안에 원래 존재하는 거대분자(macromolecules)들과 작용하기도 한다.

어미화합물들이 분포된 후에도 독성을 나타내지 않는 경우에는 독성물질이라 명명하지 않고 생체이물질(xenobiotic)이라 부른다. 흔히 해열제와 진통제로 사용되는 아세트아미노펜(acetaminophen)의 경우는 적정량을 조제했을 때 원하는 치료효과를 나타내지만 독성은 없다. 이것은 acetaminophen이 빠르게 제1상, 제2상 생체 내 변화를 거친 후에 소변과 대변으로 배설되기 때문이다. 그러나 용량이 과하게 높은 경우에는 정상적인 제1상, 제2상 대사능력을 초과하므로 간에 독성이 있는 활발한 대사체를 생산하는 부가적인 생합성경로가 발생된다.

3 생체 내 변화작용은 어디서 일어나는가?

대부분의 조직들은 생체변화 시키는 능력에 정해진 한계를 갖는다. 피부, 정소, 태반들은 낮은 반면 소장, 신장, 폐들은 중간 정도의 그리고 간은 가장 높은 생체 내 변화능력을 지닌다. 간은 화학물질, 영양분, 독성물질들이 흡수되는 위장관으로부터 직접 혈액을 공급받는다. '화합물의 공급대'인 위장관으로부터 공급되는 혈액은 결과적으로 모든 다른 조직으로 분포된다. 간이 혈액으로부터 독성화합물을 제거시킨 후에 생체로 분포시키는 것은 대단히 중요하다. 'First pass'란 위장관으로부터의 혈액이 문맥을 통해 간으로 직접 들어가게 함으로써 즉각적으로 해독의 비율을 높일 수 있게 하는 것이다(그림 8.4).

간의 생체 내 변환능력은 독성물질에만 한정된 것은 아니다. 생체 내 화합물(빌리루빈)과 생체이물질을 생체변화 시키는 일상적인 일을 행하는 것은 물론이며, 독성물질들을 제1상, 제2상 대사반응시켜서 생체로부터 제거되는 것을 수월하게 할 수 있다.

생체 내 변환작용을 촉매하는 효소들은 생체의 다른 세포들을 포함하여 간세포의 세포질 내에, 혹은 소포체 막에 결합하여 활동한다. 마이크로좀의 효소들은 제1상 반응과 관련이 있다. 마이크로좀이란 간세포 혹은 간 조직을 곱게 갈아서 균질액을 만들었을 때의 '작은 주머니' 혹은 소포들을 나타낸다. 균질액 내에서 제1상 효소들이 결합된 소포체 막의 작은 부분들은 끊임없이 작은 소낭(vesicle)을 형성한다.

간세포 균질액은 또한 생체 내 변환반응을 촉매하는 용해성 효소를 포함한다. 이들 세포질 효소는 막에 결합되지 않고 세포질 내에 자유로이 존재한다. 이들 세포질 효소들은 제2상 반응과 관련이 있다.

흔히 고려되지는 않지만 소장 내에 존재하는 세균들도 생체 내 변환능력이 있다. 약 400개 이상의 세균들이 생체이물질을 생체변화 시키는 역할은 아마도 간의 역할만큼이나 비중이 있다.

4 생체 내 변화에 영향을 주는 인자들

생체 내에서 흡수되고 분포되는 독성물질을 해독시키는데 생체 내 대사가 얼마나 효율적인가는 나이, 성, 영양상태, 질병, 밤·낮 등 몇 가지 요소들에 의해서 영향을 받는다. 각각의 유기체마다 생체대사의 특성은 고유하므로 제1상, 제2상 생체대사 효소들의 질적, 양적 특성의 차이점들이 고려되어야 한다. 일반 독성시험에 비인간인 생물체·종(species)들이 흔히 사용되므로 이들로부터 얻은 결과를 외삽하거나 일반화 시킬 때 주의가 요구된다.

① 일반적으로 사람의 신생아와 유아들은 생체이물질을 생체변화 시키는 능력에 제한을 받는다. 사람이 태어날 때 제1상, 제2상 생체변화 효소를 완전하게 갖고 있지는 않다. 생체변환 능력은 유아기에 빠르게 증가하여 사춘기와 성인이 되었을 때 최대 능력에 이르며, 65세 정도가 지나면 많은 효소들은 감소하게 되는데 이 시기가 독성물질에 다시금 감염되기 쉬운 때이다.

② 설치류를 사용한 생체변화 연구결과에서 암컷과 수컷 간에 생체변환 능력에 확연한 차이를 보였다. 제1상, 제2상 반응을 촉매하는 일부 효소의 경우, 수컷 설치류는 암컷에 비하여 5배나 큰 생체변화 능력을 나타내었다. 성의 차이는 사람에게도 존재하는 것으로 추정되며 조직의 크기, 외관상 분포용적(V_D), 효소농도, 호르몬 양과 단백질 결합 등과 관계가 있다.

③ 동물 연구결과 24시간 주기의 생체리듬 또한 생체이물질에 대한 생체변화 속도에 영향을 주었다. 생체변화와 관련된 많은 화합물과 효소들의 농도는 하루 중에 변동이 있는 것으로 나타났다.

④ 동물을 사용한 연구에서 생체변화는 영양상태에 의해 영향을 받았다. 동물에서의 연구결과를 사람에게 외삽하는 경우에는 매우 주의해야 한다. 비타민, 무기질, 영양물질이 결핍된 먹이를 사용한 동물에서 생체변환이 낮아진 결과를 사람에게 유사한 반응의 결과로 추론하는 것은 가능할 것이다.

⑤ 많은 질병상태는 독성물질을 포함한 생체이물질의 생체변환 능력을 손상시킨다. 간에 염증을 나타내는 간염(hepatitis)은 정상적 생체변환 능력을 절반 정도로 감소시킨다. 간은 생체변환의 가장 중요한 곳으로 이곳이 손상될 경우 건강이 심각하게 위협을 받게 될 것이다.

5 제1상 대사반응

제1상 대사반응에는 마이크로좀의 일산소화반응, 싸이토졸-미토콘드리아 산화반응, 프로스타글란딘 합성효소의 공산화(cooxidation), 환원반응, 가수분해, epoxide-수화작용들이 있으며 산화반응, 환원반응, 가수분해 반응들이 대표적인 1상 대사 반응들이다. 제1상 대사반응이 진행되면 독성물질 내의 작은 극성기가 드러나거나 혹은 독성물질에 극성기가 결합된다(그림 7.1) 반응 후의 극성기는 독성물질의 물에 대한 용해도를 증가시켜서 배설이 잘 되도록 하며 또한 제2상 반응이 가능하게 한다. 이 반응은 비특이성을 가진 효소계에 의해서 촉매반응 되는데 가장 대표적인 중요한 효소는 cytochrome P-450이다.

5.1 효소 Cytochrome P-450 Monooxygenase

제1상 반응은 주로 간의 마이크로좀에 많이 분포하는 cytochrome P-450 monooxygenase 효소에 의해 일어난다. 이 효소는 cytochrome P-450과 NADPH-cytochrome P-450 reductase로 구성된 복합효소이다. 이 중 cytochrome P-450은 혈장단백질로서 초기에는 한 개의 단백질로 설명되어졌으나 지금은 400개 이상의 P-450 동위체들이 발견되면서 기질에 대한 특이성들이 밝혀지고 있다. Cytochrome(cyto-, 세포 ; -chrome, 색깔의)은 철-단백질의 복합체로서 전자를 운반하여 철의 산화도를 $Fe^{+2} \rightarrow Fe^{+3}$ 혹은 $Fe^{+3} \rightarrow Fe^{+2}$로 바꿀 수 있다. Cytochrome P-450이 이런 이름을 갖게 된 것은 일산화탄소와 결합된 환원상태(Fe^{+2})의 철-단백질 복합체인 이 효소가 450 nm에서 최대흡광도를 나타내었기 때문이다.

Cytochrome P-450의 작용기전은 명확하게 확립되지는 않았지만 일반적으로 알려진 과정을 [그림 7.2]에서 나타내고 있다. 첫 단계에서 기질(R)이 산화형 P-450에 결합되며 곧이어 NADPH-P-450 환원효소의 촉매작용에 의한 한 개의 전자 환원반응이 일어나서 환원형 싸이토크롬-기질의 복합체를 형성한다. 이 복합체는 CO와 상호작용할 수 있으며 monooxygenase의 작용을 억제한다. 그 다음 몇 단계는 현재 정확히 밝혀지지는 않았으나, 이 복합체(cyt-Fe^{+2} R)는 산소분자와 반응하여 세 성분(ternary)원소로 이루어진 산화물 복합체를 만든다. 이 세 성분 복합체는 두 번째 전자를 수용하며, 결과로 한 개 혹은 그 이상의 잘 알려지지 않은 복합체를 형성한다. 이들 중의 하나가 아마도 기질결합-혈

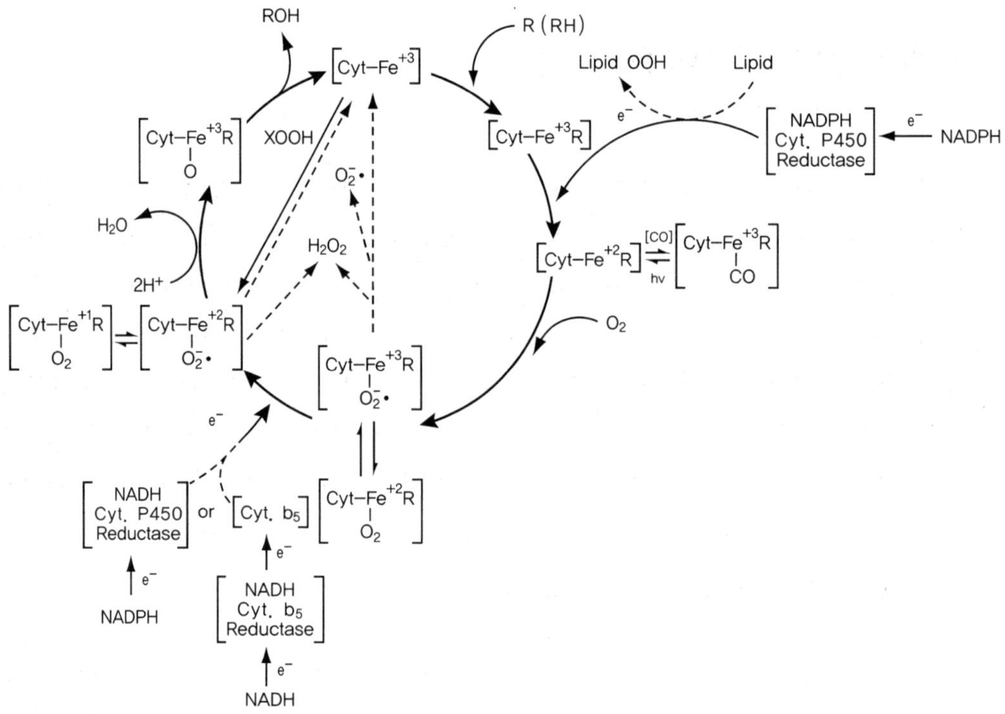

그림 7.2 Cytochrome P-450에 의한 일련의 산화과정

장단백질의 과산화물 - 음이온 유도체일 것이다. 어떤 조건에서 이 복합체는 분해되어 과산화수소와 산화형 싸이토크롬 - 기질 복합체로 된다. 일반적으로 한 개 원자는 기질로 이동되고 다른 원자는 물로 환원되며, 연속되는 dismutation 반응은 산화생성물, 물, 그리고 산화형 싸이토크롬을 형성한다.

전체적인 반응은 다음과 같으며 RH는 기질(substrate)을 나타내며 효소의 제1상 반응 후 산화물 ROH를 생성한 것이다. 즉, monooxygenation의 일산소화반응이 의미하듯이 산소 분자의 한 개 원자는 기질로 결합되고 다른 원자는 물로 환원되는 산화반응을 의미한다.

$$RH + O_2 + NADPH + H^+ \rightarrow NADP^+ + ROH + H_2O$$

척추동물에서 간은 cytochrome P-450을 가장 많이 함유하여 제1상 반응이 가장 활발하다. 그 외에 피부, 코, 점막, 폐, 위장관에서도 많이 발견되는 것으로 보아 흡수 초입에서의 방어기전을 반영해준다. 그 외 태아와 성인의 간과 부신선, 태반, 정소, 혈소판, 림프구에서도 존재가 확인되었다. 최근에는 정제된 cytochrome P-450을 포함하여 재구성하여 이 효소의 특이성 연구에 사용되고 있다.

5.2 제1상 반응의 종류

① 산화반응(oxidation) : 어떤 물질이 전자를 잃어버리는 반응, 산소와 결합하는 것

② 환원반응(reduction) : 어떤 물질이 전자를 얻는 반응, 수소 H와 결합하는 것

③ 가수분해(hydrolysis) : 어떤 물질이 물과 반응하여 분해하는 것. 분해된 각각은 물의 일부(즉, H^+와 OH^-)와 결합한다.

대표적인 제1상 반응들을 표에 나타내었다.

제1상 대사반응을 하는 독성물질들은 충분히 이온화되거나 친수성인 대사체로 된 후에 빠르게 생체로부터 배설되거나 혹은 제2상 반응을 위한 중간 대사물질을 생산한다. 그러나 때로는 중간대사체나 마지막 대사물이 어미화합물보다 더 독성이 큰 경우도 있다.

표 7.1 대표적인 제1상 대사반응들

반응	예
N-oxidation (N-산화)	$RNH_2 \rightarrow RNHOH$
S-oxidation (S-산화)	$R_1(R_2)S \rightarrow R_1(R_2)S=O$
epoxidation (에폭시화)	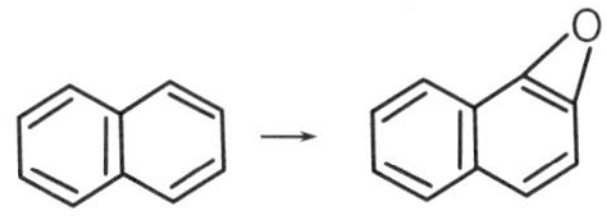
Carbonyl reduction (카보닐 환원)	$RC(=O)R' \rightarrow RCH(OH)R$
hydrolysis(esters) (가수분해)	$R_1COOR_2 \rightarrow R_1COOH + R_2OH$
Desulfuration (탈황반응)	$R_1(R_2)C=S \rightarrow R_1(R_2)C=O$
Dehydrogenation (탈수소반응)	$R \cdot CH_2OH \rightarrow RCHO$

6 제2상 대사반응

제1상 반응이 끝나면 활동성이 큰 화학기를 함유한 새로운 중간 대사물이 생성된다. 즉 $-OH$(hydroxyl기), $-NH_2$(amino기), $-COOH$(carboxyl기)들이 포함된다. 제1상 반응 후에 첨가되거나 노출된 활동기를 함유한 중간 대사체들은 이들이 생체 밖으로 배설될 만큼 충분한 친수성을 갖지 못한다. 이들 대사체들은 제2상 반응이라고 부르는 부가적인 생체변환을 다시 시행하게 된다.

제2상 반응은 일종의 포합반응(conjugation reaction)으로서, 2상 반응의 반응효소들은 당, 아미노산과 같은 내인성 기질을 접합시켜 극성을 더욱 증가시킨다. 대개의 경우 모화합물이나 제1상 대사물보다 친수성이 더 큰 제2상 대사물이 생성되면 즉시 생체로부터 배설이 가능하다. 제 2상 반응에 적합한 화학구조를 가진 생체이물질들은 제1상 반응에 의한 변화 없이 쉽게 제2상 반응, 즉 포합반응이 가능하다.

대표적인 포합반응에는 다음과 같은 것들이 있다.

① Glucuronide conjugation

② Methylation

③ Sulfate conjugation

④ Glutathione conjugation

⑤ Acetylation

⑥ Amino acid conjugation

제2상 반응 중에서 가장 많이 포합되는 물질은 가장 흔한 탄수화물의 구성물질이며, 세포내 에너지의 주요원료인 glucose로부터 유도된 glucuronic acid이다. Glucuronidation 반응은 간의 기능세포인 간세포에서 주로 일어난다. 여기서 생성된 glucuronic acid 포합체는 담즙으로 배출되어 소장을 거쳐서 대변으로 배설된다. 일반적으로 분자량이 250 이하인 것은 소변으로 배출되며, 분자량이 350 이상인 glucuronic acid 포합체들은 담즙으로 배출된다.

Sulfate 포합반응은 주로 간에서 일어나는데 glucuronic acid 포합체와는 달리 매우 극성인 sulfate 포합체는 소변으로 빠르게 배출된다. Amino acid 포합반응 중에 가장 흔한 것이 glycine이며, 아스피린(sodium salicylate)은 glycine - salicylic acid 포합체로서 소변으로 배설된다.

표 7.2 대표적인 제2상 대사반응

반응의 종류	반응물질	작용효소	예
GLUCURONIDA-TION	GLUCURONIDE	glucuronyl transferase	PHENOL TRICHLOROETHANOL NICOTINIC ACID
METHYLATION	S-ADNOSYLMETHYL -TRANSFERASE (SAM)	methyl transferase	CATECHOLS INDOLAMINES THIOURACIL
SULFATE CONJUGATION	PHOSPHOADENOSYL PHOSPHOSULFATE (PAPS)	sulfotransferase	PHENOL TOLUENE ACETAMINOPHEN
GLUTATHIONE CONJUGATION	GLUTATHIONE (GSH)	glutathione-S-transferase	EPOXIDE NITROGLYCERINE

제 8 장
독성물질의 배설

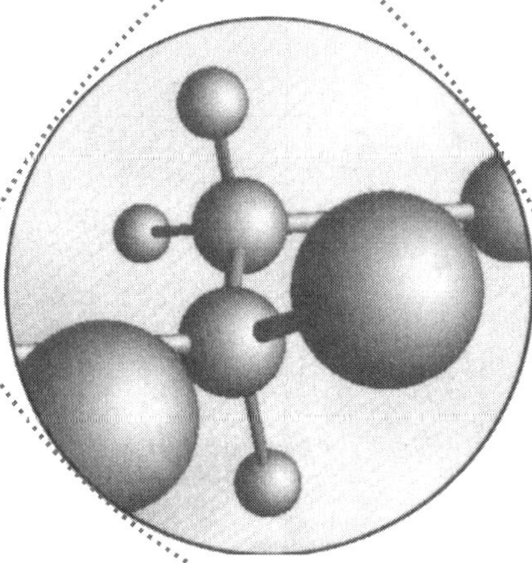

1. 소변을 통한 배설
2. 대변을 통한 배설
3. 호흡을 통한 배설
4. 기타 방법의 배설 경로들

독성물질의 배설

독성물질 혹은 이들의 제1상, 제2상 대사체들은 소변, 대변, 폐로부터 내쉬는 공기, 모유, 땀, 타액, 척수액 등의 다양한 경로들에 의하여 생체로부터 배설된다. 그러나 가장 중요한 배설경로는 신장에 의해 생성된 소변이며, 두 번째로는 생체이물질을 간세포의 담즙과 함께 배설하는 대변이다. 세 번째는 폐를 통해서 기체상의 독성물질과 대사체들이 호흡과정의 내쉬는 공기에 같이 배설된다.

1 소변을 통한 배설

가장 중요한 배설기관인 신장은 순환계와 비뇨기계가 긴밀하게 접촉하는 기관이다. 성인은 무게가 약 150 g 정도 되는 두 개의 신장을 갖고 있다. 각각의 신장은 기능적 단위인 네프론(nephron)을 약 백만 개 정도씩 가지고 있다(그림 8.2). 총 길이가 약 75마일 정도 되는 네프론에서의 구조상/기능상 중요한 세 개의 영역은 다음과 같다.

① 사구체 - 여과
② 근위세뇨관 - 재흡수
③ 원위세뇨관 - 분비

신장의 주요기능

배설작용 외에도 신장은 세포 외액의 항상성을 유지하기 위해 다음과 같은 기능을 한다.

1. 염분과 수분의 섭취와 배설의 균형을 유지하여 세포 외액의 양과 삼투질 농도를 일정하게 조절한다.
2. K^+, H^+, HCO_3^-의 배설량 및 섭취량을 호흡 및 대사에 맞추어 조절하여 혈액과 세포의 pH를 일정하게 조절한다.
3. 영양소를 보존하고 대사의 최종산물을 배설한다.
   여러 대사기능에 관여한다(포도당신생, 펩티드 가수분해).
   호르몬을 합성한다(renin, erythropoietin, D-호르몬).

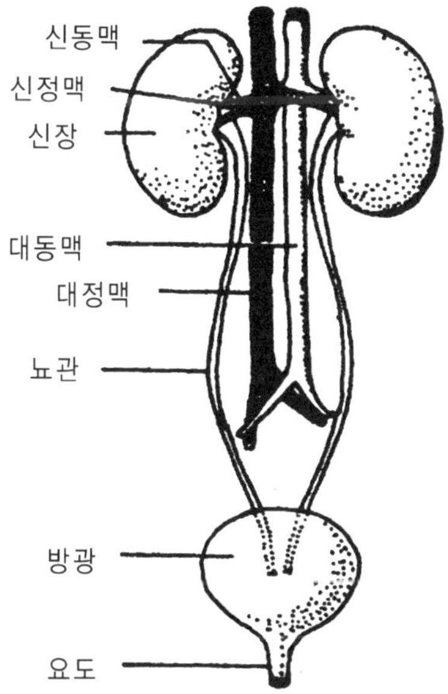

그림 8.1 사람 신장계의 구조

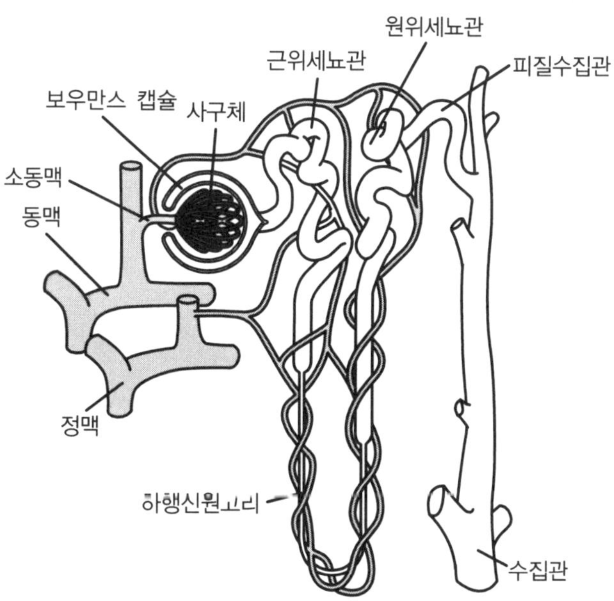

그림 8.2 네프론의 구조

(1) 사구체 여과

사구체 여과는 소변 생성의 첫째 과정으로서 사구체는 모세혈관들이 밀집되어 혈액이 흐르며 보우만스 캡슐에 밀착되어 있다. 사구체 여과(glomerular filtration)는 모세혈관 내의 물을 포함한 작은 분자들에 정수압(hydrostatic pressure)이 가해지면 체로 거른 것과 같이 보우만스 캡슐 내로 여과된다. 분자량이 60,000보다 큰 단백질 분자와 적혈구들은 모세혈관 내에 남게 되고 소변으로 여과되지 못한다.

성인에 있어서 사구체 여과는 약 125 mL/분 또는 하루에 180 L 정도 속도로 이루어진다. 이 정도의 여과량은 신장으로의 혈액흐름이 400 mL/100 g/분 정도이고 심장박출량의 약 1/4 혈액을 공급받기 때문에 가능하다. 다행히, 네프론에서 일어나는 사구체에서 여과되는 수분의 99%는 중요한 작은 분자들과 함께 혈액으로 되돌아간다.

(2) 세뇨관 재흡수

소변 생성의 두 번째 과정은 네프론의 근위회선 세뇨관(proximal convoluted tubule)에서 일어나는 재흡수 과정이다. 이 영역에서는 사구체 여과 중에 잃어버린 대부분의 물이 혈액 내로 들어간다. 물의 재흡수는 삼투현상(osmosis)에 의해 일어난다. 즉, 물은 농도경사를 따라서 근위 회선 세뇨관의 높은 농도의 영역에서 세뇨관 주위의 낮은 농도의 모세혈관으로 이동하게 된다. 대부분의 포도당, 칼륨, 아미노산들도 능동적 혹은 수동적 수송기전에 의해 근위회선 세뇨관에서 혈액 내로 들어간다. 이때 함께 재흡수되는 독성물질의 활동이 이 부분에서 일어날 수 있다.

(3) 세뇨관 분비

원위회선 세뇨관(distal convoluted tubule)에서 일어나는 분비는 소변생성과정의 마지막 과정이다. 재흡수과정이 물과 작은 분자들을 소변으로부터 혈액으로 이동시키는 것이라면, 분비는 분자들을 혈액으로부터 소변으로 보내는 것이다. 분비되는 물질들은 칼륨이온, 수소이온들과 약간의 생체이물질들을 포함한다.

세뇨관 분비는 순환계로 들어가는 독성물질이나 독성물질의 대사체들을 인체로부터 제거하는데 사용되는 바로 그 과정이다. 독성물질들은 사구체 여과와 수동적 혹은 능동적 세뇨관 분비에 의해 소변을 통해 제거된다. 일부 독성물질들은 사구체 여과를 통해 소변 여과액으로 들어가며, 재흡수와 같은 다른 과정들에 의해 영향을 받지 않는다면 소변내에 남아 있다가 몸에서 제거될 것이다. 이 과정은 특히 작고 극성인 독성물질에 잘 적용된다. 그러나 너무 커서 사구체 여과되기 어려운 것은 혈액으로부터 모세관 내피세포와 세뇨관 세포막을 통과하는 수동 수송에 의하여 소변으로 들어간다. 사구체 여과가 어려운 일부 단백질과 결합한 독성물질들은 세뇨관 분비에 의하여 소변으로 배출된다.

2 대변을 통한 배설

섭취된 생체이물질들은 흡수되지 않은 채로 대변으로 배출되거나 또는 흡수된 후에 순환계로 들어갈 것이다. 대부분의 흡수되지 않는 경우는 인체에 거의 위험을 주지 않으나, 일단 흡수되어 분포되면 독성물질을 포함한 생체이물질들은 소변, 대변 혹은 다른 제거 경로를 통해 배설된다. 모든 독성물질들은 인체 내로 흡수될 때와 같은 경로로 인체로부터 제거되지는 않는다. 독성물질 혹은 대사체들은 작은창자 혹은 담즙 배설에 의해 대변 속에 섞여 제거될 수 있다.

소장을 통한 배설은 생체이물질이 혈액으로부터 소장의 내강으로 수송되는 것을 말한다. 소장의 점막하부에는 혈관이 매우 밀집하게 분포되어 있기 때문에 일단 영양물질과 생체이물질이 흡수되면 혈관을 통해 각 부위로 빠르게 분포된다. 소장배설의 경우는 반대상황이 일어난다. 생체이물질들은 점막하부의 혈관내피를 수동적 기전으로 통과한 후, 점막세포를 통해 소장의 내강으로 나온 후 대변으로 배출된다.

대변배설(fecal excretion)은 독성물질과 대사체 제거에 있어서 중요한 과정이다. 이 과정은 위장관과 부속기관인 간을 포함하고 있다. 간세포(hepatocytes)는 담즙을 분비하는데 하루 평균 500 mL 정도를 생산할 수 있다. 제1상 생체 내 대사를 거치고 제2상 대사가 가능한 독성물질들은 좁은 관을 통해서 더 큰 담즙관과 임시저장을 위한 담낭(gallbladder)으로 들어간다. 소화가 용이하도록 담즙이 배출되며 담관은 간과 소장의 앞부분인 십이지장(duodenum)을 연결한다.

담즙의 구성성분은 물(97%), 담즙염(0.7%), 무기산염(0.7%), 담즙색소(0.2%)와 미량의 지방산, 지방, 콜레스테롤, 레시틴으로 이루어진다. 담즙은 생체이물질과 그들의 포합체를 운반하는 것 이외에 다른 중요한 기능들도 한다. 예를 들면, 담즙염은 십이지장에서 지방을 유화하여 지방의 소화와 장을 통한 흡수를 용이하게 한다. 담즙에 의해 간에서 장으로 운반되는 독성물질과 대사체들 모두가 대변으로 배설되는 것은 아니다. 일부는 그들이 소장을 통과할 때 재흡수되어 순환계로 들어오며 문맥(portal vein)을 통과하여 간으로 들어간다. 제2상 대사반응 포합체가 가수분해시(독성물질이 내인성 분자로부터 분리

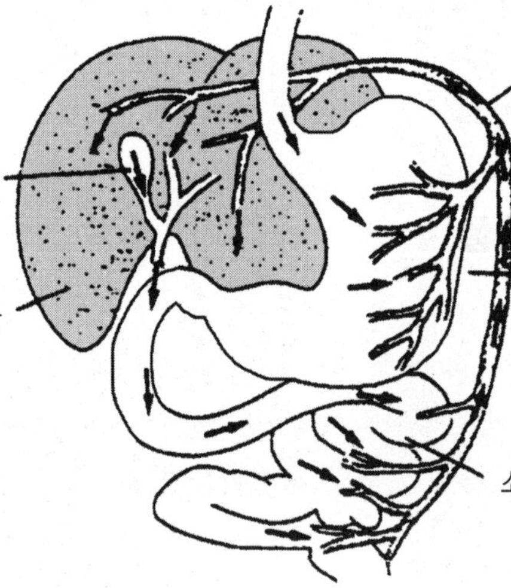

그림 8.3 장간순환

됨)에 생성된 '유리' 독성물질들은 일반적으로 지방친화적이며 소장의 점막을 통해 쉽게 재흡수될 수 있다. 독성물질이 간과 소장 사이를 순환하는 것을 장간순환(enterohepatic circulation)이라 부른다. 장간순환에 참여하는 담즙염은 약 90% 이상이 소장에서 재흡수되어 간으로 되돌아온다.

영양분이 함유된 혈액은 소장으로부터 간으로 흘러간 후, 다시 심장과 폐를 통과하여 인체조직으로 분포되기 위해 순환계로 펌프되어 나간다. 독성물질들이 전신으로 분포되기 전에 이들을 생체 내 변화시키는 능력은 생존치의 척도가 될 수 있다.

3 호흡을 통한 배설

폐는 정상체온에서 기체상태로 존재하는 생체이물질을 제거한다. 모세관 혈액 속에 녹아있는 생체이물질의 농도가 폐포 내 기체상의 농도보다 큰 경우 단순 확산이 일어난다. 이는 농도경사(concentration gradient)를 나타내는 것으로, 휘발성 기체는 폐포막을 통해 평형이 유지될 때까지 농도경사에 따라서 확산한다. 혈액에 용해도가 낮은 기체들이 용해도가 큰 기체들보다 빠르게 제거된다. 폐에서의 기체상의 생체이물질의 제거에는 기체압과 용해도 외에 호흡속도와 혈액흐름과 같은 요소들이 관련된다.

인체로부터 대변, 소변과 호흡기를 통해 제거되는 생체이물질의 좋은 예가 휘발성 알코올인 에탄올이다. 알코올음료 섭취 후에 에탄올은 빠르게 위장관 점막을 통해 흡수된다. 흡수 후 순환계로 들어가며 뇌, 신장, 간, 폐를 포함한 전 조직으로 분포된다. 약 90%의 에탄올은 간에서 제1상 대사반응을 거쳐 아세트알데히드(acetaldehyde)와 아세테이트(acetate)로 된다. 남은 약 10%는 대사되지 않은 원래의 형태로 신장에 의해 소변이나 또는 폐에 의해 숨을 내쉴 때 제거된다.

4 기타 방법의 배설 경로들

4.1 타액(Saliva)

구강에 위치한 세 쌍의 타액 분비선은 하루에 약 1.5 L의 타액을 분비할 수 있다. 타액에 수동적 확산되는 생체이물질을 삼킨 경우에 위장관 점막을 통해 흡수가 가능하다. 다시 말해서 타액은 독성물질의 제거에 아주 큰 역할을 하지는 않으나 일부 의약품들이 타액에 녹으며 제거될 때에 환자들이 '약의 맛'을 느끼도록 하는 책임 있는 역할을 한다.

4.2 땀

피부는 약 80개/cm^2의 땀선을 가진다. 하루에 땀으로 흘려지는 수분의 양은 크게 차이가 나며, 높은 온도에서 열심히 일할 경우 1 L/시간 이상의 수분을 흘리게 된다. 평균적으로 하루에 약 100 mL의 물을 잃는데 이것은 다양한 경로를 통한 총 수분방출량(2,400 mL)의 4% 정도이다. 수분방출의 경로로는 공기로 내뿜어지는 수분(350 mL), 피부를 통해서 확산되는 것(350 mL)과 피부를 통한 땀(100 mL), 소변으로 나가는 것(1,400 mL)과 소장으로 나가는 것(200 mL)들이 있다. 땀이 흐를 때 카드뮴, 구리, 철, 납, 니켈, 아연 등을 포함하여 많은 중금속들이 함께 배설된다. 정상적인 신체조건에서 수동적 확산을 통해 땀으로 배설되는 생체이물질의 양은 적으나 많은 양의 땀을 흘리는 경우에는 주요한 제거방법이 될 수도 있다.

4.3 모유(Milk)

엄마의 혈액 속에 생체이물질이 존재하는 경우에 수유를 하게 되면 모유를 통해 엄마의 생체이물질이 신생아에게로 전달될 수 있다. 이것은 모유에 함유된 지방이 지방친화적인 생체이물질의 통과를 가능하게 하기 때문이다. 젖에 포함되어 배설되는 생체이물질의 농도는 생체이물질의 화학적 특성, 유방으로의 혈액흐름 그리고 젖의 양에 의존한다. 엄마의 젖 속에 독성물질이 함유된 경우의 모유·수유는 신생아에게 해로운 영향을 주므로 수유하지 않는 것이 좋다.

4.4 손톱

손톱과 발톱은 외피 조직의 일부로서 정상적 조건하에서 탈피한다. 손톱이 생성될 때 생체이물질(예 ; 비소)은 각질의 기질에 합쳐진다. 그러므로 손톱이 닳아 없어지면서 생체이물질은 인체로부터 효율적으로 제거될 수 있다.

4.5 머리털(Hair)

손톱과 마찬가지로 머리털은 외피조직의 일부이며 정상적인 성장하에서 시간이 흐르며 인체로부터 잃게 된다. 생체이물질(비소, 카드뮴, 납)들은 머리털에 합쳐지면서 결국 인체로부터 배출된다.

4.6 피부(Skin)

표피 박리 혹은 표피 중 상피세포의 소실은 생체이물질들이 피부를 통해 배출될 수 있는 경로 중의 하나이다.

4.7 뇌척수액(Cerebrospinal fluid, CSF)

중추신경계(중추신경은 뇌와 척수를 포함한다)에 들어오는 독성물질은 뇌척수액 내로 들어올 수 있다. 뇌의 뇌실과 조직에 약 150 mL의 뇌척수액이 존재하면서 뇌와 척추를 감싸고 있다. 뇌척수액은 대부분 맥락막 망에서 550 mL/일의 속도로 생산된다. 뇌척수액의 회전속도는 하루에 약 3.7번 정도로서 충분히 흐름에 기여한다. 뇌척수액은 중추신경을 싸고 있는 조직으로 흡수되며 그곳에서 정맥혈액으로 들어간다. 뇌척수액 내의 독성물질들은 뇌를 둘러싼 조직으로 적극적으로 이동되거나 혹은 뇌 - 혈관 장벽을 통해 수동적으로 확산된다.

제 9 장

내분비계 장애물질

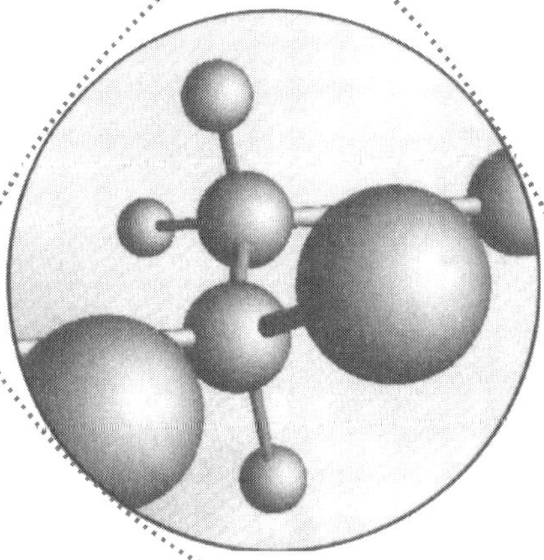

1. 내분비계 장애물질이란?
2. 내분비계 장애물질의 작용 기전
3. 생태계 및 인체에 대한 영향
4. 다이옥신과 내분비계 장애물질들

1 내분비계 장애물질이란?

1.1 내분비계의 이해

세포가 생성물을 세포외로 방출하는 것을 분비라고 정의하며, 생성물이 목적장소로 직접 방출되는 경우를 외분비(exocrine), 혈액(체액) 중으로 배출된 후 혈액순환에 의해 표적기관에 작용하는 경우를 내분비(endocrine)라고 한다.

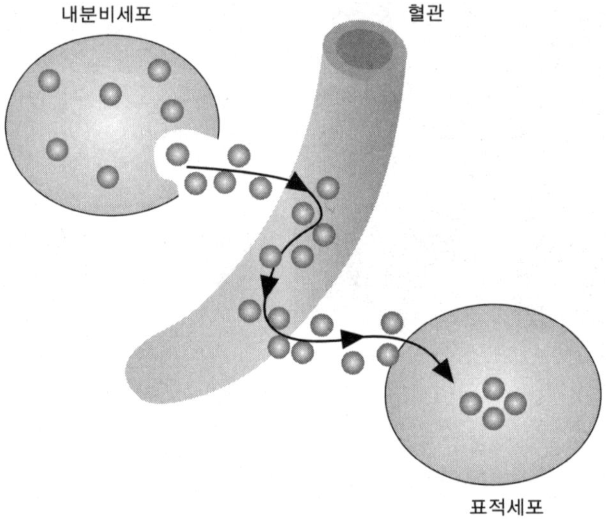

그림 9.1 호르몬의 수송과정

내분비계란 신경계, 면역계와 함께 생체의 항상성을 유지하는 중요한 생체조절 시스템으로서 포유류 및 어류 등을 포함한 모든 척추동물들이 가지고 있다. 생체의 발생, 성장, 생식, 행동을 조절하는 호르몬과 이를 생성하는 내분비선, 호르몬이 작용하는 표적기관으로 이루어진다. 갑상선, 부갑상선, 뇌하수체, 췌장, 부신피질, 생식기(고환, 난소) 등이 호르몬을 방출하는 대표적인 내분비선이다. 호르몬은 내분비선에서 방출되는 미량의 물질로서 체액에 의해 표적장기로 운반된 후 생체활동에 일정한 변화를 일으키는 화학물질인데, 최근에는 신경전달물질까지도 포함시켜 생체조절에 관여하는 모든 물질을 총칭한다.

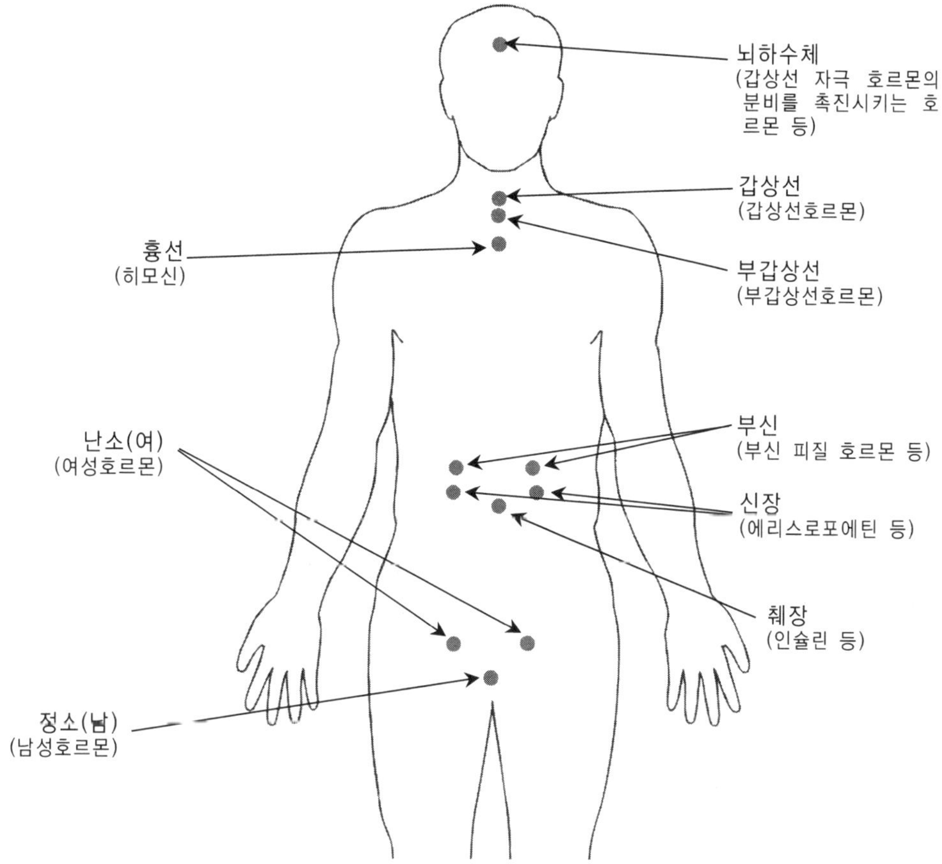

그림 9.2 인체의 내분비기관과 호르몬

호르몬(hormone)

인체기관은 신경계에 의한 신경성 조절과 화학물질에 의한 화학적 조절에 의하여 조정되고 수행된다. 화학적 조절은 특정한 내분비선(endocrine gland)의 분비물인 호르몬이 체액으로 분비되면서 조절된다. 호르몬이란 특수한 유기화합물로서 명령전달물질 또는 정보 운반체로서 특정기관과 조직에서 생산된 후 혈액 또는 신경을 거쳐 작용부위에 도달한다. 호르몬은 유기화합물로서 구조적인 특징에 따라서 세 종류로 구별할 수 있다.

① 페놀(phenol) 유도체 : 부신수질 호르몬, 갑상선 호르몬

② 스테로이드(steroid) : 부신피질 호르몬, 성 호르몬

③ 단백질 또는 폴리펩타이드 : 인슐린, 하수체전엽 · 후엽 호르몬

표 9.1 내분비 기관에서 분비되는 호르몬의 종류

내분비선	호르몬	호르몬 구조	기능
난소 (ovary)	에스트로젠	스테로이드	여성에서의 이차성징 조절 월경, 난자발육, 배란
	프로제스테론	스테로이드	월경주기 조절, 임신유지
정소 (testis)	안드로젠	스테로이드	남성에서의 이차성징 조절
췌장 (pancreas)	인슐린	폴리펩티트	혈당저하, 글리코겐 증가 유도
	글루카곤	폴리펩티트	혈당증가, 글리코겐 분해촉진
	소마토스테인	펩티드	인슐린, 글루카곤 분비 억제
부신 (adrenal)	에피네프린	아미노산 유도체	평활근 수축, 심장박동, 혈압상승
	노르에피네프린	아미노산 유도체	심장근수축, 심장박동, 대사속도 증가
	글루코코티코이드	스테로이드	혈당조절, 생장조절
	미네랄코티코이드	스테로이드	염과 수분의 항상성 조절
흉선 (thymus)	흉선호르몬	펩티드	흉선의 T세포, B세포 생장촉진
갑상선 (thyroid)	타이록신	펩티드	산소소비, 발열반응, 대사촉진
	칼시토닌	펩티드	뼈 내의 칼슘 방출 억제 혈액 내 칼슘 농도 저하
부갑상선 (parathyroid)	부갑상선호르몬	펩티드	혈액 내 칼슘 농도 증가 혈액 내 인 농도 감소
뇌하수체전엽 (anterior pituitary gland)	성장호르몬	단백질	뼈, 근육 성장촉진, 단백질, 지방합성 촉진
	프로락틴	단백질	출산 후 모유생산, 분비촉진
	갑상선 자극호르몬	당단백질	갑상선호르몬의 분비, 생산촉진
	아드레노코티코트로픽호르몬	폴리펩티트	부신피질자극
뇌하수체후엽 (posterior pituitary gland)	항이뇨호르몬	펩티드	콩팥으로부터 수분흡수 증가, 혈압상승
	옥시토신	펩티드	임신자궁의 수축촉진, 모유분비 촉진
시상하부 (hypothalamus)	방출호르몬	펩티드	뇌하수체에 작용하는 호르몬 방출

현재까지 인체에는 약 100여종의 호르몬이 존재한다고 알려져 있다. 생체 내에서 작용이 빠른 것은 수분 이내에 효력을 상실하고 느린 것은 수일에 걸쳐서 효력을 발휘하며, 소변을 통해 배설된다. 호르몬은 동물의 종류에는 무관하며 기관에 대해 특이성을 갖는다. 호르몬이 표적기관에 도달하여 수용체(receptor)에 작용하면, 표적기관은 특정호르몬에 따른 정보를 식별하여 합성작용을 하게 된다.

1.2 내분비계 장애물질(Endocrine disruptors)이란?

내분비계 장애물질은 생명체의 정상적인 내분비계 작용기전(호르몬 기능)에 비정상적인 영향을 주는 합성 또는 자연상태의 화학물질을 말한다. 미국환경보호국(EPA, Environmental Protection Agency)은 '항상성(homeostasis)의 유지와 발달과정을 조절하는 생체호르몬을 생산, 방출, 이동, 대사, 결합작용 혹은 배설을 간섭하는 체외물질'이라고 폭넓게 정의하고 있으며, 경제협력개발기구(OECD)는 '내분비계에 변화를 주어 정상적인 개체 또는 그 자손에게 위해한 영향을 주는 외인성물질'로 정의하고 있다.

발생 혹은 작용기능에 따라서 크게 세 종류로 구별된다.

① 약물성 내분비 장애물질 : DES(diethylstilbestrol)

② 자연성 내분비 장애물질 : 식물성 에스트로겐(phytoestrogens)

③ 환경성 내분비 장애물질(환경호르몬)

우리가 흔히 '환경호르몬'이라고 부르는 것이 ③번의 환경성 내분비 장애물질(environmental endocrine disruptors ; EED)이다. '내분비 교란물질'인 동시에 '환경오염물질'이며, 경우에 따라서 '내분비 장애물질', '내분비 저해물질', '호르몬 교란물질'이라고 부른다. 현재 약 100여종의 환경성 내분비 장애물질이 알려져 있다.

내분비계 장애물질의 물리화학적 특성

잘 분해되지 않고 안정하여 환경과 생체 내에 지속적으로 잔류하며, 인체 등 생물체의 지방 및 조직에 농축되는 성질이 있다. 축적되는 성질 때문에 임신, 수유과정을 통해 자손에게 분배되며, 먹이사슬의 마지막 단계에 있는 사람에게 음식물을 통해 섭취되기 때문에 문제가 된다.

2 내분비계 장애물질의 작용 기전

내분비계 장애물질이 생명체의 자연호르몬 역할을 간섭하는 기전은 아래와 같이 네 가지 가설에 의한다.

① 모방작용(Mimics action)

자연호르몬을 모방하여 자연호르몬과 같은 세포반응을 유발한다. 이 세포반응의 강도는 대개의 경우 자연호르몬보다 약하지만 때로는 강할 수도 있다. 예로서, 대부분의 식물에스트로겐과 환경성 내분비 장애물질은 에스트로겐 호르몬보다 훨씬 약한 세포반응을 유발한다. 그러나 약물로 사용되는 합성 DES (diethylstilbesterol)는 자연 에스트로겐보다 훨씬 강력한 세포반응을 유발하기도 한다.

② 봉쇄작용(Blocking action)

단독으로는 세포반응을 유발하지는 않으며, 자연호르몬과 결합할 수용체를 봉쇄함으로써 자연호르몬이 기능할 수 없도록 한다. 플로리다 주의 아포프카 호수에 서식하는 수컷 악어가 대표적인 예이다. 즉, DDT의 분해물질인 DDE에 의해서 남성호르몬인 테스토스테론의 작용이 봉쇄되며 음경이 위축되어 번식이 감소된 경우이다.

③ 방아쇠작용(Trigger action)

단백질 수용체와 결합하여 비정상적인 일련의 연쇄 세포반응에 방아쇠를 당긴다. 비정상적인 세포반응으로 예정되지 않은 세포분열이 일어나면서 암의 발생, 생명체 내 물질대사와 합성의 변화 등이 있다. 다이옥신은 마치 호르몬처럼 단백질 수용체와 결합하여 암을 발생시키는 일련의 세포반응 과정에 방아쇠를 당기게 된다.

④ 간접영향

수용체와 결합하지 않고 간접적으로 자연호르몬의 합성, 저장, 배출, 분비, 이동, 배설 등을 증가시키거나 감소시켜 정상적 내분비 기능을 방해하는 경우이다. 납은 성장호르몬이나 갑상선호르몬의 정상적 기능을 방해함으로써 발육과 지능발달을 저해한다.

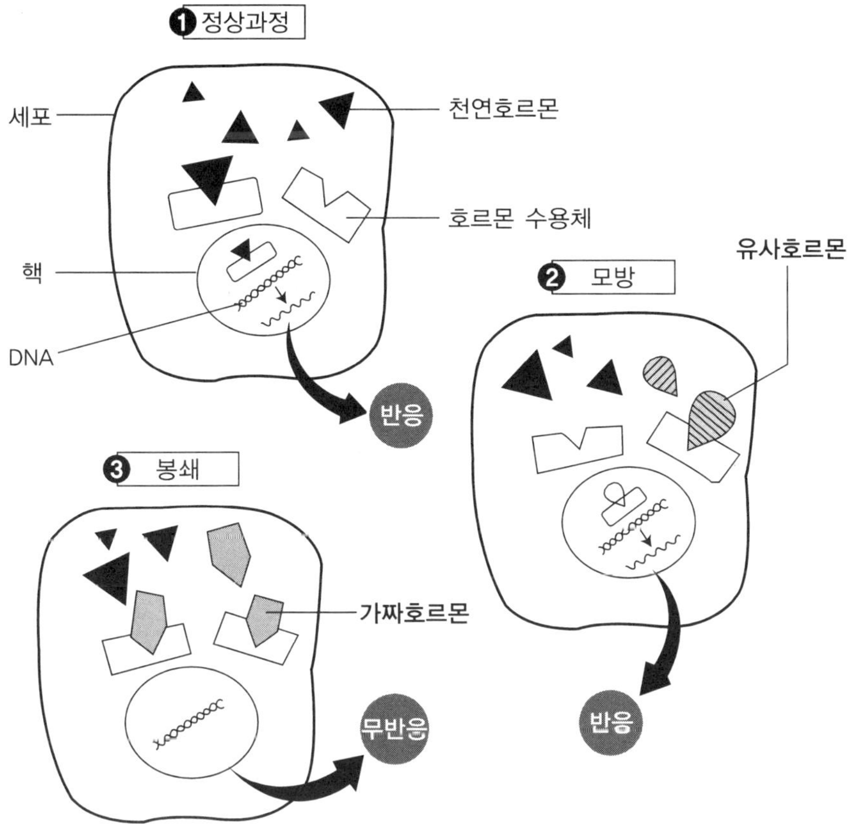

그림 9.3 환경호르몬의 작용 기전

3 생태계 및 인체에 대한 영향

내분비계 장애물질이 인간을 포함한 생태계에 미치는 대표적인 영향은 다음과 같다.

- 호르몬 분비의 불균형
- 생식기능 저하 및 생식기관의 기형
- 생장저해
- 각종 암의 유발
- 면역기능의 저해

표 9.2 내분비계 장애물질에 관한 기록들

년도	보고된 사건
1962	'침묵의 봄'이 발간되었다. 저자 레이첼 카슨은 야생동물의 번식력이 약해진 원인이 농약에 있다고 주장함.
1966	사람 혈액에서 PCB가 검출되었다. PCB 오염으로 인한 가마우지의 기형이 발견됨. 북극권 바다표범 체내에서 높은 농도의 PCB 발견됨(편서풍에 의해 운반).
1971	미국 보스톤의 사춘기 여자에게 질암이 많이 발생되었다. 조사결과 합성 여성호르몬 DES(Diethylstilbesterol)을 투여한 임산부에서 태어난 여자들에게서 발생되었음.
1977	미국 붉은털 원숭이에게 다이옥신을 소량 함유한 먹이를 준 결과 70% 이상에서 자궁내막증이 발생되었다.
1979	PCB, DDT 등이 유방암 및 자궁암을 일으키는 것에 대한 우려가 제기되면서 '환경 속의 여성호르몬 회의'가 열림.
1980	미국 플로리다의 아카프타호의 악어수가 감소하고 알이 정상으로 부화되지 못하다. '농약방출' 사건으로 DDT가 악어 체내에 축적되어 난포 안에 알을 많이 가지는 암컷과 페니스가 작은 수컷이 발견되었다.
1980	영국, 하수처리시설 하류역에 난소와 정소의 중간처럼 보이는 생식기를 가진 잉어가 발견됨. 계면활성제가 원인으로 추정됨.
1980	영국, 암컷 고등어에 음경 발견됨. TBT가 원인으로 추정됨.
1988	발트해, 북해에서 2만마리 바다표범이 떼죽음을 당함. 표범 체내에서 PCB, 다이옥신, 중금속, DDT, BHC 등 150여 종의 유해물질이 발견됨.
1990	일본, 암컷 두드럭고둥에 음경이 발견됨 — TBT가 원인물질. 한국, 진해만에서 양식되는 굴, 피조개, 홍합 등의 생산량이 매년 10%씩 감소됨. - TBT가 원인물질
1991	'세계자연보호기금'의 연구원 콜본에 의해 호르몬 작용을 교란시키는 화학물질의 규명과 규제에 관한 회의 개최
1992	덴마크인의 정자수가 최근 50년 동안 절반으로 줄었음이 발표되었다.
1996	'도둑맞은 미래'가 콜본 외 2명의 저자에 의해 발간되었다. 인공화학물질이 호르몬계를 저해하는 것에 관해 설명하고 있다.
1997	미국, 백악관에서 내분비계 장애물질에 관한 각국의 연구현황이 논의되고 국제적인 공동연구의 필요성이 제기됨.
1998. 6	세계 최초의 환경호르몬 연구를 위한 '일본 환경호르몬학회'가 발족되었다.
1998	한국, '환경호르몬 대책연구회'와 '전문연구협의회' 설립됨. 2004년까지 권고기준치 마련 2008년에 총량 규제안 확정

3.1 야생생물에 대한 영향

야생생물의 생태학적 관찰결과 파충류, 어류, 조류, 포유류에서 내분비계 장애가 관찰되었다. 그러나 오염물질 실제 노출량과 장해 정도의 상관관계를 정확히 밝혀내기는 어려웠으며 주로 수컷의 암컷화가 발견되었다.

① **어패류** : 수컷의 생식능력 변화 및 수컷의 암컷화가 어류에서 주로 발견되고 있다. 어류의 알은 성어보다도 화학물질에 민감하므로 낮은 농도에서 많은 알들이 죽어버리거나 영향을 받는다. 1980년대 후반, 영국에서 암수를 구별하기 어려운 잉어가 발견되었는데 계면활성제가 원인으로 추정되었으며, 1980년대 후반에 일본에서 선저 도료로 사용되는 TBT (tributyltin)의 영향을 받은 음경을 가진 암컷 두드럭이 발견되었다.

② **파충류** : 1980년, 미국 플로리다주의 아포프카호에 사는 악어 수가 감소하고 알이 정상적으로 부화되지 못하는 사태가 발생되었다. 생태조사 결과, 하나의 난포 안에 알을 많이 가지는 암컷과 페니스가 매우 작은 수컷이 발견되었다. 그 당시 아포프카호에서 '농약방류사건'이 일어났으며 농약 DDT가 먹이 연쇄를 통하여 악어의 체내에 축적된 것이 원인으로 추정되었다.

③ **조류** : 주로 가마우지, 갈매기, 독수리 등에서 발견되었다. 오염이 심한지역에 서식하는 경우에는 알의 부화율 감소와 기형이 발견되었으며, DDT에 오염된 경우에는 알껍질들이 얇아지면서 부화율이 낮아진다.

④ **포유류** : 먹이사슬에서 사람에게 밀접한 영향을 준다. 1988년 발트해와 북해에서 약 2만 마리의 바다표범들이 원인을 알 수 없는 떼죽음을 당한 사건이 일어났다. 해부분석 결과, 표범의 체내에서 PCB, 다이옥신, 카드뮴의 중금속류, DDT, BHC 등의 농약, 살충제 등 약 150종류의 유해물질이 검출되었다.

■ 파충류 및 양서류

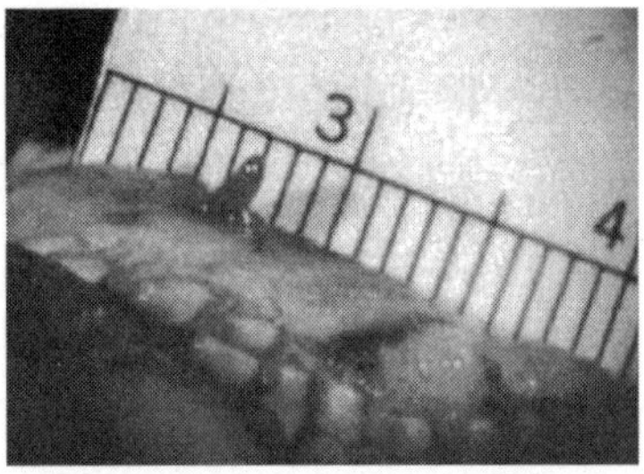

아포프카호에 서식하는 악어의 비정상으로 작은 페니스

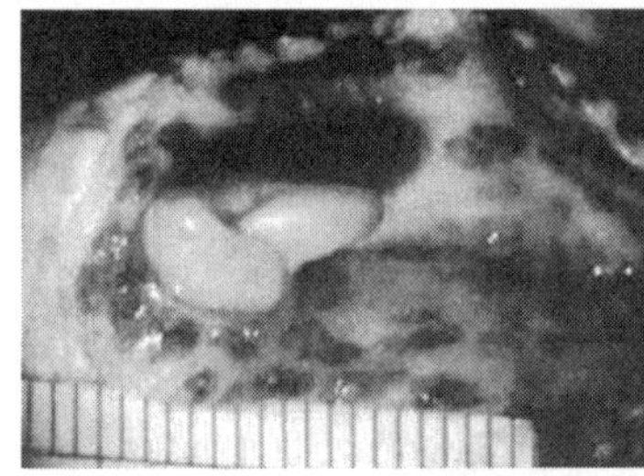

청정한 호수에 서식하는 악어의 정상적인 페니스

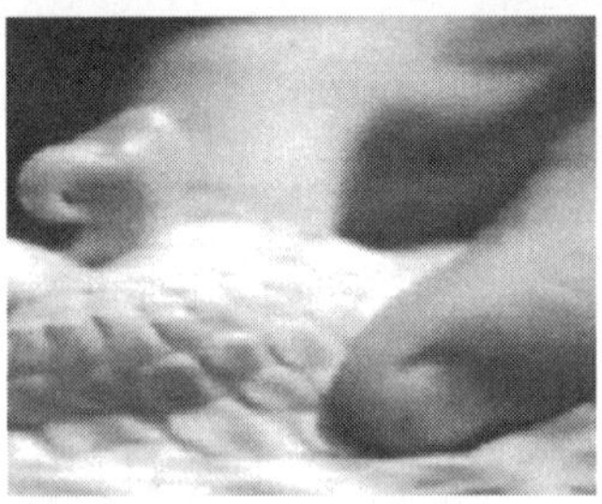

비정상으로 왜소화된 수컷악어의 성기

아래 위의 부리가 뒤틀어져 꼬여버린 가마우지. 이 같은 부리기형 가마우지는 먹이를 잡아먹지 못하기 때문에 사람이 인위적으로 키우지 않으면 곧바로 죽고 만다.

■ 조류

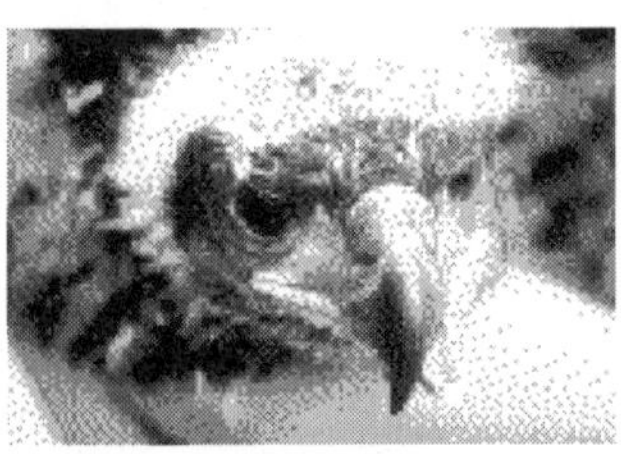

정상 조류

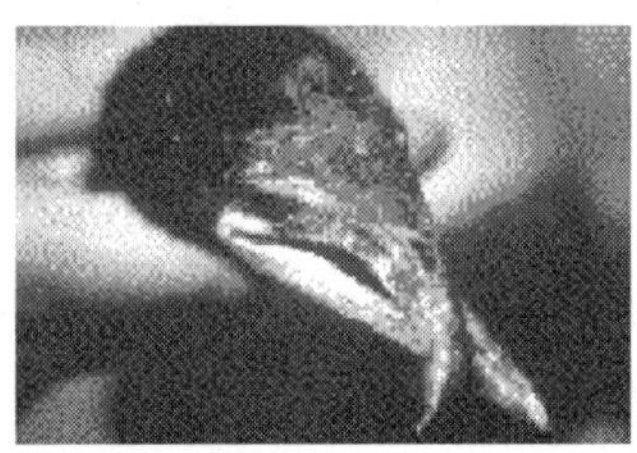

부리가 뒤틀어진 기형 조류

■ 어류

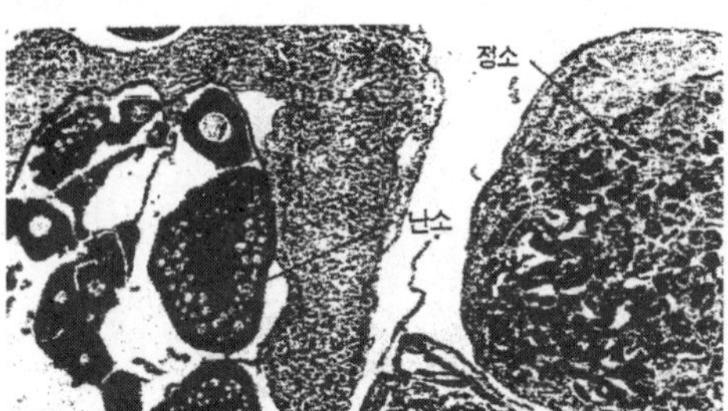

정소와 난소가 한데 있는 암수 한 몸인 잉어의 생식소

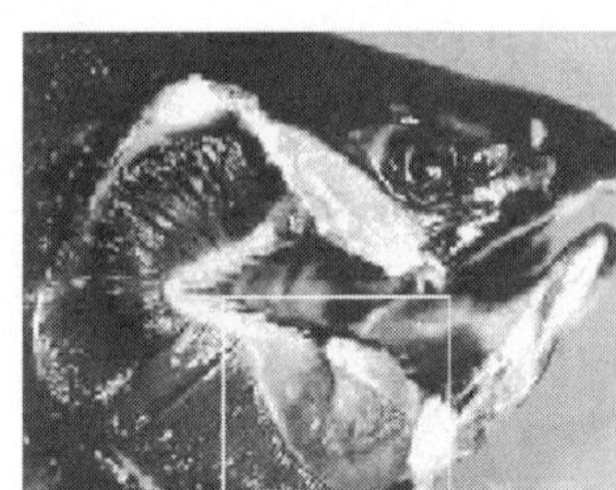

비정상적으로 갑상선이 비대된 연어

그림 9.4 생태계에서 발견된 환경호르몬 영향에 관한 사례들

3.2 인간에 대한 영향

내분비계는 신경계와 함께 인체를 조절하는 중추적인 역할을 하므로 내분비계 장애물질의 인간에 대한 영향은 중요한 관심사이다.

① 남성 : 정자수 감소, 정액량 감소, 정자운동성 감소, 기형정자들이 발견되고 있다. 또한 정소종양(고환암), 전립선암 등의 생식기 조직 이상들도 급격하게 증가하고 있다.

1992년 덴마크에서 남자들의 정자수 조사결과가 발표되었는데, 건강한 남성의 정자수 평균이 1942년에는 1 mL당 1억 1,300만개였으나 1992년에는 50% 감소하였으며 정액의 양도 25% 감소하였다고 보고하였다. 최근 일본 Teikyo 대학 의학부가 20대 남성 34명의 정액을 조사한 결과 정자의 농도와 운동성에서 세계보건기구(WHO)의 기준을 충족시킨 사람은 1명에 불과했다는 사실이 발견되었다. 우리나라 식약청에서 2005년 2월에 발표한 2004년 조사자료에 의하면 한국 20대 남자 10명 중 4명꼴로 정자운동 능력이 기준치에 미치지 못하는 것으로 밝혀졌다. WHO는 보통 정자 100마리 중 50% 이상이 정상적으로 운동하고 정액 1 mL당 정자 수가 2,000만개 이상을 넘어야 정상인 것으로 간주하고 있다.

② 여성 : 1970년대 미국의 젊은 여성들에게서 질암이 동시에 많이 발견되었다. 원인을 조사해보니 1950 ~ 1970년 사이에 유산을 방지하려고 DES (diethyl stilbestrol)를 복용했던 임산부의 2세 여성들이었으며 대체로 생식능이 감소하여 자궁기형, 불임, 면역기능 이상들이 발견되었다. 내분비계 장애물질은 주로 자궁내분열증(endometriosis), 자궁섬유종(uterine fibroid) 등의 생식기암, 유방암 등의 발생에 영향을 주는 것으로 알려졌다.

4 다이옥신과 내분비계 장애물질들

내분비계 장애물질로 추정되는 화학물질들의 정확한 목록은 아직 확정되지 않은 상태이다. 세계 생태보전기금(World Wildlife Foundation, WWF)에서는 67종의 화학물질을,

미국 일리노이주 환경보호청(Illinois, EPA)에서는 74종을, 일본 후생성에서는 142종의 화학물질을 내분비계 장애물질목록(추정물질 포함)으로 분류하고 있다. 그러나 목록에 포함된 물질들은 현재까지 알려진 화합물 중에서 색출된 것일 뿐이다. 지구상에는 매년 약 이십만 개 이상의 새로운 화학물질들이 합성되고 있기 때문에 얼마나 많은 내분비계 장애물질들이 존재하는지는 누구도 알 수 없는 실정이다. 우리나라는 생태보전기금이 선정한 67종의 화학물질을 목록으로 정하고 있다.

표 9.3 세계생태보전기금에서 분류한 내분비계 장애물질 목록 67종

내분비계 장애물질로 알려진 물질	내분비계 장애물질로 의심되는 물질
Persistent Organohalogens(유기염소계물질) dioxins/furans, PCBs, PBBs, octachlorostyrene, hexachlorobenzene, pentachlorophenol	
Pesticides(농약) 2,4,5-T, 2,4-D, alachlor, aldicarb, amitrole, atrazine, benomyl, bata-HCH, carbaryl, chlordane, cypermethrin, DBCP, DDT, DDT, metabolites, dicofol, dieldrin, endosulfan, esfenvalerate, ethylparation, fenvalerate, lindane, heptachlor, h-epoxide, kelthane, kepone, malathion, mancozeb, maneb, methomyl, methoxychlor, metribuzin, mirex, nitrofen, oxychlordane, metiram, permethrin, synthetic pyrethriods, toxaphene, transnonachlor, tributyltin oxide, trifluralin, vinclozolin, zineb, ziram	2,4-dichlorophenol Diethylhexyladipate
Penta-to Nonyl-Phenols(펜타-노닐 페놀)	
Bisphenol A(비스페놀A)	Benzophenone
Phthalates(프탈레이트) : 가소제 Di-ethylhexy phthalate(DEHP), Di-hexylphthalate(DHP) Butyl benzyl phthalate(BBP), Di-propyl phthalate(DprP) Di-*n*-butyl phthalate(DBP), Dicyclohexyl phthalate(DCHP) Di-*n*-pentyl phthalate(DPP), Diethyl phthalate(DEP)	N-butylbenzene
Styrene dimers and trimers(스티렌 다이머 및 트리머)	
Benzo(a)pyrene(벤조피렌)	
Heavy metals(중금속) mercury, lead, cadmium	

4.1 다이옥신

(1) 구조

두 개의 벤젠고리를 산소가 결합하고 염소가 여러 개 결합된 화합물 형태이다. 두 개의 그룹으로 나누어 산소가 두 개인 다이옥신류와 산소가 한 개인 퓨란류를 합하여 약 210의 이성체가 있다.

- 다이옥신류(polychlorinated dibenzo-*p*-dioxines, PCDDs) : 75종
  두 벤젠 고리가 산소원자 2개로 연결되어 있고 숫자가 쓰인 부분에 염소가 결합된다.
- 퓨란류(polychlorinated dibenzofurans, PCDFs) : 135종
  두 벤젠 고리가 산소원자 1개로 연결되어 있고 숫자가 씌인 부분에 염소가 결합된다.

(2) 물리 · 화학적 성질

다이옥신은 상온(25°C)에서 무색 결정성 고체이며, 물에 잘 녹지 않고 열화학적으로 안정하다. 자연계에 한번 생성되면 잘 분해되지 않고 안정적으로 존재하며, 지방에는 잘 녹기 때문에 생물체 안에 들어온 다이옥신은 소변으로 배설되지 않고 생물체의 지방조직에 축적된다.

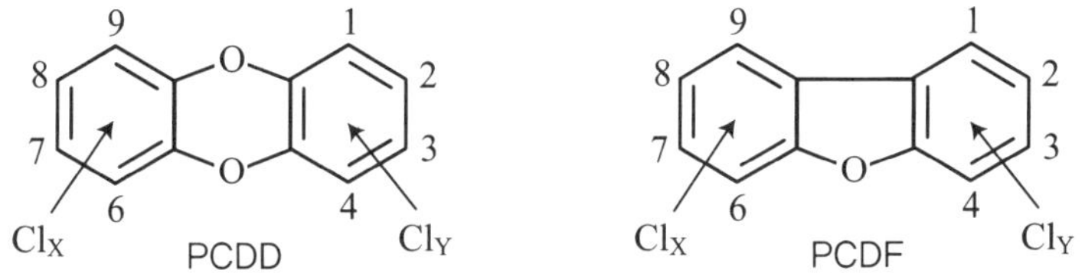

다이옥신　　　　퓨란

그림 9.5 다이옥신과 퓨란류의 구조

(3) 인체로의 흡수

사람이 다이옥신을 섭취하게 되는 경로는 매우 다양하며, 이 중 97~99%는 음식에 함유되어 소화기를 통해서, 1~3%는 호흡기를 통해 흡수된다. 음식물로는 주로 쇠고기, 돼지고기 및 닭고기, 유제품의 지방성분을 통해 섭취되는 것으로 알려져 왔으나, 2006년도 식약청 발표에 의하면 우리나라 국민들은 어류로부터 더 많은 다이옥신을 섭취하고 있으며, 특히 생선 내장에 높은 농도의 다이옥신이 축적되는 것으로 발표되었다. 담배연기를 통해서도 섭취되는데 일본에서 측정된 자료에 의하면 담배 한 갑의 담배연기에서 배출되

는 다이옥신의 양은 1.81 pg-TEQ/L이다.

세계보건기구나 선진국에서는 1일 섭취허용량을 설정하였고, 유럽연합(EU)에서는 식품별로 다이옥신 잔류허용농도를 정하여 그 이상의 다이옥신이 검출되지 않도록 권장하고 있다.

1일 섭취허용량(TDI ; tolerable daily intake)이란 사람이 이 용량에 한평생(70년) 노출되는 경우 100만 명 중 1명이 암이 걸릴 수 있는 농도를 말한다. WHO 자료에 의한 다이옥신의 1일 최대 허용섭취량은 1 ~ 4 pgTEQ/kg이며, 도시 정상인의 몸무게 kg당 1일 섭취량은 2 ~ 4 pgTEQ/kg으로 알려져 있다.

표 9.4 다이옥신류 및 퓨란류의 이성체

	Cl수	분자식	분자량	이성체수
다이옥신류	1	$C_{12}H_7ClO_2$	218	2
	2	$C_{12}H_6Cl_2O_2$	252	10
	3	$C_{12}H_5Cl_3O_2$	286	14
	4	$C_{12}H_4Cl_4O_2$	320	22(1)
	5	$C_{12}H_3Cl_5O_2$	354	14(1)
	6	$C_{12}H_2Cl_6O_2$	388	10(3)
	7	$C_{12}HCl_7O_2$	422	2(1)
	8	$C_{12}Cl_2O_2$	456	1(1)
	합계			75(7)
퓨란류	1	$C_{12}H_7ClO$	202	4
	2	$C_{12}H_6Cl_2O$	236	16
	3	$C_{12}H_5Cl_3O$	270	28
	4	$C_{12}H_4Cl_4O$	304	38(1)
	5	$C_{12}H_3Cl_5O$	338	28(2)
	6	$C_{12}H_2Cl_6O$	372	16(4)
	7	$C_{12}HCl_7O$	406	4(2)
	8	$C_{12}Cl_8O$	440	1(1)
	합계			135(10)

* (　) 안의 숫자는 2, 3, 7, 8 위치에 염소가 치환된 이성체의 수

우리나라 식품의약품안전청이 2002년 조사한 바에 따르면 성인의 하루 섭취 다이옥신의 양은 0.884 pgTEQ/kg으로 다른 선진국에 비해 낮게 나타났다.

(4) 다이옥신의 독성

1949년 미국에서 염소살균제를 생산하던 농약공장이 폭발했을 때, 급성염소성여드름(chloracne)이라 불리는 피부질환이 공장근로자들에게 나타나면서 다이옥신의 인체독성이 알려지기 시작하였다. 지용성이라 체내에서 지방층에 축적되며 반감기는 5 ~ 11년 정도로 알려졌다.

대표적인 환경호르몬인 다이옥신은 생식기암을 비롯하여 위암, 임파암, 혈액암, 호흡기계암을 일으키는 발암물질이다. 염소의 치환위치에 따라 독성강도가 다르며 210종의 이성체중 독성이 가장 강한 것은 2,3,7,8-사염화다이옥신(T_4CDD)이다. 동물시험 결과 면역독성, 발암성, 심장기능장애, 축적성 및 난분해성 등이 있으며 큰 동물 일수록 독성의 영향이 크게 완화된다.

발암성 분류시 미국 EPA에서는 B1으로, 국제암연구센터(IARC)에서는 2A 그룹에서 1998년도에 그룹 1로 조정되었다.

다이옥신류 210종 중 2,3,7,8-T_4CDD를 제외한 다른 다이옥신류에 대해서는 암유발 가능성의 평가가 충분히 되어있지 않은 상태이다.

다이옥신의 비발암성 독성은 다음과 같다.

① 급성염소성여드름(염소좌창)

- TCDD와 유사물질에 노출된 인체에서 관찰되었다.
- 토끼, 원숭이, hairless mice 등의 동물시험에서도 증명되었다.

② 면역독성

- TCDD 노출에 의한 림프조직의 감소 및 호르몬 분비이상으로 면역기능 변형 및 감염성 질환에 대한 방어능력 저하가 관찰되었다.

표 9.5 2,3,7,8-T_4CDD 의 반수치사량(LD_{50}, $\mu g/kg$)

동물명	반수치사량	동물명	반수치사량
몰모트	0.6 ~ 2.5	토끼	115 ~ 275
쥐	22 ~ 320	개	100 ~ 3,000
원숭이	< 70	햄스터	1,150 ~ 5,000

③ 발생독성

- TCDD에 노출된 임산부들의 신생아들에서 치아맹출 등의 증상이 나타났다.
- 신체발달 및 인지력검사에서 발달 저하가 관찰되었다.
- 동물시험에서도 모체 노출시 외피층 결손증에 따른 피부, 손톱 등에서의 이상 및 수신증과 구개열 등이 관찰되었다.

④ 생식독성

- 생식기관 중량감소 및 구조이상, 정자생성 및 번식력 저하, 테스토스테론의 생성 및 혈중 안드로겐 농도 감소, 뇌하수체 분비 호르몬 조절작용 이상 등이 보고되었다.
- 번식력 저하, 불임, 태아 크기 감소, 난소기능 저하와 호르몬의 이상 등이 보고되었다.
- 원숭이에서 자궁내막증이 관찰되었다.

표 9.6 다이옥신 배출원

구분	종류
소각	도시고형폐기물(생활), 유해폐기물, 의료폐기물, 하수슬러지, 폐목재 및 기타, 바이오 연료소각, 동물사체의 소각
(비)철/금속생산	철광산업 소결 공정, 코크스 생산, 철 및 철광생산, 구리생산, 알루미늄생산, 납생산, 아연생산, 황동생산, 마그네슘, 기타 비금속생산
전력생산/난방	화석연료 전력 공장, 생물자원 전력 공장, 매립/바이오가스 연소, 주택의 연소, 설비(바이오 연료), 주택난방(화석연료)
광물질생산	시멘트생산, 석회 생산, 벽돌 생산, 유리 생산, 세라믹 생산, 아스팔트 혼합
운송	디젤 엔진, 중유연소엔진
비제어연소공정	생물자원 소각, 폐기물 소각 및 화재
화학물질 및 소비상품의 생산	펄프 및 종이 제조, 화학산업, PCP 및 PCP-Na PCB, 2,4,5-T 및 유도체, CNP, Chlorobenzene 제조, ECD, Chlorinated aliphatic 화합물, 석유산업, 섬유산업
기타 배출원	건조된 생물자원, 화장, Smoke Houses, 드라이클리닝, 담배연기
처분 · 매립	매립 및 폐기물 덤프, 하수/하수처리퇴비, 폐수방류, 폐유처분
다이옥신류 오염토양 및 저질	염소화합물 관련지점, PCB 함유 변압기, 폐기물 및 잔재물의 덤프 사고지점, 최적물의 준설

(5) 다이옥신의 배출원

염소를 함유하고 있는 유기화합물이 연소될 때 다이옥신이 생성된다. 베트남 전쟁시에 사용되었던 제초제 2,4,5-T와 2,4-D 생산과정에서 불순물로 다이옥신이 미량 생성되기도 한다.

그러나 대부분의 국가에서는 쓰레기 소각 과정이 주요 배출원이다. 따라서 모든 국가들은 소각시설에서 배출되는 다이옥신 양을 줄이기 위해 공정개선 및 각종 방지시설을 개량하고 있으며 매년 소각시설로부터 다이옥신 배출량이 감소되는 추세이다.

다이옥신은 철강소의 전기로, 제지공장 소각로에서도 배출되는 것으로 알려졌으며, 우리나라 환경부는 2006년에 철강, 화학, 시멘트 등 산업시설에 다이옥신 배출 허용기준을 정하는 특별법을 제정하였다.

(6) 다이옥신의 농도표시

다이옥신의 농도는 TEQ(Toxic Equivalent, 독성등가환산농도)로 표시한다. 다이옥신은 염소의 부착위치 및 개수에 따라 독성의 정도가 다르기 때문에 이성체 중에서 가장 독성이 강한 2,3,7,8-TCDD의 독성을 기준값(1.0)으로 하여 각 이성체의 상대적인 독성값을 표현하고 있다.

이 때 사용하는 값을 독성등가환산계수(Toxic Equivalent Factor, TEF)라고 부르는데, 현재 가장 많이 사용되고 있는 것은 NATO 국가들의 공동연구에 의한 국제독성등가환산계수(International-TEF)이다(표 9.7). 결국 다이옥신 농도(TEQ)는 각 이성체의 실측농도와 독성등가 환산계수(TEF)를 곱하여 합산한 값을 의미한다.

$$\text{TEQ} = \sum(\text{각 이성체의 TEF} \times \text{각 이성체의 실측농도})$$

(7) 다이옥신의 사회적인 이슈

① 소각장 배출의 다이옥신

1988년 4월 일본 후생성과 오비히로 축산대학은 쓰레기 소각장에 가까운수록 그 지역 주변의 모유나 낙농장 젖소의 우유에 다이옥신이 고농도로 함유된 사실을 조사 · 발표하였다. 이후 사회적 파문을 일으켰으며 우리나라에서도 소각장의 다이옥신 농도에 주변 주민들이 관심을 갖기 시작했다.

표 9.7 2,3,7,8-치환 이성체의 독성등가환산계수

퓨란류(PCDFs)	1994 I-TEF	1998 WHO-TEF	다이옥신 (PCDDs)	1994 I-TEF	1998 WHO-TEF
2,3,7,8-T_4CDF	0.1	0.1	2,3,7,8-T_4CDD	1.0	1.0
1,2,3,7,8-P_5CDF	0.05	0.05	1,2,3,7,8-P_5CDD	0.5	1.0
2,3,4,7,8-P_5CDF	0.5	0.5	1,2,3,4,7,8-H_6CDD	0.1	0.1
1,2,3,4,7,8-H_6CDF	0.1	0.1	1,2,3,6,7,8-H_6CDD	0.1	0.1
1,2,3,6,7,8-H_6CDF	0.1	0.1	2,3,4,6,7,8-H_6CDD	0.1	0.1
2,3,4,6,7,8-H_6CDF	0.1	0.1	1,2,3,4,6,7,8-H_7CDD	0.01	0.01
1,2,3,7,8,9-H_6CDF	0.1	0.1	O_8CDD	0.001	0.0001
1,2,3,4,6,7,8-H_7CDF	0.01	0.01			
1,2,3,4,7,8,9-H_7CDF	0.01	0.01			
O_8CDF	-	0.0001			

* 210종의 이성체 중 TEF값이 주어진 이성체 수는 17종이며 나머지는 모두 0임.

② 모유에서 다이옥신 검출

2000년 2월 한국의 초산 분만한 산모 59명의 초유를 검사한 결과, 평균 31.78 pg TEQ/kg 다이옥신이 검출되었다. 다이옥신 하루 섭취 허용량(TDI)인 4 pgTEQ/kg의 24 ~ 48배에 달하는 양이다. 분유와 우유의 다이옥신 잔류수준이 각각 0.002, 1.41 pg TEQ/kg 지방인 점을 감안하면 매우 높은 수준이다. 수유기간은 6개월 ~ 1년의 짧은 노출기간이지만, 그 노출대상이 유아라는 점을 고려할 때 매우 우려할 만한 양으로 평가된다. 초유에 다이옥신이 다량 나오는 것은 체내에 축적됐다가 처음 분비되기 때문이다. 각 국의 초산부 모유중 다이옥신 검출농도를 비교했을 때 독일, 일본, 한국이 높은 수치를 보인 반면 스웨덴, 노르웨이가 낮은 수치를 나타내었다.

4.2 PCB (polychlorinated biphenyl)

PCB는 세계적으로 Aroclor, Kaneclor, Clophen 등의 상품명으로 널리 사용되었으나, 독성이 알려지고 자연생태계에서 분해가 어렵고 생물에 농축되는 특성 때문에 세계경제협력기구(OECD) 국가들은 1986년부터 생산을 감소시켰으며, 1990년부터는 유통 및 사용을 전면금지한 물질이다.

부록 대표적인 환경재난

1965 ~ 1975년에 걸친 베트남 전쟁에서 미국은 베트공(Viet Cong)들이 은신처로 사용하던 밀림을 없애기 위해 고엽제(agent orange) 약 4만 드럼을 살포하였다. 고엽제의 성분은 제초제인 2,4-D와 2,4,5-T가 동일량 배합되었으며 2,4,5-T 안에는 생산과정에서 불순물로 생겨난 다이옥신(2,3,7,8-사염화다이옥신)이 미량 섞여 있었다.

전쟁 후 베트남 전쟁에 참가한 세계 각국의 참전용사들을 비롯하여 우리나라 군인들에게서 고엽제 후유증이 나타나기 시작하여 급성염소성여드름은 물론 시각장애, 기형아 출산, 다리의 통증, 암의 일종인 연조직육종을 일으키면서 사망에 이르고 있다. 다이옥신의 독성증상들은 2세, 3세들에게까지도 대물림되면서 고통을 겪고 있는 현실이다.

*참고문헌 ; 국립환경연구원, '다이옥신의 이해와 대응' (2005)

(1) 구조와 특성

페놀 2개가 결합된 화합물에 수소 대신 염소가 여러 개 치환된 다가염소화합물이다. 대부분의 염소를 함유한 화합물은 2차 독성이 강한 경우가 많은데, PCB는 그 처리가 용이하지 않기 때문에 잘못 처리시에는 발암물질인 다이옥신이 2차 오염물질로 발생하는 등의 문제를 일으킬 수 있다. 암의 성장을 촉진시키는 DES (diethyl stilbestrol, $C_{18}H_{20}O_2$)와 합성살충제 DDT (dichloro diphenyl trichloroethane)들은 PCB의 한 부류로서 구조와 독성작용이 PCB와 유사한 estrogenic 화합물들이다.

PCB의 대표적인 특성들은 다음과 같다.

- PCB는 토양과 물에 널리 퍼진 오염물이다.
- 화학적으로 산, 알칼리에 안정하여 자연계에서 오래 존재한다.
- 열에 잘 분해되지 않으며(1000°C 이상의 고열에서 분해), 태울 경우 불연소되면서 다이옥신을 생성한다.
- 전기절연성이 뛰어나기 때문에 각종 콘덴서의 절연유, 공업용 열매체, 윤활유, 접착제, 인쇄잉크 등에 널리 사용된다.
- 지방친화성이라서 지방축적 작용이 있으며 생물체 내에 들어가면 오래 머무른다.
- 화합물에 따라 12 ~ 68%의 염소를 함유한다.

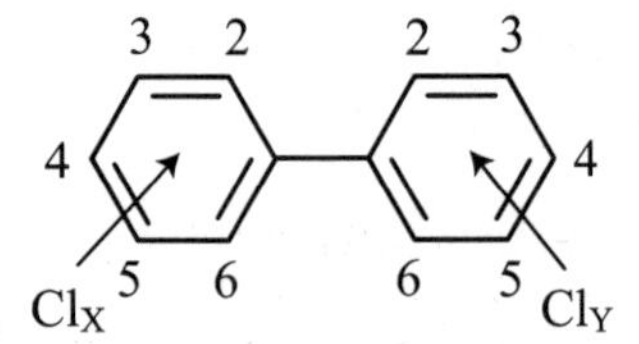

그림 9.6 PCB의 화학구조

(2) PCB의 발견

① 1960년 대서양 해역 생태계의 '유기염소화합물' 오염을 조사할 때 미지의 유기염소화합물의 존재가 발견되었다.

② 1966년 스웨덴의 Jensen이 최초로 이 물질을 찾아내어 PCB로 명명하였다. 또한, 스웨덴에서 수집한 조류의 깃털 중에는 44년 전부터 PCB가 존재했던 것이 알려지면서 전 세계에 충격을 던져주었다.

③ 1967년 홀덴과 마스덴이, 1969년 앤더슨이, 1970년 레이놀즈가 각각 캐나다의 야생생물에서, 1969년 미국의 라이즈브로 등이 생물계의 PCB 존재를 보고하면서 PCB의 잔류성과 대사, 축적과정, 피해 등에 대한 연구를 촉발시켰다.

(3) 독성작용

① 대표적인 환경호르몬으로서 에스트로겐 수용체의 Ah locus를 자극하여 효소 cytochrome P-450의 생성을 촉진시키며 여성호르몬 유사작용을 한다.

② 간에 손상을 준다. 소량에서 간장이 비대해지며, 대량에서는 간종양과 간지방을 생성한다. 간장비대는 평활소포체의 증식에 의한 것으로 약물대사효소 유도효과와 일치한다.

③ 피부에 현저한 과각화 반응을 일으킨다. 지방에 축적이 강해서 일어나는 유증으로, 초기에는 피부와 점막, 점차로 피지선, montgomery선, meibomian선 등 배설되는 선의 분비 이상을 일으킨다. 차차로 모낭의 각질이 현저하게 증식된 후 낭포화하여 화농증에 이르는 여드름성 포진이 된다. 색소 침착이 되면 코의 양측 및 손톱이 검게 되며 구강 내 잇몸에 색소가 침착된다.

④ 전신증상으로는 두통, 권태감, 수족마비, 부정기적인 복통, 식욕감퇴, 오심 등을 일

으킨다.

■ 일반적으로 브롬화합물은 염소화 된 화합물보다 더 독성이 강하다.

부록 대표적인 환경재난

■ 일본의 가네마유 사건

1968년 3월 일본 가네미 지방에서 여드름 형태의 피부병 환자가 동시에 많이 발생하였다. 역학 조사결과 가네미 회사에서 제조 판매한 식용유를 먹은 사람에게 발생했으며, 식용유에 PCB가 함유되어 있었다. 원인은 식용유 제조시에 가열 파이프가 부식되면서 가열매체로 사용하는 PCB가 식용유 속으로 흘러 들어갔기 때문이다. 이 사건으로 1만 4천 명이 신체이상을 호소했으며 그중 1068명은 증세가 심하여 특별치료가 필요했다. 또한 이 지방의 닭 100만 마리가 가네미유가 함유된 먹이를 먹고 중독되었으며 그 중 70만 마리가 죽었다. 이후 1972년 일본은 PCB와 같이 자연환경에서 분해되지 않고 인체에 유해한 물질을 특정화학물질로 정하고 법률로 규제하기 시작했다.

(4) 체내에서의 동태

① 흡수 : 대부분 경구를 통해 인체로 들어가며 소장에서 흡수된다. PCB가 많이 포함된 음식으로는 해산물, 소금에 절인 생선, 곡물 난알, 바닷새들 등이 있다.

② 운반 : PCB는 분진에 결합되어 운반된다. 페기물을 태울 경우 공중으로 날아가면서 노출된다.

③ 분포 : 주로 지방을 많이 함유한 지방조직과 피부에 축적되며 간에도 분포된다.

④ 배설 : 대변으로 배설된다. 염소수가 많은 것 일수록 대사되기 어려우므로 생체 내 잔류성이 높다.

4.3 TBT (tributyltin)

대표적인 유기주석 화학물은 산업용 공정에 널리 사용되는 물질로 유기그룹이 세 개 (triorganotin)일 때 독성이 가장 크며, 그 중 TBT (tributyltin)의 독성이 가장 크다.

주로 PVC 안정제, 각종 플라스틱 첨가제, 산업용 촉매, 살충제, 살균제, 목재 보존재 등으로 사용되는데, 특히 배 밑 부분에 부착생물이 달라붙지 못하게 하는 부착방지제로서 페인트에 혼합하여 사용하고 있다. TBT는 페인트에 화학적으로 결합되어 있다가 수화에 의해 서서히 용출되면서 부착생물들의 선저부착을 억제한다. 확산을 통해 근처의 비표적 생물에도 악영향을 미치게 되어 생물부착 억제효과 이 외에도 생태계에 인위적인 변화를 초래한다.

(1) 독성작용

조직에 강한 자극성을 주는 물질로 간독성, 식욕부진, 설사, 호흡곤란, 체중감소 등의 작용이 있다. TBT는 어패류에 농축되며 오염시 굴의 패각이 기형화되고 성장이 더디며 고둥, 대수리 등의 복족류(gastropod)에서 임포섹스(imposex) 현상을 일으킨다. 많은 국가들이 독성 때문에 현재 사용을 금하며 특히 소형 선박에의 사용을 적극 규제하고 있다.

TBT를 사용한 독성시험에서, 대부분의 해양생물들이 ppb(10^{-9}) 농도에서 만성독성인 imposex를 나타냈으나 dogwhelk는 더 낮은 농도 ppt(10^{-12})에서 imposex를 나타내어 특별히 예민함을 증명하였다.

(2) 해양생태계에 보고된 TBT 독성 사례

- 프랑스 연안에서 참굴의 패각기형 및 개체군 감소가 보고된 후 독성시험을 실시한 결과, TBT가 굴의 성장억제와 치패의 성장제어, 홍합의 성장속도 감소 및 홍합유생의 높은 사망률을 유도하였다. 시험시에 복족류의 임포섹스를 TBT 오염의 생물지표로 활용하였다.
- 우리나라의 항구, 조선소 주변에서 TBT 오염이 확인되었다. 즉, 우리나라 남해연안은 외양수와의 유동이 느리고 연안해수의 체류시간이 긴 전형적인 리아스식으로서 소량의 오염물질이 유입될 경우 그 축적 가능성이 높다. 주변 조선소에서 방출되는 TBT 오염물질로 인해 어패류 생산량에 영향을 주고 있다. 1988 ~ 1993년까지 진해만의 굴양식 생산량이 매년 10% 이상 감소한 원인의 하나가 TBT 오염 때문이며, 삼성중공업이 위치한 고현성만도 높은 TBT의 오염 현황이 홍합 분석 후에 확인되었다.

4.4 비스페놀 A

(1) 특성과 용도

Bisphenol A (BPA)는 석유를 원료로 한 페놀과 아세톤으로부터 합성되는 화합물로서 폴리카보네이트 수지, 에폭시 수지의 원료로 널리 사용되고 있다. 환경 중에 많이 존재하여 높은 백그라운드치로 반영되므로 미량측정을 곤란하게 하고 있다. 치과용 재료인 교정용 브라케트, 레진치, 의치 등에 사용되고 있는 폴리카보네이트(PC)는 비스페놀 A를 재료로 합성시킨 것이다. 흔히 생활에서 사용되는 음료수 캔의 내부코팅물질, 유아용 젖병, 학교 급식용 식판 등에서도 검출되며 열이 가해질 때에 녹아나온다. 비스페놀 A는 에스트로겐 유사작용을 하는 환경호르몬이다. 일본에서 폐기물 매립처분장에서 발생하는 침출수를 분석한 결과, BPA 등의 환경호르몬이 검출되었다.

(2) 독성작용

① 남성의 정자와 고환에 영향을 미쳐 정자수를 감소시키고 발기부전을 일으킨다. 고대병원 비뇨기과는 비스페놀 A를 사용한 시험에서 토끼의 발기부전에 영향을 주었으며 발암성이 강해 피부암, 전립선암, 백혈병 등을 일으킬 수 있다고 지적하였다.

② 수컷이 암컷화 하였다. 우리나라 낙동강 하류 지역에서 수컷 잉어들이 암컷화하고 있음이 발견되어 조사한 결과, 비스페놀 A가 다량 존재하는 것으로 밝혀졌다.

③ 새끼쥐 160마리에 비스페놀 A를 투여한 후에 새끼쥐의 뇌신경 세포에 대하여 연구하였다. 임신 2주부터 출생 후 22일째(이유기)까지 체중 kg당 하루 0.025 mg의 비스페놀 A를 투여한 어미쥐에서 태어난 새끼가, 투여하지 않은 어미에서 태어난 새끼에 비해 뇌신경 세포의 일부가 약 1.8배 이상 증식하여 뇌세포의 손상을 확인하였다.

4.5 프탈산 화합물

프탈레이트는 1930년대 이후로 플라스틱에 유연성을 주는 가소제로 널리 사용되고 있다. 가소제를 첨가하지 않은 플라스틱은 딱딱하고 부서지기 쉽다. 프탈산 화합물의 종류는 많으나 그 중 DEHP (di-2-ethylhexyl phthalate)가 모든 phthalate 가소제 중에 절반을 차지하며 영향력도 크다. 플라스틱과의 화학적인 결합력이 약하므로 열을 가했을 때 쉽게 녹아나오고 기화도 쉽게 일어나 환경 중에 널리 존재한다. 일단 환경에 방출되면 분해가 느리고 지방 친화성이므로 동물의 지방조직에 축적되기 쉽다. 현재 식품포장재, 식품용기, 가정용 알루미늄 포일, 인쇄잉크 등과 수혈용 혈액백, 의료용 튜브 등에 널리 사용되고 있다. 에스트로겐 유사작용을 나타내는 환경호르몬 추정물질이다. 포유동물에서 급성독성을 일으키지는 않지만 고농도만성노출 되면 간과 고환에 손상을 주고 일부 수중생물은 치사되기도 한다.

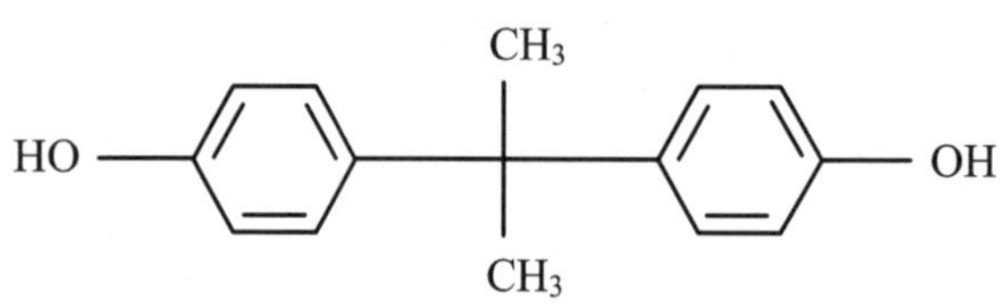

Bisphenol A

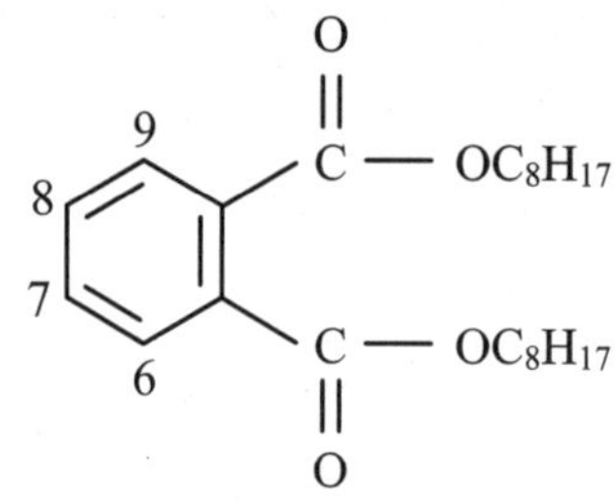

DEHP

그림 9.7 Bisphenol A와 DEHP의 화학구조

4.6 노닐페놀(Nonylphenol)

노닐페롤은 주로 비이온성 계면활성제에 포함된 물질로 주로 가정용 세제, 화장품, 농약, 섬유, 염료 등의 산업용 세제에 포함되어 배출되는 수질오염 물질이다.

환경호르몬 중 노닐페놀은 에스트로겐 수용체와 반응하여 에스트로겐 작용을 나타내기 때문에 남자의 인체에 흡수되면 정자수를 감소시키고 운동성을 떨어뜨린다.

노닐페놀은 영국의 오염된 하천에서 수컷 잉어의 암컷화를 야기시킨 사례로도 알려져 있다.

제 10 장
호흡기계 독성물질

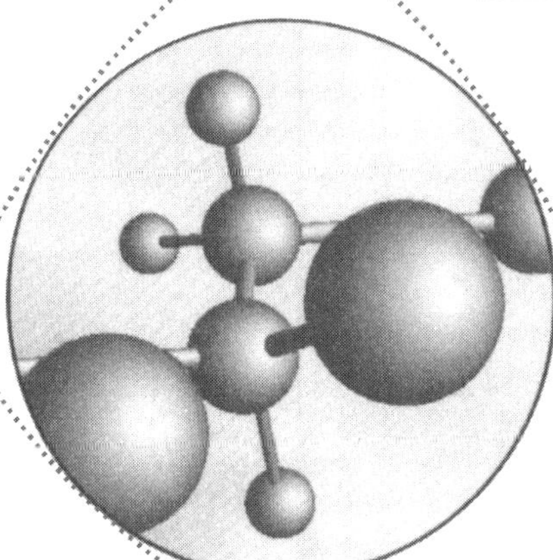

1. 호흡기의 기능과 구조
2. 독성물질의 투과와 방어기전
3. 폐의 독성물질에 대한 반응 유형들
4. 호흡기계 독성물질

1 호흡기의 기능과 구조

호흡기는 산소를 들이쉬고 이산화탄소를 내쉬는 가스교환 기능을 수행하며, 생명 유지에 가장 중요한 기관이다. 크게 비인두 부위(nasopharyngeal), 기관지 영역(tracheo bronchial), 폐(pulmonary)의 3개의 영역으로 나눈다. 이 중 실제로 가스교환이 일어나는 곳은 폐의 폐포(alveolus)이며, 비인두 부위와 기관지 영역은 공기가 통과하는 통로로서 공기 중의 독성물질들을 걸러주고 공기에 습기를 주는 역할을 한다. 호흡기는 가스교환 이 외에도 이산화탄소를 운반하여 산/염기의 균형을 조절하고, 큰 혈액용량을 갖고 있는 폐는 혈액의 저장소 역할을 하며 효소 cyt. P－450을 함유함으로써 대사작용도 한다. 또한 대기 중의 분진을 여과하고 폐포내 대식세포(alveolar macrophage)는 흡입된 박테리아와 바이러스를 방어하기도 한다.

1.1 비인두 영역

비인두 영역은 코의 기공으로부터 후두부에 걸친 지역으로 점액상피로 덮여 있다. 흡입된 공기는 비인두 부위를 지나면서 온도 및 습도가 조절되고, 큰 입자들은 걸러지며 수용성이 큰 가스는 흡착된다. 비인두 부위는 독성발현 부위로서 주목을 받지 못했으나 포름알데하이드에 장기간 노출된 흰쥐에서 코암이 유발되는 등의 연구결과가 발표되면서 근래에 관심이 모아지고 있다.

1.2 기관 · 기관지 영역

비인두와 가스교환이 일어나는 폐 사이의 공기통로 역할을 하는 부분이다. 기관은 목을 지나 흉곽으로 들어가고 좌 · 우측의 폐로 나누어진다. 각 기관지는 2～3개 이상의 기관지로 나누어지고, 점차적으로 분지되어 사람의 경우 24～27갈래로 나누어진다. 통로 역할을 하는 기관지는 평활근, 상피, 신경 및 분비 세포 등으로 구성되어 있으며 독성물질에 의해 영향을 받을 수도 있다. 기관 · 기관지 영역은 적어도 8개 유형의 상피세포로 덮여 있고, 기도를 따라 존재하는 다양한 분비세포들에 의해 생성된 얇은 점막층으로 덮여 있다. 점막층은 섬모 운동에 의해 위쪽으로 이동되는데, 이러한 점막 섬모운동은 이물질을 제거하는 역할을 한다. 황산이나 담배연기들은 점막층을 손상시켜 독성물질이나 세균에 대한 기도의 노출시간을 연장시킨다.

1.3 폐

폐는 기관지계의 가지들과 폐포로 구성되어 있다. 폐포는 다면체의 얇은 주머니로서 폐포에 있는 모세혈관 사이에 가스교환이 행하여지는 곳이다. 폐포(alveoli) 하나의 크기는 극히 작으나 성인의 경우 약 3억 개의 폐포가 있으며, 독성물질에 노출될 수 있는 폐포의 총 면적은 140 ~ 150 m^2로 피부 총 면적의 약 70배에 해당한다. 폐포는 출생 후부터 10살 정도에 이르는 동안 수가 증가하므로 이 성장 기간에 폐가 손상되면 노후에 만성폐질환에 걸리기 쉽다.

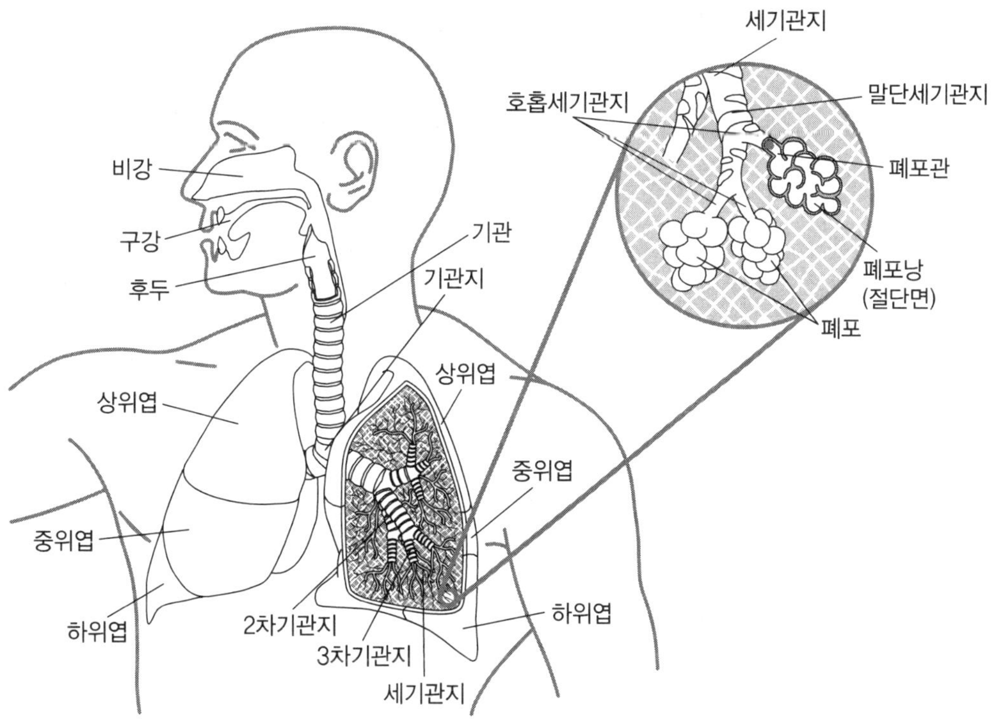

그림 10.1 호흡기계와 폐포의 구조

2 독성물질의 투과와 방어기전

폐로의 독성물질 투과는 다른 흡수기전에 비해 대단히 빠르다. 그 이유로는 첫째, 폐포와 모세혈관은 1 ~ 2 μm 정도로 가깝게 있으므로 가스 교환이 일초 이내에 가능하며, 폐에서의 혈류는 매우 빠르다. 둘째, 폐의 표면적은 피부 표면적의 50 ~ 70배 정도인 100 m^2 이상으로 넓다. 이런 이유 때문에 휘발성 지용성물질은 그 지용성 정도에 따라 수동적 확산이 신속히 일어나면서 혈류 중으로 흡수된다. 지용성 물질뿐 아니라 몇몇 불용성 물질도 매우 용이하게 투과된다.

폐는 외부에 직접 노출되어 있으므로 공기 중에 존재하는 독성물질들이 쉽게 인체 내로 들어온다. 유독가스, 휘발성 용매 같은 휘발성 독성물질과 에어로졸, 공기 중에 부유하는 분진의 흡수뿐 아니라 배설에도 관여하므로 상처를 받기 쉬운 기관이다. 공기 중의 독성물질과 직접 접촉하는 것 외에도, 몸 전체의 혈액은 1분간에 폐를 1 ~ 5회 통과하므로 폐는 혈액순환에 의해 독성물질과 약물에 노출되기 쉽다. 폐 깊숙이 침투한 1 μm 이하의 작은 입자들과 가스상 독물질들의 흡수는 폐포 부위에서 일어난다. 폐포 내 가스는 폐의 모세혈관상을 통과하는 혈액과 거의 동시에 평형을 이룬다. 가스의 혈액에의 용해도는 중요하다. 용해도가 낮은 경우에는 적은 양의 가스만이 혈액에 의해 제거된다. 호흡속도가 영향을 주는데, 혈액에 높은 비율로 용해된 가스는 매 호흡마다 혈액으로 이동한다. 용해가 높은 가스의 경우, 흡수를 제한하는 주요한 요소는 호흡속도이다.

폐는 또한 중요한 배설기관으로서 마취용 가스, DMSO (dimethyl sulfoxide), 에탄올 같은 가스상 독성물질들을 배출시킨다.

2.1 폐의 방어기전

폐는 많은 유해한 입자들, 가스, 감염미생물에 노출되고 있으나 특이적, 비특이적 방어기전들을 가지고 있기 때문에 질환의 발생을 효과적으로 막을 수 있다. 예로서, 평생동안 적어도 약 6,000 g의 석탄 분말을 들이마신 광부의 시체 해부시, 폐에서 평균 100 g의 석탄 분말만이 발견된 것은 계의 능률(efficiency of the system), 즉 인체는 스스로 제거기능을 가지고 있다는 것을 잘 설명해 준다.

① 폐의 대사작용

폐는 간, 신장 같이 이물질을 대사할 수 있는 능력이 있다. 1상반응 및 2상반응을 수행함으로써 활발하게 이물질을 활성화 시키거나 무독화 시킨다. 대체로 간에 비해 대사능력은 미약하지만 대사하는 물질, 효소 등도 폐세포 형태에 따라 간과 다르다. 예를 들면, 효소 biphenyl hydroxylase의 활성은 간 조직보다 폐에서 약간 더 높은 정도이다. 호흡기계는 40개 이상의 서로 다른 세포 형태를 가지고 있다. 폐의 cytochrome-P-450의 총 효소농도는 간보다 낮으나, 폐의 세포종류에 따라서 농도가 차이가 난다. 말단 폐포(terminal bronchioles)의 비섬모성 폐포 상피세포(nonciliated bronchioles epithelial, clara cell)에서 가장 농도가 높기 때문에 clara cell은 흔히 활성화된 화합물의 일차적인 표적이 된다.

② 입자의 축적과 섬모운동

폐로 흡입되는 물질은 크게 두 부류로 나눌 수 있다. 기체의 법칙에 지배되는 화합물에는 용제, 수증기, 기체가 있으며 용제는 매우 쉽사리 폐포에 이른다. 이들 물질의 수용성이 높은 경우에는 호흡기계 상부에서 용해되면서 제거된다. 기체의 법칙에 지배되지 않는 물질들은 미립자형으로 분무질(aerosol), 구름, 입자, 연기들이다. 이들의 수용성이 낮은 경우에 호흡기계 내에 축적이 일어난다. 폐 안에서 폐포에 가까울수록 공기의 흐름속도가 느려지면서 축적이 일어난다. 10μm보다 큰 입자들은 우선 코의 통로에서 코털에 걸리거나, 처음에 삼켜진 성대문(glottis)쪽으로 이동하며 이것이 나중에 위장관에서 흡수된다. 5μm보다 큰 입자는 비인두부위(nasopharyngeal region)에 침착된다. 2μm보다 작은 입자들은 기관-기관지 부위(tracheobronchiolar)에 침착된 후 점액에 의해 위쪽으로 제거된다. 이를 점막성 섬모기전(mucociliary clearance)이라 하며, 이때의 움직임은 1분당 1 mm이고 입자 제거의 반감기는 5시간 이하이다. 폐의 제거에 있어서 거의 80%는 위와 같은 방법들로 행해진다. 1μm 이하의 작은 입자들은, 폐의 폐포 부위까지 침투한다.

③ 폐의 식작용은 호흡관의 상부 및 하부경로 모두에서 활발하며 점액섬모(mucus cilia)에 결부되어 있다. 식세포는 독성물질을 림프액으로 직접 빨아들이거나 입자를 제거한 후, 그 곳에 오랫동안 저장한다. 특히 폐포에서의 식균작용은 활발하다.

표 10.1 입자크기에 따른 폐에의 침착

입자 크기	침착부위	
5 ~ 30 μm	비인두 영역(코, 입, 인두)	침착가능성
1 ~ 5 μm	기관, 기관지, 세기관지	침착
1 μm	폐포	확산

3 폐의 독성물질에 대한 반응 유형들

많은 다양한 물질들이 폐손상을 일으키지만 세포 손상과 회복의 패턴은 비교적 일정하며, 대부분은 아래에 설명하는 한두 가지의 범주에 속한다.

(1) 자극(Irritation)

가장 대표적이며 익숙한 것이 암모니아 또는 염소가스 같은 휘발성 물질에 의한 자극이다. 이런 자극이 특히 심각하거나 지속적인 경우에는 공기 흐름을 억제시키며, 오랫동안 계속되는 경우에는 폐조직의 부종(edema) 및 2차 감염을 일으킬 수 있다. 이러한 손상은 오존, 질소산화물, 포스겐 같은 물질에 노출될 때에 일어나는 것으로 알려져 있다.

(2) 세포괴사(Cell necrosis)

기도벽이 손상되면서 세포의 투과성을 증가시키고 이어서 세포의 죽음을 초래한다.

(3) 폐기종(Emphysema)

부종은 폐의 공기간극 확장과 가스를 교환하는 표면의 파괴로 특정되어진다. 그 결과 폐가 확장되어 조직이 소멸되고 공기포집 능력이 상실되기 때문에 폐가 더 이상 산소(O_2)와 이산화탄소(CO_2)의 교환을 효율적으로 할 수 없게 된다. 부종은 세포막이 손상되면서 막투과에 영향을 미치고 세포액이 방출된다. 조직의 팽창, 기도의 압축, 호흡곤란, 감염에 대한 높은 감수성 등이 부종의 증세이다. 부종은 매우 느리게 진전되며, 오랜 시간이 걸리기 때문에 장애를 받은 사람은 그 위험을 잘 알지 못한다.

(4) 폐섬유증(Fibrosis)

이것은 콜라겐 대사 불균형으로 인해 각질화된 조직이 형성되면서 폐의 경직성이 증가하는 직업병의 형태로, 압력변화에 반응하기 위해 좁은 기도와 폐포의 기능을 제한시킨다. 이때 기도를 넓히기 위해서 많은 압력이 필요하므로 기침을 하게 된다. 규소(SiO_2)를 흡입해서 생기는 규폐증(silicosis)은 대식세포에 의해 입자가 결합되면 라이소좀막이 파열되고 라이소좀 효소가 대식세포의 세포질로 방출되고, 결과적으로 대식세포는 자신의 효소에 의해 소화된다. 세포가 용해된 후에 자유로워진 규소는 방출된 후 새로운 대식세포에 의해 소화되고 이러한 주기가 계속된다. 손상된 대식세포는 폐조직에서 콜라겐 형성을 일으키는데 필요한 화학물질을 방출한다고 생각된다. 폐섬유증은 폐의 호흡기능에 중대한 손상을 끼칠 수 있다. 석면폐증(asbestosis)은 일찍이 1907년에 인식되었다. 그러나 최근 석면폐증 환자 중, 특히 흡연자에게 폐암 발생율이 증가되었기 때문에 그 위해의 정도가 분명하게 되었다. 규폐증과 석면폐증은 예비 악성상태라 할 수 있다.

(5) 알러지반응(Allergic response)

미생물, 포자, 먼지 화학물질 같은 수많은 물질이 알러지 반응을 일으키는 것으로 알려져 있다. 여러 가지 다양한 예를 들면, 축축한 건초에서 자라는 곰팡이 포자로 인한 농부들의 폐, 단풍나무 균류의 포자로 인한 단풍나무 껍질을 벗기는 사람들의 질병, 페닐실린 포자로 인한 치즈 씻는 사람의 폐, 버섯 따는 사람들의 폐에서 볼 수 있다. 섬유폐증(byssionsis)은 목화, 아마 또는 황마분진의 흡입에 의해 발생한다. 그러나 이런 것들은 세균이나 균류에 노출되어서가 아니라 식물분진과 관련된 독성물질들과 알러지원에 의한 것이다.

(6) 암(Cancer)

폐손상의 가장 극심한 반응은 암이며 주요원인은 흡연이다. 담배연기에는 폐를 자극하는 많은 발암물질들이 포함되어 있다. 벤조피렌 benzo(a)pyrene과 같은 많은 다중고리 방향족 탄화수소는 폐조직중의 cytochrome-P-450 효소에 의해 반응성이 있는 대사물질로 되면서 암을 일으킬 수 있다. 또한 담배연기 속에는 종양의 촉진제(tumor promoters)로 작용할 수 있는 수많은 화학물질들이 포함되어 있다. 석면은 폐암 및 폐의 표면세포 인접세포벽에 종창을 일으키는 악성 폐 상피세포암(mesothelioma)과 관련되어 있다.

표 10.2 중요한 산업 폐독성물질 및 관련된 손상

독성물질	원 인	손상반응
알미늄분진	도자기, 페인트, 전지제품	폐섬유증
암모니아	화학비료 생산, 폭약	자극
비소	살충제 생산, 유리, 염료, 합금	폐암, 기관지염증
석면	광산, 건축, 조선	석면폐증, 폐암
베릴늄	광석추출, 도자기, 합금	폐섬유증(asbestosis), 폐암
카드뮴산화물	용접, 제련, 제자제품 생산, 합금, 염료	폐기종
염소	펄프 · 종이제조, 염소화 화학물질, 플라스틱	자극
크로뮴	크로뮴화합물제조, 페인트 색소	폐암
석탄분진	석탄광산	폐섬유증
불화수소	화학물질제조, 플라스틱, 용매	자극, 부종
철산화물	용접, 철제조, 광산, 주물제조	폐섬유증
니켈	니켈제련 추출, 전기도금	인두암, 폐암, 부종
질소산화물	용접, 폭발물제조	폐기종
오존	용접, 표백, 탈취	폐기종
포스겐	살충제 생산, 플라스틱	부종
규소	광산, 채석, 농경	폐섬유증(silicosis)
이산화황(SO_2)	표백, 냉장, 훈증, 석탄연소	자극
테트라클로로에틸렌	드라이크리닝, 기름세탁	부종

4 호흡기계 독성물질

4.1 석면(Asbestos)

'죽음의 섬유'로 불리는 석면은 현미경으로 들여다보면, 보석처럼 아름다우며 목화나 누에고치처럼 가늘고 긴 섬유형태를 띤 결정이 모여 이뤄진 섬유성 광물이다. 그러나 석면 먼지는 몸에 들어가면 치명적인 암을 일으킬 수 있는 무서운 물질이다. 석면은 직업적인 사용으로 호흡병의 원인이 되며, 산업생산품을 사용하는 과정에서의 폭로로 인해 암을 일으키는 물질이다. 석면은 세계보건기구(WHO)와 미국환경청(EPA) 등이 규정한 '1급 발암물질'로 전문가들은 "석면에 극소량 노출돼도 암의 일종인 '악성중피종' 같은 불치병에 걸릴 수 있다고 지적하고 있으며, 미국 산업안전보건청(OSHA)이 제시한 1급 발암물질 27종 중의 하나이다. 즉 석면제품의 생산, 사용, 폐기 과정 중에 석면 먼지를 마시게 되면 일단 암에 걸릴 가능성을 갖게 된다. 우리 생활 주변에 석면을 함유한 제품들이 많다는 것은 석면 먼지에 노출될 가능성이 누구에게나 있다는 것이다.

국내에서는 1960~1970년대에 건축에 석면을 많이 사용했는데, 근래에 와서 오래된 건물을 철거할 때나 리모델링 공사과정에서 공기 중에 석면이 환경기준(공기 1cc당 0.01개)을 초과하는 곳이 많아 공사장 주변 주민들에게 피해를 주는 것으로 2008년 환경부 조사에서 발표되었으며 석면 철거작업에 대한 관리감독을 강화하고 있다.

우리나라에서도 석면으로 악성중피종 환자들이 발생하기 시작하여 2000년 21명, 2004년 38명, 2007년에는 58명으로 늘어난 것으로 발표되었다. 석면의 긴 잠복기를 고려할 때, 이르면 수년 안에, 늦어도 2020~2030년쯤에는 중피종 환자가 크게 늘어나 연간 수백 명씩 숨지는 사태가 발생할 것으로 추정된다. 국내에서는 2009년 1월부터 석면제조 및 사용이 금지되었다.

① 물리화학적 성질

석면은 일련의 섬유성 광석(사문임, 각섬석 포함)인 규산염을 가리킨다. 전자현미경 확대 아래서 정교한 섬유를 볼 수 있는데, 이것이 석면의 가치인 동시에 독이 된다. 열에 저항성이 있고, 화학물질에도 견디며 전기에 반응하지 않으며 유연성이 뛰어나고, 닳지 않고 파괴되지도 않는다.

② 용도 및 폭로

석면 섬유를 직포로 가공하여 방화·단열·마찰제로 사용한다. 석면의 위험이 알려지기 전에는 단열재, 방화·마찰재로 건물 건축에 많이 사용되었으며, 아직도 선박·자동차는 물론 여러 용도에 사용된다. 페인트, 벽토에 섞어 사용하며 수도관이나 난방용관 주위에 절연물질로 쓰인다. 접촉 기회가 많은 석면광산 광부, 석면 제품의 생산업자, 절연 작업자, 조선소 작업자, 연관공과 브레이크 라이닝 작업자들에게 유해 위험성이 높다. 일반 환경에도 널리 퍼져있으며, 내도시에서 수십 년간 생활한 사람의 폐조직은 어느 정도의 석면을 함유하고 있다.

③ 독성

석면에 의한 대표적인 질병으로 석면폐증(pneumoconiosis), 기관지 악성종양(bronchogenic carcinoma), 중피종암(mesothelioma)을 꼽는다. 일단, 석면 먼지가 몸에

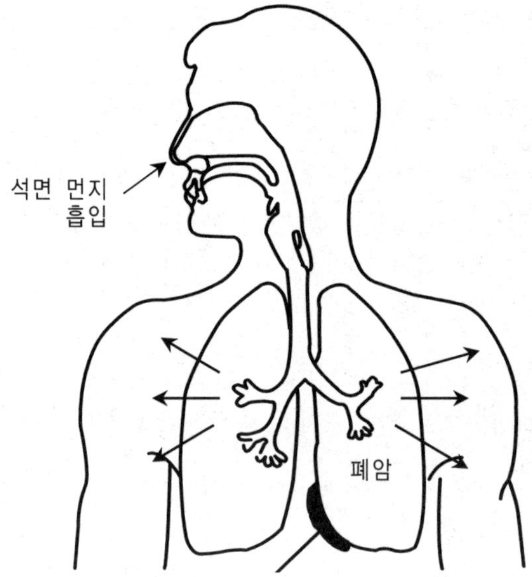

그림 10.2 석면에 의한 폐암·중피종암의 발생경로

들어오면 섬유성과 튼튼한 물성 때문에 절대 빠지지도 녹지도 않은채 평생 몸속에 머문다. 석면의 긴 섬유성 결정이 폐포에 침척되면 대식세포에 의해 흡취되어 범발성 폐손상을 일으키고, 섬유증식증을 일으킨다. 그러나 이런 기전은 아직 명확히 규명되지 않았으며, 석면 폭로에 따라 손상이 진행되어 증상이 발현되는데 일반적으로 잠복기는 20 ~ 40년이 걸린다. 또한, 긴 잠복기를 거치면서 조직과 염색체를 손상시키고 암을 일으킨다. 흉곽내부 내막에 악성종양(bronchogenic carcinoma), 중피종암(늑막이나 복막에 발생하는 암)을 비롯하여 후두암 · 신장암 · 췌장암 등을 일으키는 1급 발암물질이다. 이러한 질병이 흡연과 관련되어지면 기관지암과 폐암의 발생율을 높인다. 석면을 20년 이상 취급한 사람의 폐암 발생률은 취급하지 않은 사람보다 10배나 높으며, 담배를 피우는 사람이 석면 먼지에 오염된 환경 속에서 지내면 비흡연자보다 폐암에 걸릴 확률이 40 ~ 80배나 높아진다.

중증의 석면폐증 환자의 예후는 대단히 나쁘며 악성 중피종암으로 진행된 환자의 예후는 더욱 나쁘다. 중피종암은 외과수술로는 제거가 불가능하고 방사선요법이나 화학요법으로도 치유가 불가능하다. 기관지 악성종양으로 진행된 사람의 예후도 폐암의 경우와 비슷하여 5년 이상 살아남을 확률은 5 ~ 10%로 적다.

■ 중피종이란 복막, 흉막, 심막 등의 중피조직 유래의 악성종양이다. 이것은 어떤 부위에서

는 방추형의 육종양세포를 함유하고 어떤 부위에서는 선종형태를 보이며, 세포의 넓은막으로 나타난다.

4.2 무기성 분진

천연의 무기성 분진을 흡입함으로써 진폐증(Pneumoconiosis)이 발생되며 물질에 따라 각각의 이름을 갖는다.

1. 규폐증(silicosis)
2. 석면폐증(asbestosis)
3. 탄폐증(anthracosis)
4. 철침착증(siderosis)

① 규폐증(silicosis)

규폐증은 석영(quartz)분진에 직업적으로 폭로될 때 발생되며 이집트의 미라에서도 발견된 오랜 질환으로 알려져 있다. 석채 채석장, 천연 슬레이트 채석장 및 모래 분사 작업장에 종사하는 사람들이 장기적으로 호흡성 분진을 흡입할 때에 주로 발생된다.

규폐증은 유리규소(free silica), 즉 이산화규소(SiO_2)의 결정이 폐로 흡입되어 체류됨으로써 발생된다. 점막성 섬모에 포획되지 않는 이런 결정들은 폐포에 도달 후 상피층에 침강된다. 이 때 폐포의 대식세포는 폐를 정화시키기 위하여 그러한 결정들을 흡취한다. 식균작용(phagocytosis)에 의해 이산화규소 결정이 규산(약산)을 생성하면 대식세포를 손상시켜 파괴시키게 된다. 죽어버린 대식세포에서는 폐를 손상시키며 섬유증식(섬유증)을 일으키는 화학물질들이 흘러나온다. 다른 대식세포들이 무수규소(silica)결정을 재흡취하게 되고 규폐증은 자기증식적인 경향을 갖게 된다. 이산화규소(SiO_2)의 결정이 폐 내에 체류되면 더 이상 폭로되지 아니하여도 손상은 지속되는 것이다. 불행하게도 규폐증에 대한 치료 방법은 별도로 없다. 규폐증의 최종단계에서는 심장의 우측이 비대해져 충혈성 심부전증(congestive heart failure)으로 진행되기도 한다.

규폐증에 대한 대책은 예방뿐으로, 작업 수행의 효율화와 기술적 관리를 통하여 가능한 한 분진의 농도를 낮게 유지하여야 한다. 또한 분진에 직업적으로 폭로될 위험이 있는 작업자는 효과적인 호흡용 보호구(예 ; 방진 마스크)를 착용하여야 하고 효율적인 산업위생학적 프로그램을 수립하여 시행하여야 한다.

② 석면폐증(asbestosis)

석면폐증(asbestosis)은 이산화규소의 규폐증과 유사하여 석면의 길다란 섬유성 결정이 폐포에 침적되면 대식세포에 의하여 흡취되어 범발성 폐손상을 일으키고 섬유증식증을 일으키는 것이다.

③ 탄폐증(Anthracosis)

탄폐증은 8년 이상 지하탄광에서 작업한 광부들에게 주로 나타나는 진폐증이다. 탄폐증의 증상을 보면 일반적으로 기침이 심하고 호흡곤란이 약간 있지만 폐기능의 손상은 그렇게 크지 않다. 탄폐증에 걸린 광부들의 약 8%는 손상의 정도가 훨씬 심한데, 이를 진행성섬유증이라고 한다. 이러한 사람들에게 있어서는 폐의 결절이 응집하여 언제나 반흔조직의 커다란 결집덩어리를 폐의 중간 부분이나 상부에 형성하게 된다. 이러한 사람들은 호흡이 계속 빨라지고 폐기능의 손상이 심해져 무능력하게 되는 경우도 자주 있다. 탄폐증에 대한 근래의 연구결과를 보면, 대부분의 호흡증상 및 호흡손상이 석탄분진에 의한 폭로라기보다는 오히려 흡연과 직접적으로 연관되고 있다고 한다.

4.3 오존(O_3)

산소 분자 O_2에 산소원자 하나가 더 결합된 화학형태로서 엷은 푸른빛을 내는 기체로서 특이하고 강한 냄새가 난다. 명칭은 그리스어의 '냄새가 난다'는 뜻의 ozein에서 유래되었다. 물에 잘 용해되지 않으며 폐의 하부에 쉽게 들어간다. 오존은 지표와 지상(성층권)에서 각각 생물체에 대한 영향이 완전히 다르게 나타나는 특징을 가진 물질이다.

(1) 지표에서 발생하는 오존

대기 중에 자연적으로 존재하는 양을 제외하고는 1차적으로 자동차나 공장, 주유소 등에서 배출되는 이산화질소(NO_2), 휘발성 유기화합물(VOC) 등이 강렬한 자외선의 광화학 반응을 거치면서 2차 대기오염 물질 오존(O_3)을 발생한다. 오존은 햇빛이 강하고 맑은 여름철 오후 2 ~ 5시 경에 많이 발생하며, 특히 바람이 불지 않을 때 더욱 많이 발생한다.

$$NO_2 \xrightarrow{\text{자외선}} NO + O\bullet$$

$$O\bullet + O_2 \longrightarrow O_3$$

오존 생성에 촉매작용을 하는 질소 산화물은 화력발전소나 내연기관의 화석연료가 연소되는 동안에 대량으로 생성되며 승용차와 트럭엔진의 배기가스가 중요한 발생원이다. 또한 자동차 배기가스 중의 불포화 탄화수소는 오존과 반응하여 알데히드를 생성하는데, 알데히드는 눈을 자극하는 원인물질로 대기오염에서 가장 심각한 문제 중의 하나이다.

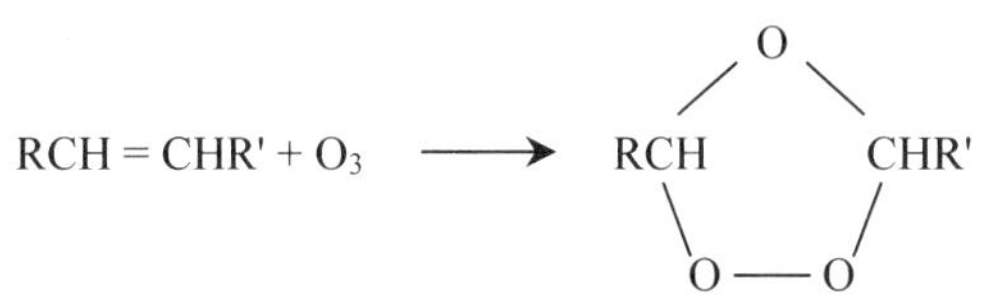

오조나이드

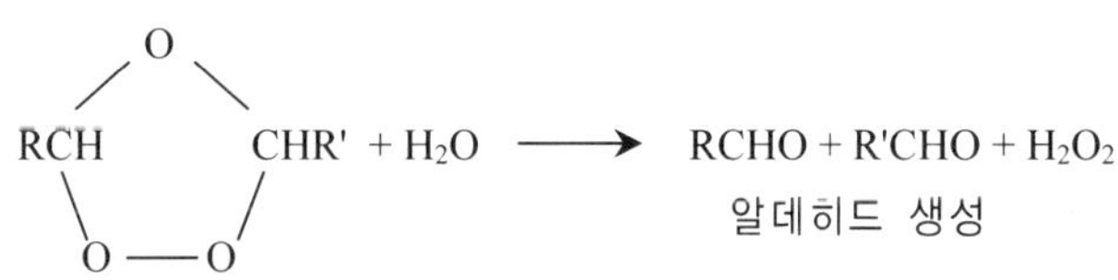

독성작용

자연상태의 대기 중에 존재하는 오존은 0.1 ~ 0.04 ppm 정도이며, 아주 적은 양의 농도에서도 뛰어난 살균력을 지니고 있다. 오존은 산소원자 3개가 결합한 구조로서 그만큼 산소원소로 분해되기가 쉬워서 산화력이 매우 크다. 오존의 산화력은 박테리아 같은 미생물에게는 치명적이므로 살균제로 사용될 수 있으며, 악취가 나는 분자들과 결합해서 악취가 나지 않는 분자로 산화시킬 수 있으므로 탈취제로 사용되고 있다. 오존의 산화력은 인체에 직접적으로 노출되는 경우, 건강상의 문제를 일으킬 수 있다.

오존 살균제 등을 장기간 사용시(제취제, 소독제)에 후각 신경과 폐점막에 강한 자극을 주며 폐기능저하, 폐충혈, 폐수종의 만성중독을 일으킨다.

인체에 직접 노출되는 경우, 오존은 강력한 산화제이므로 호흡기 및 피부에 매우 안좋다. 농도 증가시에 호흡기와 눈에 자극을 받아 기침이 나거나 눈이 따끔거리게 되고 두통이 빌생하고, 숨을 쉬기가 곤란해시며 심하변 폐기능이 저하된다.

오존은 인체보다 식물이나 농작물에 더 큰 영향을 미치는데, 이는 오존에 노출되는 시간이 더 많기 때문이다.

표 10.3 오존경보제의 내용

주의보 (시간당 0.12 ppm 이상)	눈과 코에 자극이 오고, 두통이 발생, 호흡수가 증가하며 불안감을 느끼게 된다.
경보 (시간당 0.3 ppm 이상)	호흡기에 직접적으로 자극이 오고, 가슴을 압박하며, 시력이 감소하게 된다.
중대경보 (시간당 0.5 ppm 이상)	폐기능이 심각하게 저하되고, 기관지를 자극하며, 심하면 폐혈증까지도 발생할 수 있다.

오존경보제

우리나라는 고농도 오존에 의한 노약자, 어린이 등 국민건강피해를 최소화하고나 1995년부터 '오존경보제'를 시행하고 있다(1995년 12월에 대기환경보전법 개정).

연구에 의하면 오존농도는 온도 및 일사량에 비례하고, 상대습도 및 풍속에 반비례 하는 것으로 나타났으며, NO_x 및 VOC 등 오존전구물질 배출량은 지역에 따라 다르긴 하나 대체로 오존농도와 비례하였다.

오존의 농도가 높은 여름에는 외부활동을 극히 제한하고 퇴교, 조기퇴근 등 특단의 조처를 취하며 가능한 대중교통을 이용하도록 한다. 오존경보제가 도입된 이래 지속적으로 발령 횟수가 증가하고 있으며 앞으로는 건강을 위해서 현재보다 더 빠르고 확실한 오존 예보제가 보완 실행되어야 한다.

(2) 지상 30 mile 이상의 성층권에 존재하는 오존

성층권에 존재하는 오존층은 태양으로부터의 자외선을 걸러주는 이로운 역할을 한다. 최근 이 오존층의 두께가 얇아지고 있다. 성층권에 존재하는 오존이 1% 감소할 때에 지구표면에 도달하는 자외선은 2% 증가되고 피부암은 10% 증가하게 된다.

성층권의 오존층을 얇게 하는 원인물질로는 freon이 있는데, 용도는 주로 냉매, 에어로졸, 분산제, 정밀기기의 세정제에 사용되며 구조가 C-F 결합으로 되어 있기 때문에 열적·화학적으로 비교적 안정하다. 성층권 내의 freon은 강한 자외선의 작용으로 원자상태의 염소(Cl·)가 분해·분리한 후에 오존과 반응하고 다시 반응성이 높은 원자상태의 Cl·이 생성되면서 연쇄반응을 일으키는 것으로 알려져 있다. Freon으로부터 발생되는 1개의 Cl·원자는 연쇄반응을 지속하여 10,000개의 오존분자를 파괴할 수 있다.

$$CF_2Cl_2 \xrightarrow{\text{자외선}(2,000Å)} CF_2Cl\cdot + Cl\cdot$$

freon 12

$$CFCl_3 \xrightarrow{\text{자외선}(2,000Å)} CFCl_2\cdot + Cl\cdot$$

freon 11

$$Cl\cdot + O_3 \longrightarrow ClO\cdot + O_2$$

$$ClO\cdot + O\cdot \longrightarrow Cl\cdot + O_2$$

4.4 흡연

대표적인 독성성분

담배연기는 6,000종 이상의 유해물질을 함유하고 있다. 이 중에는 소량의 다환계 탄화수소와 니트로소아민과 같은 유전독성 발암물질을 포함하여 동물과 사람에게 발암물질로 알려진 60여종이 포함되며, A급 발암물질만 해도 20여종에 이른다. 담배연기 안에 들어있는 보조발암제 및 촉진제는 흡연자에게 암을 유도하는 전반적인 과정에 중요한 역할을 하기도 한다. 담배연기 속의 유해물질 중 인체에 가장 독성을 주는 대표적인 성분은 타르(tar), 니코틴(nicotin), 일산화탄소(CO)이다.

① **니코틴**은 무색의 유성 알칼로이드로서 독성이 큰 중독성 물질이다. 니코틴은 정신적 안정감을 느끼고 긴장감이 해소되는 일시적인 진정효과가 있다. 또한 니코틴은 모세 및 말초혈관수축, 혈압상승, 심박동 항진, 신경자극, 혈소판 응집력 증가 그리고 혈관벽에 손상을 일으키고 심장의 관상동맥을 수축시켜 심근경색의 원인이 되기도 한다. 흡입된 니코틴이 체외로 완전히 배출되는 데는 약 3일이 걸린다.

② **타르**는 일명 담뱃진이라고 하는데 흑갈색을 띠며 약 200개 이상의 많은 화학물질의 집합체이다. 타르는 독성이 매우 커서 재래식 화장실의 구더기를 죽이는데 사용하기도 했다. 담배 한 개비에는 약 10 mg의 타르가 포함되어 있다. 담배가 800℃로 연소될 때 작은 입자로 되어 기관지나 폐로 들어가며, 크기가 10 μm 이상의 것은 가래로 나오나 1 μm 전후의 것은 60% 이상이 폐 속으로 들어가 배출되지 않는다. 타르는 기관지 점막과 폐포를 손상시켜 암을 발생시키는데 중요한 역할

을 한다.

③ **일산화탄소**는 무색, 무취의 유해가스로서 담배 성분 중에서 제일 많은 부분을 차지한다. 담배를 흡입할 때 폐를 통해 혈액 속으로 녹아든다. 호흡을 통해 혈액으로 들어간 산소는 헤모글로빈(Hb)과 결합하여 온 몸으로 운반되는데, 일산화탄소는 이러한 산소운반을 방해한다. 즉, 일산화탄소는 헤모글로빈과 결합하는 친화력이 산소보다 210배 정도 높기 때문에 산소부족을 유도하게 되며, 흡연자는 산소 이용률이 비흡연자보다 20~30% 떨어진다. 일산화탄소의 혈액 내 농도가 2%에 도달하면 중추신경계의 기능이 둔해지고 기억력이 감퇴된다. 담배를 많이 피게 되면 두통, 현기증, 오심 구토가 오며 심장이 뛰고 호흡곤란, 심하면 허탈상태를 수반하며, 아주 심하면 무의식 상태로서 사망에 이른다. 일산화탄소는 동맥혈관 내벽의 세포를 파괴하여 심장병, 중풍을 일으킬 수 있다.

표 10.4 흡연의 중요한 독성작용들

기관지 내의 섬모기능이 마비되어 점액흐름을 정지함으로써 유해물질이 투과되는 것을 방지하지 못한다.
자극물질에 의해 기관지의 점액생성이 증가된다.
폐포의 대식세포 기능을 방해하여 쉽게 감염되고 만성 기관지염을 발생한다.
폐포의 대식세포 및 다형핵 백혈구 증가, 단백질 분해효소 억제제 감소로 인한 단백질 분해효소의 증가는 폐포 격막을 파열하여 폐기종으로 진행시킨다.
니코틴은 강력한 혈관수축제로서 말초혈관 및 관상혈관 내의 동맥경화증(arteriosclerosis)의 원인이 된다. 습관성 의약품이다.
폐암환자의 90% 이상이 흡연과 관련된 것으로 밝혀졌다.

흡연의 독성작용

담배흡연은 인체 모든 장기에 나쁜 영향을 주는 것으로 알려져 있다. 사람들에게 발생되는 질병은 폐암을 비롯하여 후두암, 식도암, 만성기관지염, 폐기종, 위암, 신장암, 췌장암, 방광암 등의 온갖 암과 심근경색, 동맥경화 등의 혈관계 질환 등이 대표적이다.

최근 2005년 미국 공중위생국은 '혈액이 흐르는 인체의 모든 부위는 담배 독성이 미친다'라고 발표하였다.

지난 수십 년 동안의 연구결과를 종합해 판단할 때 흡연의 영향은 우리가 기존에 알고 있는 것보다도 훨씬 심각하다.

간접흡연

담배를 피우지 않는 사람들이 담배연기를 흡입함으로써 담배를 피우는 효과와 같은 위험에 노출되는 상태를 간접흡연이라 한다. 담배연기에는 두 가지가 있는데, 하나는 흡연자의 폐 속까지 들어갔다 나오는 주류연(mainstream smoke)이고, 다른 하나는 타고 있는 담배 끝에서 나오는 생담배 연기인 부류연(sidestream smoke)이 있다. 간접흡연은 주류연이 15%, 부류연이 85%를 차지하는데, 부류연의 독성 화학물질의 농도가 주류연보다 높다. 생담배 연기는 담배 속의 모든 독성물질, 발암물질을 그대로 외부로 내보내기 때문에 대단히 독성이 강하다. 일반적으로 실내의 담배연기의 독성을 측정해 보면 그 중 75%가 생담배에서 나오는 것으로 니코틴은 3배, 타르는 3.5배, 일산화탄소는 5배 정도 높은 것으로 밝혀졌다.

임산부 흡연

임신 중 어머니가 담배를 피울 경우에 출생하는 아기의 체중이 감소한다고 알려져 있었으나, 더욱 심각한 것은 뇌의 크기가 작아지고 뇌의 발육이 제대로 이루어지지 않는다는 것이다. 그 결과 아기의 지능이 떨어지고 집중력이 감퇴된다.

2008년 11월 환경부 조사에 따르면, 초등학생들에게 나타나는 주의력결핍과잉행동장애(ADHD)의 발병률이 약 9.6%로 보고되었는데(단국대 환경성질환연구센터), 간접흡연에 많이 노출된 아동일수록 ADHD 유병률이(11.6%) 비간접흡연 학생의 유병률(8.0%)보다 1.4배 높은 것으로 나타났다.

특히 어머니가 흡연경험이 있는 경우에는 없는 경우보다 약 2.6배 높게 나타나, 부모 중 특히 어머니의 흡연 경험이 유병률에 크게 작용하는 것으로 밝혀졌다.

청소년 흡연

최근 담배를 피우는 청소년들이 늘고 있는 사실은 심각한 사회문제가 되고 있다.

청소년기에 흡연을 시작하여 계속하는 사람들은 24년의 수명이 단축되고, 25세 이후 흡연을 시작한 경우 폐암으로 인한 사망률이 비흡연자의 2.5배인데 비해서, 15세 이전에 담배를 시작한 경우에는 사망률이 18.7배, 폐암은 80 ~ 90%, 방광암은 40%, 만성기관지염 및 폐질환은 85%가 증가하는 것으로 보고되었다.

성장하는 중 · 고등학교 학생들에게 철저한 교육과 생활지도가 필요하다.

4.5 그 외의 폐독성물질들

① 포스겐

포스겐(phosgene)은 염화카보닐, 옥시염화탄소라고도 하며 $COCl_2$와 같은 화학구조를 갖는다. 유독성 무색의 기체로 흡입하면 상부기도를 통과해서 폐포 점막에 도달하며, 그곳에서 가수분해되어 염산(HCl)을 생성한 후 강산으로서 독성 작용을 한다. 염산은 얇은 막에 탈수작용을 하고 폐포막을 파괴하여 폐에 물이 차는 폐수종의 원인이 된다. 따라서 산소가 혈액에 효과적으로 흡수되지 못한다. 흡입하면 인후의 작열감, 가슴의 긴박감, 호흡곤란, 질식사에 이른다. 제1차 세계대전 중에 독가스로 사용되었다.

$$COCl_2 + H_2O \longrightarrow 2\ HCl + CO_2$$

② Paraquat

Paraquat은 수용성의 제초제로서 광범위한 식물에 사용되고, 많은 농작물에 고엽제로 사용된다. 호흡기로 흡수되는 경우에 폐가 손상되면서 독성을 나타내는데, 폐의 polyamine 운반계를 통해 흡수된 paraguat는 cytochrome P-450 reductase와 NADPH에 의해 자유라디칼(free radical)을 발생한다. 자유라디칼은 산소에 의해 산화되면서 superoxide와 다른 독성 산소 종(specties)을 발생하면서 세포막에 과산화 반응을 일으키게 된다. 사고나 고의로 섭취했을 때 가장 독성이 크고 치명적일 수 있다.

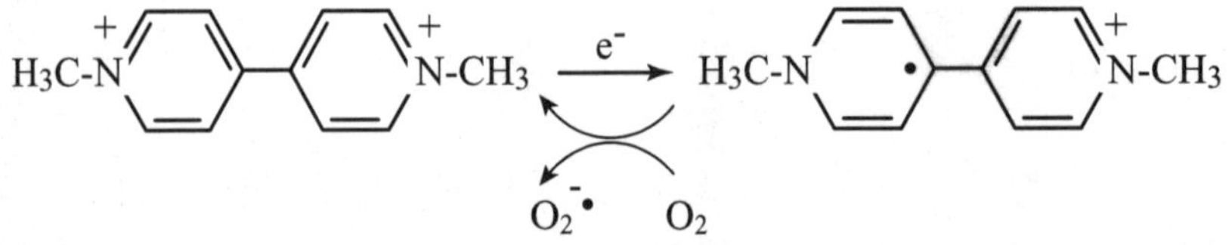

그림 10.3 Paraguat의 활성화

제 11 장
혈액 독성물질

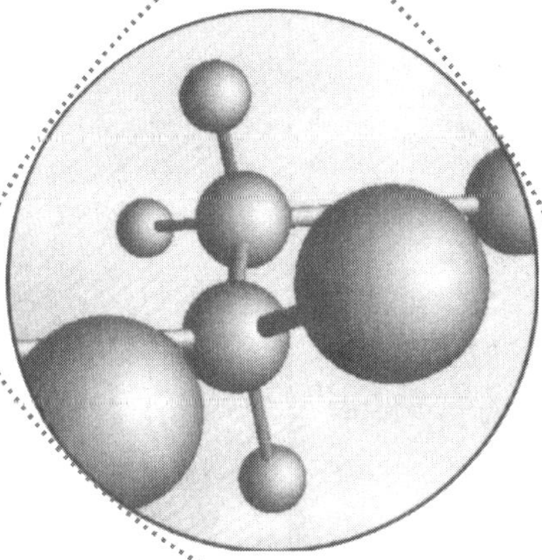

1 서 론

혈액은 결합조직으로 분류되며 골수에서 발견되는 줄기세포(stem cell)에서 기원되어 운명을 조절하는 자극인자 poietins의 영향으로 모든 혈액세포의 성분(적혈구, 백혈구, 혈소판)으로 분화된다. 정상적인 수의 적혈구, 백혈구, 혈소판들이 각각 존재할 때에 산소 운반, 면역기능, 혈병형성 등이 이루어질 수 있다.

혈액독성이란 체중의 약 6~8%를 차지하는 혈액이 항상성(homeostasis)을 유지하지 못하고 이상 증상이 일어나는 것이다. 많은 화학물질들이 혈액세포의 양적, 질적 특성을 변화시켜 혈액독성을 유도하고 있다. 혈액독성은 ① 특정 혈액성분들이 너무 많이 또는 너무 적은 양으로 존재하거나 ② 혈액성분에 구조적 이상이 일어날 때에 정상기능을 방해하면서 일어난다.

예를 들면, 빈혈(anemia)은 너무 적은 수의 적혈구가 존재할 때 일어나며 결과적으로 산소공급 능력의 감소를 가져온다. 백혈병(leukemia)의 경우는 백혈구들이 너무 많이 늘어나면서 인체에 치명적이게 된다. 혈액세포의 질적변화가 일어나는 예로, microcytic hypochromic anemia(미소세포의 혈색소 감소성 빈혈)는 적혈구가 적은 양의 헤모글로빈을 가질 때 일어난다. 비록 양이 적당하더라도 이 경우와 같이 '작거나 색이 옅은' 적혈구들은 정상적인 양의 산소를 운반할 수 없게 된다.

2 혈구의 생성

혈액은 혈구와 혈장으로 크게 분류한다. 모든 혈액세포 성분은 골수에서 발견되며, 기원이 되는 줄기세포에서 분화되어 특정목적을 가진 적혈구, 백혈구, 혈소판의 세 가지 주요 성분의 성숙세포로 된다. 혈구는 주로 골수에서 생성되나 일부는 간과 비장에서도 생성된다. 모든 혈구는 세포분열시 간엽세포(태아의 중배엽 결합조직)로부터 발생된다(그림 11.1).

Poietins(자극인자)가 줄기세포의 '운명', 즉 적혈구, 백혈구, 혹은 혈소판이 될 것인가를 조절한다. 적절한 산소공급과, 면역기능 그리고 혈병형성이 유지될 때 정상적인 적혈구, 백혈구, 혈소판이 각각 존재할 수 있다.

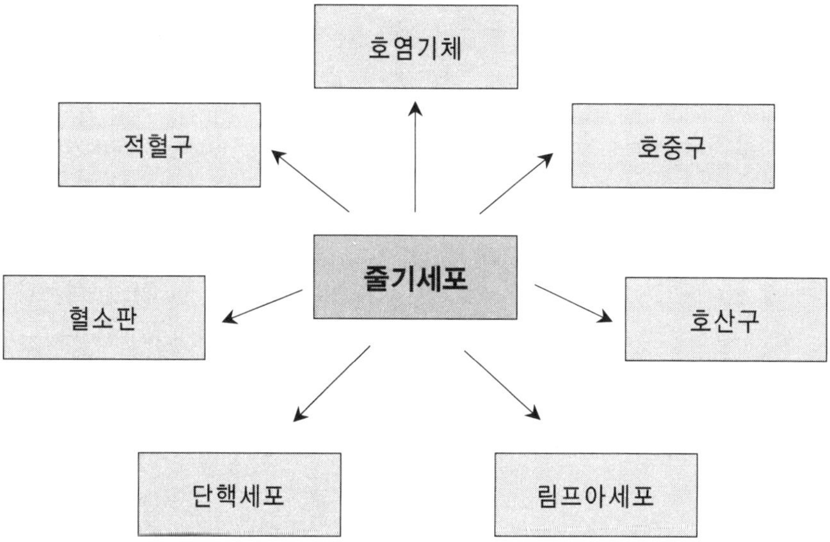

그림 11.1 줄기세포로부터 혈액세포 성분의 분화

적혈구(Erythrocytes)

혈액 1 L 중 적혈구 양은 남성의 경우 0.46 L, 여성의 경우 0.41 L를 차지한다. 적혈구는 모든 생체조직으로 산소를 운반하는 중요한 역할을 하는데, 만약 적혈구의 산소운반 기능이 손상되거나 어떠한 화학물질에 의하여 적혈구가 손상되면 산소공급이 손상되면서 신경계가 가장 먼저 중대한 위해를 받게 된다. 신경계는 혐기성 대사경로로는 유지되지 못한다.

적혈구는 평생 골수에서 주로 생성된다. 태아의 경우 간, 비장 및 임파절에서 만드나 임신 말기부터는 거의 골수만이 적혈구를 생성한다. 그러므로 혈구의 생성 및 순환을 화학적으로 유도하여 증가시키고자 할 때에 대상 기관은 골수이다.

적혈구 생성(erythropoesis)이란 적혈구가 생성되는 과정을 일컫는데, 간에서 방출되는 혈액단백질인 '적혈구 생성 촉진인자 전구물질'은 신장 적혈구 생성인자(REF, renal erythropoietic factor)에 의하여 '적혈구 생성 촉진인자'로 전환된다.

REF는 저산소증(hypoxia), 빈혈증에서 증가하고 코발트 존재시에 증가하는 반면, 적혈구 증가시(polycythemia), 과산소증(hyperoxia)에서 감소하면서 적혈구의 양을 조절한다. 빈혈증은 적혈구의 감소로 인해 동맥혈의 산소가 감소되면서 뇌와 같은 주요 장기에 빈혈성 저산소증이 유도되는 대표적 증상이다. 재생불량성 빈혈(aplastic anemia)은 골수의 손실이나 기능장애로 인해 적혈구가 감소되면서 발생되는 빈혈이다.

혈소판(Thrombocyte)

혈구 중 가장 크기가 작은 혈소판은 응집작용을 하여 손상된 혈관에서 출혈을 억제하는 기능을 한다. 혈소판은 골수 내의 가장 큰 세포인 거핵세포(megakaryocyte)로부터 파생된다. 혈소판은 혈관이 손상될 때에 손상부위로 거의 순간적으로 모이면서 파열된 혈관을 봉쇄하는 물리적 마개 작용을 하며 또한 섬유소의 생성에 관여하여 혈병 크기를 증가시켜서 손상부위를 둘러싸는 역할을 한다. 혈소판 감소증(thrombocytopenia)은 혈소판의 혈중농도가 감소되어 출혈을 초래하는 증상으로 항암제가 대표적이다. 많이 사용되는 아스피린은 혈소판의 응집을 억제하여 혈병생성을 방해하며 coumarin은 항응고제, warfarin은 섬유소 생성을 억제하여 혈병생성을 방해하는 물질이다.

백혈구(WBC, leukocyte)

백혈구의 대표적인 작용은 이물질로부터 신체를 방어하는 역할이다. 백혈구는 식세포(phargocytic cell)와 면역세포(immunocytic cell)로 구성된다. 식세포는 과립구(granulocyte)와 단핵세포(monocyte)로 구성되는데, 염증성 병소로부터 방출되는 화학물질이 과립백혈구를 손상부위로 이동시킨다. 단핵세포는 혈액 중에서 3~4일 정도 존재하다가 간, 비장, 골수 등으로 이동한 후 여기서 몇 개월간 체류하면서 이물체를 방어하고, 비장에서는 노쇠한 적혈구를 파괴하기도 한다.

백혈병은 백혈구 수가 암적인 증식을 하여 30,000개/mm^3 이상이 되는 치명적인 질병으로 벤젠, chloramphenicol, phenylbutazone 등에 의해 유발된다. 또한, 일부 화학물질에 의해 백혈구 수가 저하되면서 체내의 면역계가 손상될 수 있으며 감염병에 걸리기 쉽다. 무과립구증(agranulocytosis)은 중성구의 심한 감소에 따라 백혈구가 감소되어 나타나는 증상이다.

3 혈액독성물질

3.1 벤젠(Benzene)

방향족 탄화수소 중에서 가장 간단한 구조를 가진 벤젠은 매우 휘발성이 강하고 우수한 용매의 특성을 가진다. 벤젠은 매우 빨리 기화하므로 프린팅과 같은 특정 산업에 많이 사용되는 용매이다. 또한 다양한 방향족 생산물질 합성에 원료물질로 널리 사용된다. 벤젠은 조혈조직에 독성이 있으며 백혈병을 일으키는 원인물질로 알려져 있다.

- 구조: 분자식이 C_6H_6로서 6개의 탄소 원자가 정육각형의 구조를 이루고 각각의 탄소 원자에 수소 원자 1개가 결합되어 있다. 1865년 F.A. Kekule는 지금의 벤젠구조 [그림 11.2]를 제안하였다. 벤젠은 분자식 내에 3개의 이중결합이 들어 있는 것처럼 보이지만 각각의 이중결합은 특정원자 사이에 고정되어 있지 않고 6개의 탄소 사이에 균일하게 퍼져 있다. 따라서 벤젠에서의 모든 탄소원자 간의 결합은 동등하며, 단일결합과 이중결합의 중간적 성질을 가진다. 즉, 벤젠은 공명 혼성 구조를 가진 대표적인 화학물질이다.

  ■ 벤젠과 같이 2개 이상의 구조식으로 나타낼 수 있는 구조를 공명구조라 하고, 공명 구조들이 혼성된 구조를 공명혼성이라고 한다. 공명은 ↔로 표시하여 나타낸다.

- 성질: 휘발성이 있으며 특유한 냄새가 나는 무색의 액체로 인화성이 크다. 물에 섞이지 않고 알코올, 에테르, 아세톤 등에 잘 녹으며, 유지나 수지 등을 잘 녹이므로 유기 용매로 사용된다. 불을 붙이면 그을음이 많은 불꽃을 내며 탄다. 이는 수소 원자수에 비해 탄소 원자수가 많고, 벤젠의 연소에 산소가 많이 필요하기 때문이다.

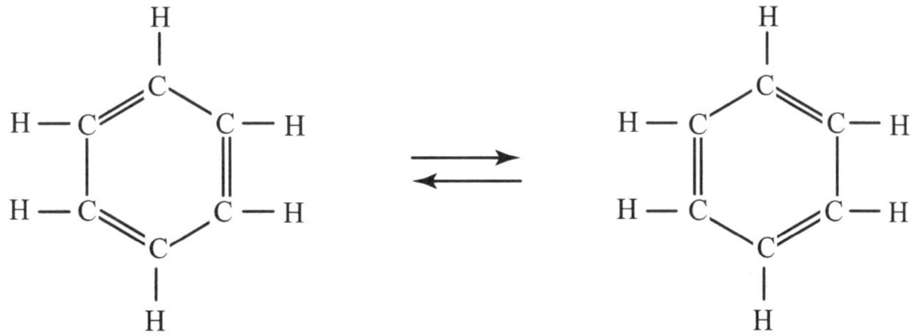

그림 11.2 벤젠의 공명혼성 구조

- 용도 및 폭로: 주로 산업장에서 사용되면서 직업적으로 폭로되는데 고무제품공장, 정유공장, 구두제조공장, 주유소에서 많이 사용된다. 일반 사람들은 벤젠이 함유된 음식물, 담배연기, 자동차 배기가스를 통해 주로 흡수된다. 아교, 접착제, 페인트 제거제, 일부 미술재료에 많이 포함되고 쓰레기 매립지로부터의 침출수, 산업체로부터의 폐수에도 다량 포함된다.

독성작용

주로 호흡기를 통해서 인체로 흡수되며 일부는 통조림 고기나 식수로부터 흡수되기도 한다. 벤젠은 주로 혈액세포를 만들어내는 골수조직에 해를 끼친다.

① 미 보건국은 벤젠을 대표적인 발암물질로 규정하였다. 벤젠은 인체 내에서 대사되어 독성이 큰 phenol 화합물 및 phenol 유도체를 생성하거나 벤젠 대사과정 중에 많은 발생기 산소들과 같은 유해물질들을 생성한다. 이 유해물질들은 단백질 및 DNA들과 공유결합하면서 독성을 나타낸다(그림 11.3).

② 벤젠에 장기간 노출시에 혈액 세포가 생성되지 않아 혈소판 감소증(thrombocytopenia) 등이 발생되면서 빈혈과 내출혈을 일으킨다.

③ 면역체계에 해를 미치므로 각종 종양에 대한 몸의 저항력이 떨어지고 질병 감염율이 높아진다.

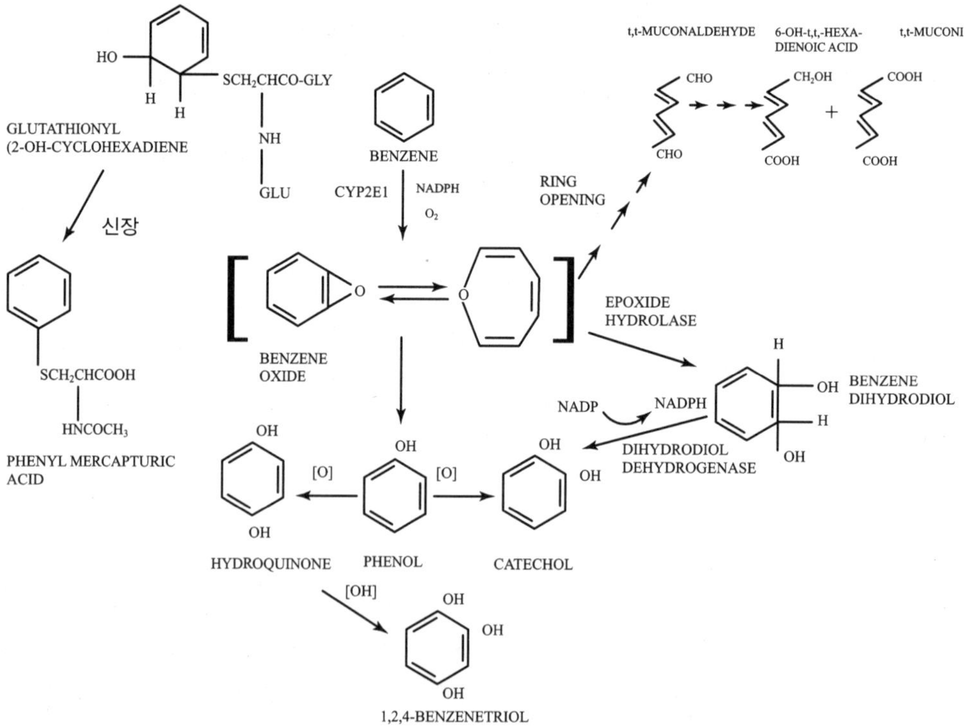

그림 11.3 인체 내에서의 벤젠대사
(Snyder R, 'Benzene and Leukemia', Crit Rev Toxicol 32(3) : 155-210, 2002)

④ 고농도 벤젠을 소량 마시거나 흡입시에는 중추신경계에 영향을 주어 흥분, 구토, 현기증, 두통, 졸음을 일으키고 양에 따라서 사망에 이를 수도 있다.

농도

벤젠은 인체 내로 흡수된 후에 빠르게 대사되므로 인체 내 농도측정이 어렵다. 일반적으로는 혈액검사와 소변검사를 통해 측정하며 흡연자는 혈액 내 벤젠농도가 정상인보다 기본적으로 높다. 정상적으로 인체 내 벤젠의 평균값은 결정되어 있지 않다. 미국의 환경보호국(EPA)은 식수의 벤젠 함유량을 5 ppb로 제한하고 있으나 궁극적으로는 0 ppb 수준으로 낮추어야 한다는 주장이다. 우리나라는 식수에 대한 기준을 WHO의 권고에 맞추어 10 μg/L 이하로 규정하고 있다.

3.2 일산화탄소(CO)

오래 전부터 잘 알려진 대사성 독성물질로서 유기물이 불완전 연소하는 과정에서 많이 방출된다. 무색, 무취, 무미, 무자극으로 공기보다 약간 가벼우며 발생의 감지가 어려워 중독사고를 일으키는 요인이 된다.

노출 원인

① 도시가스의 누출 및 불완전연소(4 ~ 12%)

② 자동차 배기가스(1 ~ 10%)

③ 담배연기, 담뱃불(0.7 ~ 2.5%) : 상습 흡연자는 CO에 의해 만성적 고통을 받는다.

④ 탄광의 폭발사고

⑤ 쓰레기소각에서 대량 대기 중으로 방출된다.

독성작용

헤모글로빈의 산소공급 능력을 변화시킨다. CO는 헤모글로빈 분자의 운반가능한 영역에 대한 친화력이 산소(O_2)보다 약 210배 강해 쉽게 결합하여 carboxyhemoglobin을 생성하므로 oxyhemoglobin을 저하시키고 O_2의 운반을 막는다. 따라서 저산소증(hypoxia), 혹은 무산소증(anoxia)을 초래함으로써 조직에 산소가 불충분하게 공급된다. 비록 일산화탄소는 신체에 축적되는 독성물질이 아니더라도 세포(예 ; 뇌세포)에 수 분 동안 산소의 공급을 차단시키면 영구적인 치명상을 입게 된다. 증상은 낮은 혈압, 기절, 어지럼증, 두통, 허약, 오심 · 구토 등인데 혈중 carboxyhemoglobin량이 10% 이하인 경우에는 자각증상이 없으며, 20 ~ 30%에서 두통, 정서불안, 피로감을 느끼고, 50% 이상에서 혼수, 경련, 청색증(cyanosis), 65 ~ 70% 이상일 때 사망에 이른다.

일반적인 일산화탄소 중독 및 증상은 개체차가 크며 흡입 중의 일산화탄소의 농도, 노출시간, 호흡의 상태, 심박출량 및 조직의 산소요구량, 혈중 헤모글로빈농도에 영향을 받으며, 특히 빈혈증이 있거나 태아와 같이 헤모글로빈의 저장량이 적은 사람은 일산화탄소에 대한 감수성이 어른보다 훨씬 높다고 한다.

3.3 시안화물(Cyanide)

시안이온(CN^-)을 함유한 물질을 청산이라고도 부르며 저산소증 세포독성을 발생한다. 즉, 에너지 대사와 관련된 정상적 세포 대사과정에서 인체 내 세포가 산소를 이용할 수 없게 잠재적으로 치명적인 조건을 발생한다. 그러므로 정맥혈액 내의 산소가 비정상적으로 높고 이 산소는 세포에 의해 사용되지 못한다.

분포 및 흡수

청산은 작용이 매우 신속한 독물의 하나로서 피부, 점막, 호흡기 등 아주 다양한 경로를 통해 쉽게 흡수된다. 흡수경로에 따라서 수 분에서 수 시간까지 독성발현시간 또한 다르다. 청산가스를 흡입하면 수 분 내에 사망한다. 청산(hydrocyanic acid 또는 prussic acid)을 처음 발견한 화학자 Karl Wilhelm Scheele는 청산가스를 마시고 사망하였다. 청산은 살서제나 해충을 죽이는 독물, 은 또는 금의 연마, 광물의 제련, 사진용액, 자극성 연기 등에서 흔히 나온다. 특히 시안이온은 자연의 벚나무, 서양자두, 복숭아, 살구씨, 사과씨에도 들어 있으며 열매의 씨에 청산배당체의 형태인 아미그달린(amygdalin)으로 존재한다. 시안기가 아미그달린에 결합되어 있을 때는 독극물질이 아니지만 가수분해 되면서 상당량의 시안산이 발생되면 위험하다(그림 11.4). 드물기는 하나 사과씨를 많이 먹고 중독된 사람들의 사례가 있다.

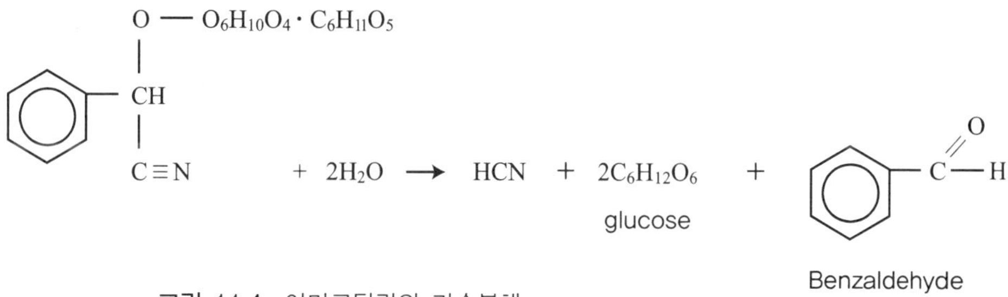

그림 11.4 아미그달린의 가수분해

시안이온 독성작용

시안이온(CN^-)은 빠르게 호흡중추를 정지시키므로 1시간 이내에 질식되어 죽음에 이른다. 일산화탄소와 유사한 질식작용을 한다. [그림 11.5]에서 구체적인 독성 기전을 보여준다. 즉, 세포의 전자전달계는 일련의 산화·환원 반응에 의해 물과 산소를 최종산물로 만들기까지의 과정을 통하여 에너지를 ATP의 형태로 생성하는 세포의 호흡과정이다. 이 과정에 관여하는 일련의 효소들, 즉 cytochrome a, a_3, c들은 미이토콘드리아에 존재하는데 시안이온은 이들 cytochrome의 heme(Fe)과 결합하여 heme이 산소분자와 반응하는 것을 막는다. 따라서 산소분사로의 선사 선달이 차난뇌어 세포가 죽게 된다. 즉, 호흡마비로 인한 죽음을 초래하며 타액의 과다분비, 현기증, 두통, 심계항진, 호흡곤란, 의식불능 등의 증상이 연달아서 신속하게 일어난다.

Cytochrome oxidase에 있는 Fe^{+2}은 산소를 환원시키고 Fe^{+3}의 철로 산화된다.

산화된 Fe^{+3}은 다른 반응에서 전자를 얻어 다시 +2의 철로 환원된다.

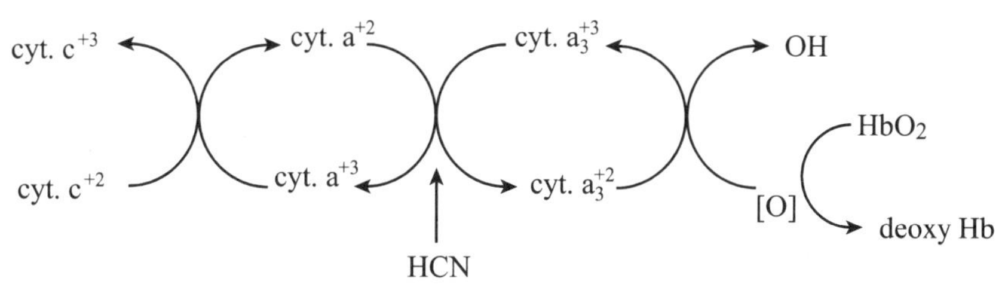

cytochrome oxidase−Fe + CN^- → cytochrome oxidase(Fe)...(CN^-)

(산화효소) (착물을 형성)

그림 11.5 HCN의 독성기전

시안이온은 산화효소에 있는 철이온과 안정한 복합체를 형성하여 효소가 더 이상 산소를 환원시키거나 대사물을 산화시킬 수 없게 한다. 즉, 효소에 있는 철이온의 전자들은 동결되어 산화·환원 반응과정에 참여할 수 없게 된다. 결과, 세포가 산소를 이용하는 과정이 차단되면서 질식작용으로 세포가 죽게 되며 생명을 잃게 된다.

중독 처치

청산은 보통 씁쓸하고 타는 듯한 맛이 나며 아몬드 냄새가 난다. 사람 중 약 20~40%는 유전적으로 청산의 냄새를 맡지 못한다.

청산중독의 경우 다음과 같이 처리한다.

① 먼저 amyl nitrite나 sodium nitrite($NaNO_2$)를 정맥 주사한다.
이 두 과정은 헤모글로빈의 heme에 있는 철을 제1철(Fe^{2+})에서 제2철(Fe^{3+})로 산화시키는데, 그 결과 암록색에서 흑색의 MetHb이 생긴다. MetHb의 3가 철은 혈장의 시안이온(CN^-)과 결합하여 대단히 안정한 CN-MetHb를 생성하면서 이미 cytochrome oxidase와 결합하여 있는 시안이온을 해리시킨다.

② 티오황산(sodium thiosulfate)을 주사한다. 이 물질은 효소 로다나제(rhodanase)의 기질로서, 이 효소는 거의 모든 세포에 존재하는데 시안이온을 무독성이고 쉽게 배출되는 thiocyanate(SCN^-)로 전환시킨다. 그러나 체내에 티오황산의 양이 한정되어 있으므로 이 과정이 시약 독성에 이미 중독된 사람에게는 크게 도움을 주지 못한다.

- $$HbO_2\,(Fe^{2+}) \xrightarrow{NO_2^-} MetHb(Fe^{3+}) \xrightarrow{CN^-} CNMetHb$$
- $$\underset{\text{티오황산}}{CN^- + S_2O_3^{2-}} \xrightarrow{\text{로다나제}} SCN^- + SO_3^{2-}$$

그림 11.6 시안화물의 중독처치

3.4 아질산염, 질산염 및 방향족 아민 화합물

정상적인 상태에서 헤모글로빈을 구성하는 heme 성분 중의 철은 2가 철(Fe^{2+})이지만, 일부 화학물질에 의해 3가의 철(Fe^{3+})로 산화되면 녹갈색 내지 녹흑색의 Met Hb (methemoglobin)을 생성한다. Met Hb는 산소, 일산화탄소와는 결합을 하지 않는다. 그러므로 Met Hb의 농도가 증가되면 조직 내의 산소 공급이 감소하게 된다. 아질산염, 방향족 아민, 니트로 화합물, 염소산염 등은 Met Hb을 생성하는 물질들이다.

Diaphorase (Met Hb-reductase)는 methemoglobin (Fe^{3+})을 hemoglobin (Fe^{2+})으로 환원시킬 수 있는 중요한 효소이다. 보조인자로서 NADH (nicotinamide adenine dinucleotide의 환원형)를 필요로 하며, 메틸렌블루와 같이 외인적으로 전자를 Fe^{3+}에 이송하여주는 전자운반체의 보충도 필요로 한다.

아스코르빈산은 서서히 반응하여 MetHb을 환원시키므로 유전적으로 diaphorase가 부족한 사람에게 아스코르빈산은 유용하다.

3.5 그 외의 화학적 혈액장애

많은 화학물질과 의약품들(약 1,066가지)이 혈액질환을 일으킬 수 있다. 혈액의 성분과 혈액 질환을 일으키는 화학물질의 수는 다양하지만 대부분의 경우, 작용 기전이 규명되어 있지 못하다.

- DDT : 단핵세포와 림프구의 감소
- Chlordane : 범혈구 감소증(모든 혈액 세포의 감소)
- 나프탈렌 : 용혈성 빈혈(독성물질에 의해 적혈구가 파괴됨)
- 철분 부족 : 재생불량성 빈혈(aplastic anemia)

제 12 장
간 독성물질

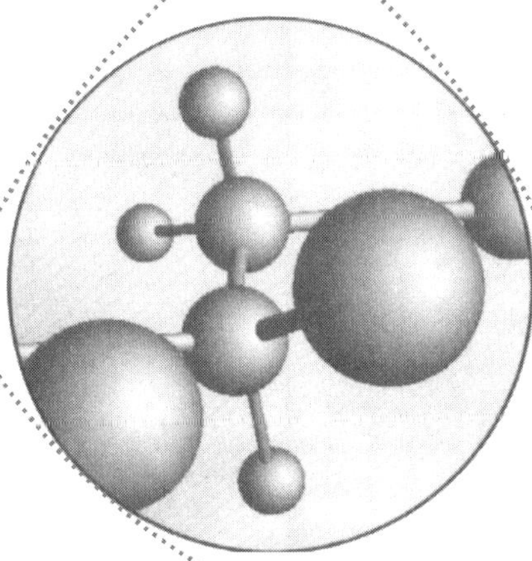

1. 간의 역할
2. 간의 구조와 혈액순환
3. 독성물질에 의한 간의 병리학적 증상들
4. 간 독성물질
5. 지질과산화 반응

1 간의 역할

간은 소화관에서 흡수되는 영양분이 관류하는 첫 번째 기관이다. 이물질의 투여경로나 폭로경로에 상관없이 혈류로 들어오는 이물질은 간을 먼저 통과하므로 경구로 흡수되는 화학물질이나 복강 내로 투여되는 화학물질에 대하여 간이 영향을 미치거나 영향을 받게 된다. 그러므로 화학물질의 표적기관이 되며, 초래되는 간손상은 약 100여 년 전부터 문제되어 왔다. 간독성을 일으키는 화학물질의 수는 대단히 많으며 독성발현 기전도 다양하다.

간은 신체의 아랫부분, 신장, 비장 및 소화관으로부터 유입되는 혈액이 폐로 압송되어 산소의 재공급을 받기 전에 간에서 효과적으로 여과된다. 이런 전신순환계에서의 독특한 역할에 의해서 간은 다음과 같은 일상적인 기능을 한다.

① 탄수화물의 저장과 대사, 단백질 대사

② 호르몬, 내인성 폐기물, 이 물질의 대사

③ 혈액단백질의 합성과 분해

④ 뇨소(urea)의 생성

⑤ 지방의 대사(합성, 저장, 이용)

⑥ 담즙 생산(지방의 소화)

⑦ 해독장기

해독장기

간은 신체에서 화학물질의 대사작용과 포합작용을 하는 장기이다. 흡수되어 들어온 화학 물질을 보다 극성이 크고 수용성이 큰 화학종으로 변화시킴으로써 경구/복강 내로 투여된 화학물질이 다른 기관에 도달하기 전에 혈중농도를 크게 낮추어준다. 간에서 수행되는 화학물질 대사반응은 크게 1상 반응과 2상 반응이 있다. 1상 반응은 대표적인 효소 cytochrome P-450에 의하며 주로 산화반응과 환원반응을 한다. 2상 반응은 1상 대사를 거친 화학물질의 수용성을 증가시키는 과정으로서 glucuronide 포합, glutathione 포합, sulfate 포합, 메칠화반응, 아세틸화 반응 등이 있다. 일반적인 간의 역할은 화학물질을 대사시켜 무독화시키나, 때로는 무해한 물질이 간에서 대사되어 독성이 큰 중간생성물로 활성화될 수 있는 역기능을 초래하기도 한다.

간에 의하여 독성적인 형태로 활성화되는 화학물질은 폐나 피부를 통하여 흡수될 때보다 복강 내로 흡수될 때에 더욱더 독성이 강하다. 왜냐하면 폐나 피부로 흡수되는 화학물질은 간에 도달되기 전에 다른 흡수조직을 통과하면서 혈중농도가 저하되지만, 복강 내로 흡수된 화학물질은 간에서 제거되는데 필요한 체류시간이 길기 때문이다.

2 간의 구조와 혈액순환

체내에서 가장 큰 분비샘으로서 1.5 kg 정도의 무게를 가지며 성인체중의 약 2% 정도를 차지한다. 간의 기본적인 기능 단위는 전형적인 육각형 모양의 간소엽(liver lobule)으로서 산세엽(liver acinus)이라고도 부르는데, 평균 1인당 50,000 ~ 100,000개의 간소엽을 가진다. 간을 형성하는 하나하나의 세포는 간세포(hepatocyte)라 한다.

간의 혈액공급 시스템은 매우 중요하다. Portal triad라고 불리는 간동맥(hepatic artery), 문맥(portal vein), 담즙관(bile duct)과 간정맥(hepatic vein)은 간의 중요한 혈액 공급장치이다. 간에 순환되는 혈액의 70%는 문맥, 30%는 간동맥으로부터 공급받는다. 문맥을 통해 들어오는 혈액은 소화관, 췌장, 비장들을 흐르고 문맥을 거쳐서 간으로 들어오는 혈액이다. 이미 소장을 통과했기 때문에 산소가 적으며 세포의 폐기물과 생성물을 포함한다. 간동맥은 동맥에서 직접 들어오는 피로서 산소와 영양분을 공급한다. 간동맥과 문맥은 간의 동양혈관(sinusoid)에서 합류하고 중심정맥(central vein)을 통해 간정맥으로 흐르고 하대 정맥으로 들어간다. 중심정맥은 세포의 폐기물과 생성물을 흘려보낸다.

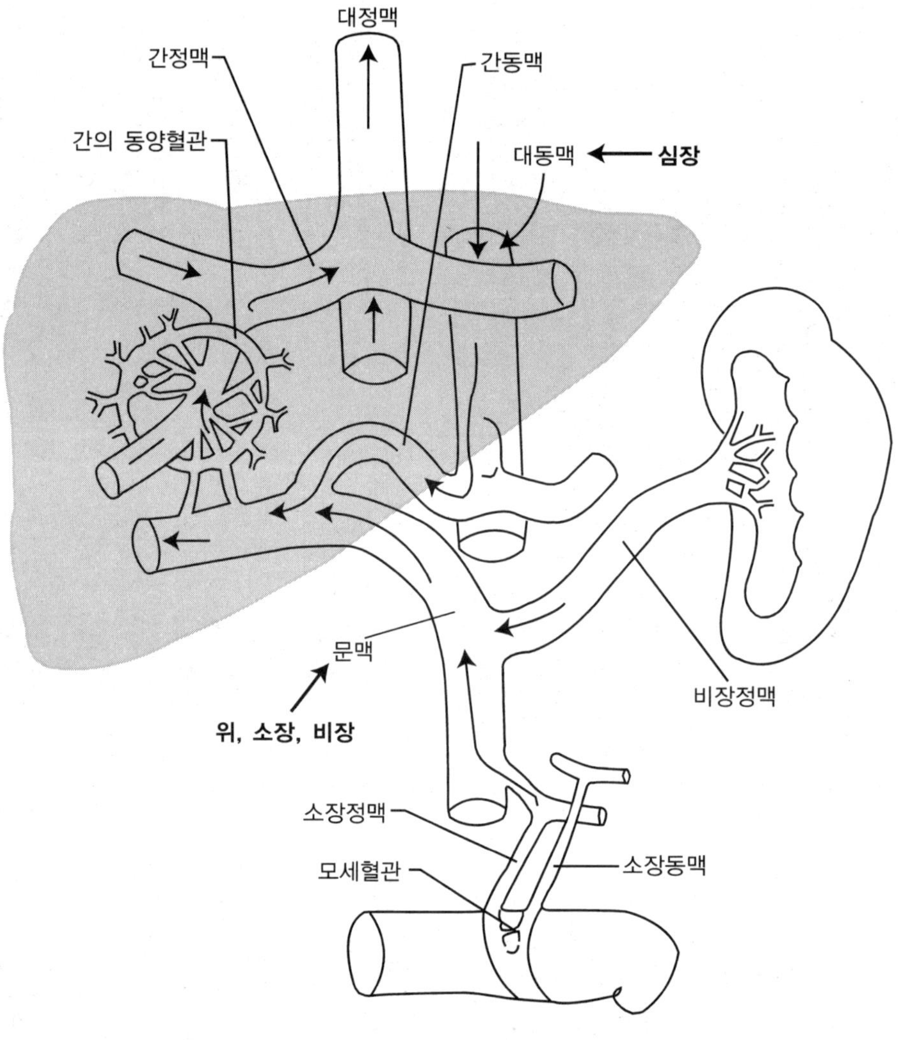

그림 12.1 간의 혈액순환

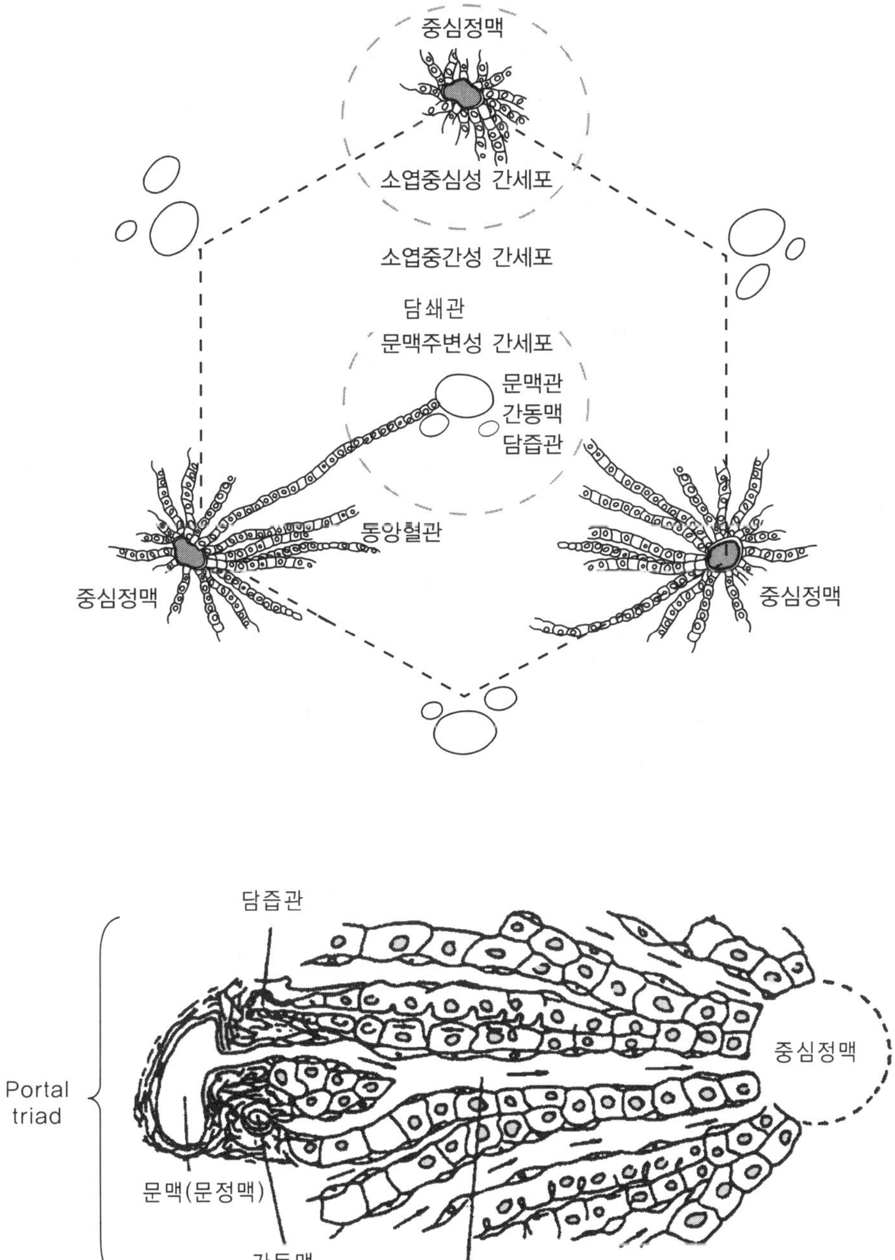

그림 12.2 간의 기본 구조

Zones of Rappaport

간의 대사작용에는 명확한 구성분포가 있으며 많은 독성물질들은 특정구역에 특정한 작용을 하며, 이를 'Zones of Rappaport'라 한다.

간소엽에서의 위치에 따라서 간세포 효소능력의 차이가 있으므로 한 가지 화학물질에 의한 손상은 한 부위에 국한된다.

1. 문맥 주변성 간세포(Periportal hepatocyte, 동맥에 근접한 간세포)
   문맥 주변 세포들은 동맥의 공급선에 근접하여 있으므로 최고농도의 산소와 영양분 및 화학물질에 폭로된다.

   ↑P O_2, ↑O_2 사용효소, ↓cyt.P－450

   산소 양과 산소 이용효소가 많은 반면에 cytochrome P－450의 양은 적다.

2. 소엽 중심성 간세포(Centrilobular hepatocyte, 중심정맥에 근접한 간세포)

   ↑cyt.P－450(2배 이상), ↓P O_2, ↑O_2를 사용하지 않는 효소

   대부분의 화학물질들을 산화시킬 수 있는 효소인 cyt.P－450은 소엽 중심영역에 많이 농축되어 있다. 산소량이 적으며 혐기성 효소들이 많다.

3. 소엽 중간성 간세포(Midzonal hepatocyte, 위 두 영역의 중간에 있는 간세포)
   간의 여러 효소들의 분포는 산소량의 경사도 때문에 균일하지 않다. Cytochrome P－450은 중심정맥(central vein) 주위에 주로 분포하므로 대사성 독성물질을 생성하는 경우에는 소엽 중심성 괴사를 일으키며, 대사를 요하지 않는 독성물질은 문맥주변성 괴사를 일으킨다. 반면, 산소 사용효소는 산소의 농도가 높은 문맥주변성 간세포가 최대이며, 중심정맥쪽에는 산소를 사용하지 않는 효소가 최대이다.

Kupffer cell은 일종의 대식세포(macrophage)로서 혈액속 상피세포에 접근해서 동양혈관(sinusoid)에 나란히 있다. 혈액을 깨끗이 하며, 위장관을 통과해 들어오는 독성물질을 제거한다.

3 독성물질에 의한 간의 병리학적 증상들

3.1 급성 간손상

① 세포괴사(Necrosis)

독성물질에 의해 직접 일어나며 세포가 파괴되거나 죽게 된다. 세포 내의 단백질 합성 억제가 원인이다. Acetaminophen, bromobenzene, carbon tetrachloride, dimethylnitrosamine 등이 원인물질이다.

예) dimethyl nitrosamine은 투여 3시간 후에 단백질 합성을 가장 현저히 억제하였다.

② 지방간(Fatty liver)

지방 함량이 간 총 무게의 5% 이상인 경우를 말한다. 간의 정상적인 지방대사가 파괴되었을 때 발생하며, triglyceride를 비정상적으로 축적시킨다. 간의 지방질 자체가 반드시 간의 기능 장해를 의미하지는 않는다.

예) 절식시킨 흰쥐를 사염화탄소에 노출시켰을 때, 2시간 후에 혈장 triglyceride 농도가 비정상적으로 축적되기 시작하였다.

③ 간염(Hepatitis)

간에 염증이 일어나는 것으로 간세포 변성 · 괴사를 동반한다. 주로 바이러스에 의해 발생되나 약물에 의해 과민성으로 발생하는 것도 알려져 있다. 이때 흔히 kupffer cell 등의 식균세포가 증가한다.

예) 항결핵제인 isoniazid는 간염형 장해를 나타내는 대표적 약물로 최초 투여시에는 이상이 없다가, 2회 이상 반복투여에 의해 발증되는 경우가 많다.

예) 마취제인 halothane은 알러지 반응으로 인해 간염을 발현시키는 것으로 알려져 있다.

④ 담즙정체(Cholestasis)

모세담관이 막혀 담즙이 정체되면서 간에 염증이 생기고 담즙흐름과 배설이 감소한다.

a-naphthylisothiocyanate, 망간, 일부 steroid 등에 의해 야기된다.

3.2 만성 간손상

① 간경화(Cirrhosis, 간경변)
콜라겐의 대량 침착으로 발생한다. 재생성 결절이나 섬유증식증으로 간세포가 발달되는 진행성 간질환이다. 사염화탄소의 만성투여, aflatoxin, 만성적 알코올 섭취로 인해 발생된다.

② 간암(Hepatic cancer)
약 50여 가지 이상의 독성물질이 설치류에서 간암을 유발시키는 것으로 알려져 있다. 간 전체에 결절이나 악성종양이 발생되는 간비대 증상이다.
Aflatoxin B_1, PCB, CCl_4, dimethylbenzanthracene, dimethylnitrosamine 등이 있다.

4 간 독성물질

4.1 사염화탄소(Carbon tetrachloride)

특성 및 용도

화학구조는 CCl_4로서 무겁고 무색 액체로서 클로로폼과 비슷한 냄새의 난수용성 액체이다. 고온에 접촉하면 분해하고 포스겐 등의 유독가스를 발생한다. 드라이 크리닝 약품, 페인트 제거제, 훈증 소독제, 기름 · 지방 · 그리스 용매로 사용되고 프레온 · DDT 제조 시 냉각제로 쓰인다.

독성

대표적인 간 독성물질로 간독성, 신경독성, 신장독성 물질 등이 있다.

독성치 이상의 높은 농도에 일시적 폭로되었을 때에 눈, 코, 목의 자극, 구토, 머리가 꽉 찬 느낌, 현기증, 두통이 있다. 더 이상의 폭로가 없으면 이런 증상은 2 ~ 3시간 내에 사라진다. 높은 농도에 계속 노출되거나 많은 양 흡입시에는 중추 신경계 억제(호흡억제)에 의해서 혼미, 경련, 혼수를 일으키다 사망에 이른다. 만성독성은 작업자들에 많으며 간암 발생률이 증가된다.

표 12.1 간독성을 일으키는 물질들

세포괴사, 지방간		
Carbon tetrachloride	Dimethylnitrosamine	Phosphorous
Chloroform	Cyclohexamide	Beryllium
Trichloroethylene	Tetracyline	Allyl alcohol
Trtrachloroethylene	Acetaminophen	Galactosamine
Bromobenzene	Mitomycin	Azaserine
Thioacetamide	Puromycin	Aflatoxin
Ethionine	Tannic acid	Pyrrolizidine alkaloids
담즙정체		
Chlorpromazine	Imipramine	Carbarsone
Promazine	Diazepam	Chlorthiazide
Thioridazine	Methandrolone	Methimazole
Mcpazinc	Mcstranol	Sulfanilamide
Amitriptline	Estradiol	Phenindione
간염		
Iproniazid	Methoxyfluorane	Halothane
Isoniazid	Papaverine	Zoxazolamine
Imipramine	Phenyl butazone	Indomethacin
6-Mercaptopurine	Cholchicne	Methyldopa
간암(시험동물에 의한)		
Aflatoxin B_1	Dimethylbenzanthracene	Acetylaminofluorene
Pyrrolizidine alkaloids	Dialkyl nitrosamines	Urethane
Cycasin	Polychlorinated biphenyls	
Safrole	Vinyl chloride	

독성기전

사염화탄소는 cytochrome P-450에 의해 대사되어 전자를 공급받아 trichloromethyl free radical을 형성한다. Trichloromethyl free radical은 다음과 같은 반응을 일으킨다.

① 단백질 등과 공유결합하여 소엽중심성 괴사(centriloublar necrosis)를 일으킨다.

② 산소분자와 결합하여 trichloromethyl peroxy radical을 형성한 후, 포스겐을 생성한다.

③ 불포화지질로부터 수소분자를 빼앗아 lipid radical (**R·**)을 생성하며, 지질과산화(lipid peroxidation)란 복합적이고 연쇄적인 일련의 반응을 일으킨다. 불포화지방산

을 과산화시키는 1차 장해와, 연쇄적인 지질의 과산화로 세포막을 손상시키고 체내효소를 불활성화 시키는 동시에 알데히드 등을 생성하는 2차 장해와, 생성된 알데히드 등이 모세혈관의 투과율을 증가시키고 DNA 합성 등을 감소시키는 3차 장해로 구분할 수 있다. 이러한 연쇄과정은 lipid radical들이 서로 결합함으로써 종결된다.

④ 안정한 chloroform을 형성한다.

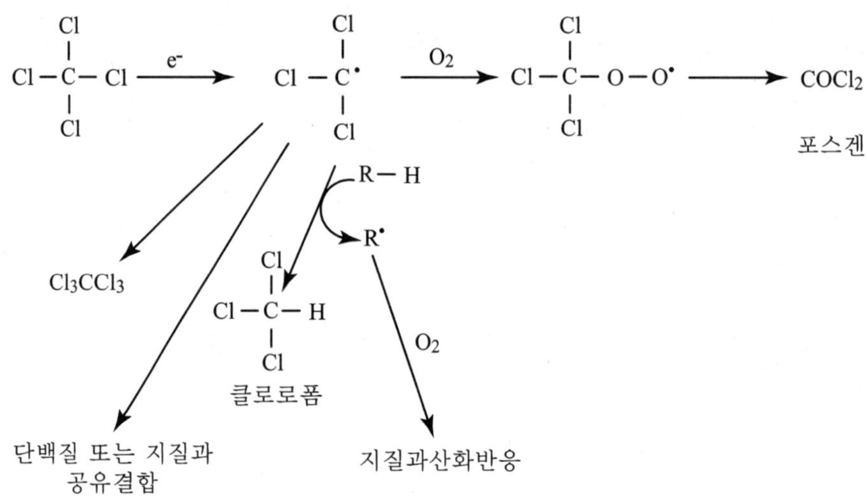

그림 12. 3 사염화탄소 대사에 의한 독성과정

4.2 에탄올

화학구조 C_2H_5OH인 에틸알코올은 위, 소장에서 쉽게 흡수되며 빠르게 칼로리화 된다. 간에서 알코올은 평활소포체중의 알코올산화계에 의해서 다음과 같이 대사된다.

에탄올 → 아세트알데히드 → acetic acid(초산) → 탄산가스로 분해된 후 호흡과 뇨로 배설된다.

OH가 1개인 1가 알코올로는 메틸알코올, 에틸알코올이 있고, OH기의 수에 따라서 2가 ~ 다가 알코올 등이 있다. OH기가 결합된 탄소에 결합된 탄소 수에 따라서 1차, 2차, 3차 알코올로 분류하기도 하지만 의학적으로 중요한 것은 에틸알코올이다.

에탄올은 의약품에도 속하며 다음과 같은 약리작용을 한다.

① 중추신경억제제

② 살균작용은 70% 용액에서 가장 강하다. 20% 이하나 96% 이상의 용액농도에서는 살균효과가 없다.

③ 소량에서는 위액이 증가하나 고농도에서는 위점막에 심한 자극을 준다.

④ 에탄올은 항이뇨 호르몬의 분비를 억제하므로 이뇨작용이 있다.

독성

에탄올은 간독성 물질로서 중추신경에도 작용하는 약물이다.

1. 난백실 합성을 금지함으로써 단백질 결핍증을 일으키며, 비타민 B 결핍증을 유도하고 탄수화물을 증대시킨다.
2. 지질과산화반응(lipid peroxidation)은 에탄올의 독성과정에 중요한 역할을 한다. 막의 지방성분과 유동성을 변화시켜서 세포기능에 영향을 주어 지방침착, 염증, 괴사, 섬유화, 간경변 등을 야기한다. 간의 지방침착(지방간)은 초기에는 양성이지만 경과시에 회복이 불가능해지고 간경변으로 발전한다. 즉, 만성적으로 알코올을 섭취했을 경우에 다음과 같은 변화들이 일어난다.

   ① 지방간(fatty liver) - 완전하게 회복될 수 있다.

   ② 간염(alcoholic hepatitis)

   ③ 간경변증(cirrhosis) - 회복될 수 없는 마지막 단계의 알코올원인 질병이다.
3. 말초신경염이 생긴다.
4. 알코올 중독증, 의존성, 내성에 의한 행동이상(alcohol psychosis)으로 인한 사회문제를 일으킨다.

간경변이란?

만성적 알코올 음료의 섭취가 간경변의 가장 중요원인이다. 병리학적으로는 정상의 현미경적 소엽구조의 상실을 특징으로 하는 간장질환으로서, 섬유증과 결절성 재생을 수반한다. 알코올간경변의 결과로서 신경성 증상들이 일어난다(운동실조, 경직, 떨림, 안면 찌그러짐 등).

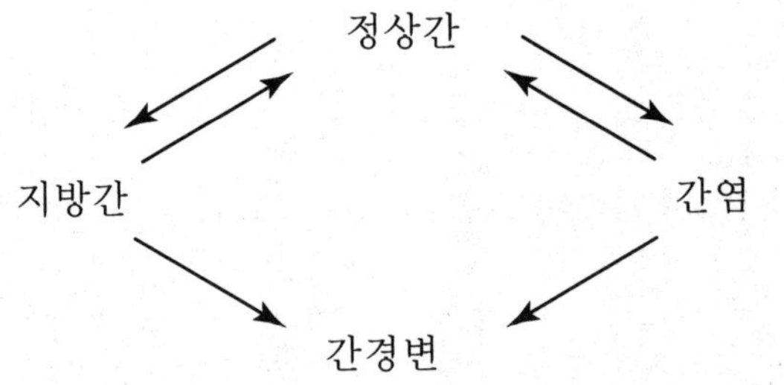

간경변의 기전

① 알코올이 간세포에 영향을 주면 결합조직의 성분인 콜라겐(collagen)이 증가된다. 에탄올은 근섬유아세포를 자극시키며, 콜라겐 합성 효소의 작용을 유도하여 콜라겐 합성을 증가시킨다. 또한, 에탄올은 면역반응을 자극하여 간세포에 직접 상처를 입힘으로써 콜라겐 합성을 증가시킨다.

② 에탄올에 의해서 지방이 변성되고 축적되고 과지방 상태에서 지질과산화 반응이 일어난다. 간세포가 죽고 염증을 유발시키며 간세포에 해를 끼친다.

③ 간세포의 죽음은 섬유증을 증식시킨다. 일단 흉터(scar)가 생긴 후 알코올 섭취를 중지하면 증식은 멈추지만 더 이상 회복되지는 않는다.

④ 알코올을 계속 마시면 섬유조직 증식이 심해지고, 간세포가 죽으면서 간경변이 된다.

간경변 이후의 증상

① 고혈압(portal hypertension)을 유발한다.
간경변으로 인한 고혈압의 경우, 콜라겐이 sinusoidal에 침착되면서 sinusoidal관을 좁게 만들고 문맥의 흐름에 저항이 증가하면서 문맥계에 압력이 증가된다.

② 복부에 복수가 찬다.
압력이 높아지면 혈장이 스며 나오면서 복수가 배에 찬다. 복수는 혈액의 전해질

균형을 깨뜨린다. 복수를 제거하면 다시 빠르게 생성되면서 총 혈액량이 줄고 쇼크를 일으킨다. 대부분 5년 안에 죽는다.

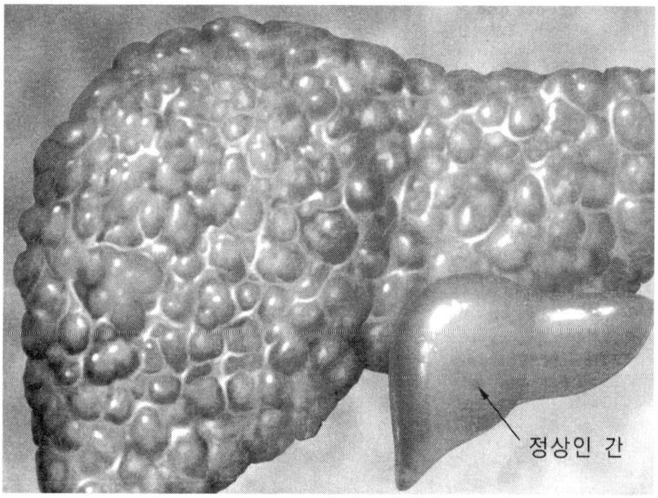

그림 12.4 간경변 상태의 간

메탄올

공업용 용제로 사용되며 화학식은 CH_3OH이다. 생체 내에서 효소에 의해 메탄올 → 폼알데하이드 → 개미산(포름산) → 탄산가스로 분해된다. 중독증상으로는 명정, 구토, 복통, 시각장해, 혼수상태 등이 나타나다가 사망한다.

폼알데하이드는 망막조직에 손상을 줌으로써 메탄올 중독시의 시각장해와 실명을 초래하는 원인 물질이다.

메탄올과 에탄올은 같은 계열의 효소계에 의하여 대사를 받는다. 효소에 대한 친화성은 메탄올보다 에탄올이 높고, 대사를 받기 쉽기 때문에 메탄올 중독시 에탄올을 투여하여 메탄올 대사를 억제하여 미변화체로서 배설시킴으로써 치료효과를 높일 수 있다.

4.3 그 외의 간독성 물질

Bromobenzene

생쥐에 투여했을 때 간의 소엽중심괴사(centrilobular necrosis)를 일으키고 일부는 기관지 괴사를 유발한다. Bromobenzene은 cytochrome P-450에 의해서 활성대사체인 bromobenzene 3,4-oxide로 되며, 세포내에 해독기능을 하는 제2상 반응이 충분하면 이들과 반응하지만 그렇지 못한 경우는 세포내의 단백질과 공유결합 함으로써 세포괴사를 유발한다.

Acetaminophen

해열진통약으로 과량 투여시 혹은 건강이 나쁜 상태에서 투여하면 소엽 중심성 괴사를 유발시킨다. Cytochrome P-450에 의해 활성대사체로 전환되며, 체내에 GSH, sulfate, glucuronide 등의 2상 반응물이 충분하면 이들과 반응하여 체외로 배설하면서 해독이 용이하나, 결핍시는 세포 내 단백질과 공유결합 함으로써 독성이 야기된다.

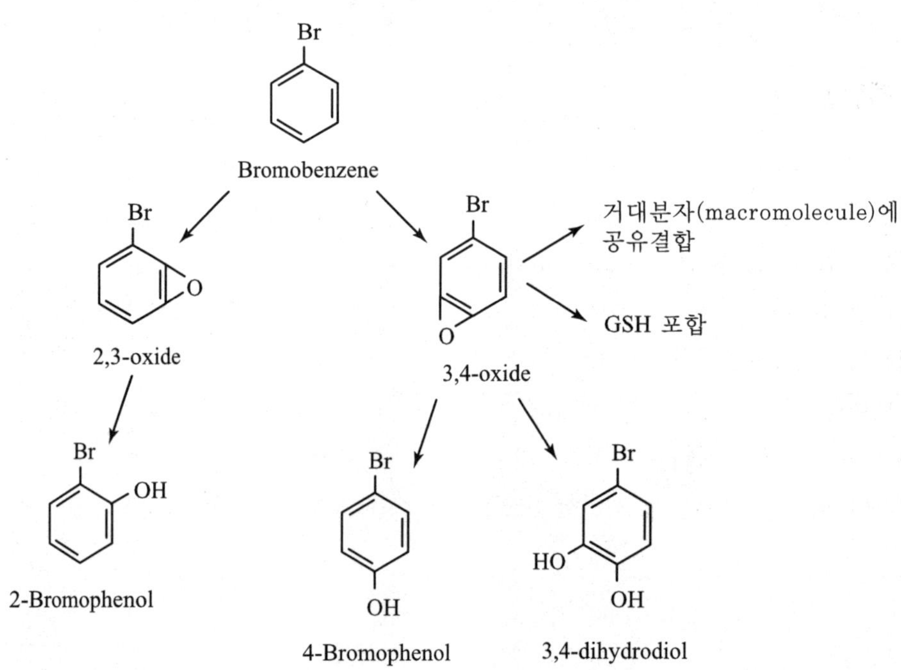

그림 12.5 Bromobenzene의 대사

5 지질과산화 반응(Lipid peroxidation)

지질과산화 반응이란, 이물질에 의해 생성된 자유라디칼(free radical)이 불포화지방에 작용한 후 세포 내 지질이 산화되어 파괴되는 연쇄반응으로서, 지질 산화로 분해된 지질 알코올, 알데히드 등이 생성되어 세포독성을 나타내는 현상이다.

5.1 지질(Lipid)이란?

화학적 물질을 가리키는 것이 아니라, 용해도 성질을 나타내는 조직상의 용어이다.

물에 용해되지 않고 지방용매에 추출되는 특징을 가진 지방 및 지방유사물에 대한 총칭으로 지방산(fatty acid) R・COOH, glycerides, glyceryl ethers, 인지질(phospholipids), sphingolipids, 알코올 및 납(waxes), terpenes, 스테로이드, 지방 용해성 비타민 등이다. 이 중 가장 과산화반응에 취약한 것은 2개 이상의 이중결합을 함유한 지방산, 즉 다불포화성 지방산(polyunsaturated fatty acid)이다.

지방산(fatty acid)은 긴 탄화수소 사슬의 말단에 카르복시기가 있다[$CH_3(CH_2)_nCOOH$].

거의 모든 지방산은 짝수개의 탄소원자를 가지고 있으며 자연에 존재하는 많은 지방산은 탄소수가 16 ~ 18개이다. 포화지방산 외에 많은 고등생물은 5°C 이하의 녹는점을 가진 불포화지방산을 함유하고 있다(식물성 액체기름).

과산화반응(Peroxidation)이란?

화학반응의 일종으로 2개의 산소원자가 이미 결합되어 있는 2개의 원자 사이로 끼워지는 것이다.

$$R - H + O = O \rightarrow ROOH$$

대조적으로 정상적 산화반응은 오직 1개 산소원자만이 결합되는 것이다.

$$R - H + NADPH + O = O \rightarrow R - O - H + NADP^{+} + H_2O$$

다불포화성 지방산(Polyunsaturated fatty acid)이란?

2개의 이중결합 사이에 낀 CH_2－(methylene group) 때문에 포화지방산이나 단일 불포화성 지방산에 비하여 훨씬 더 쉽게 과산화된다. 즉, CH_2－(메틸렌기)는 2개의 수소원자를 함유하고 있는데, 이것은 부분적으로 활성화되어 쉽게 산소분자를 포함한 자유라디칼에 의해 쉽게 빼앗길 수 있다.

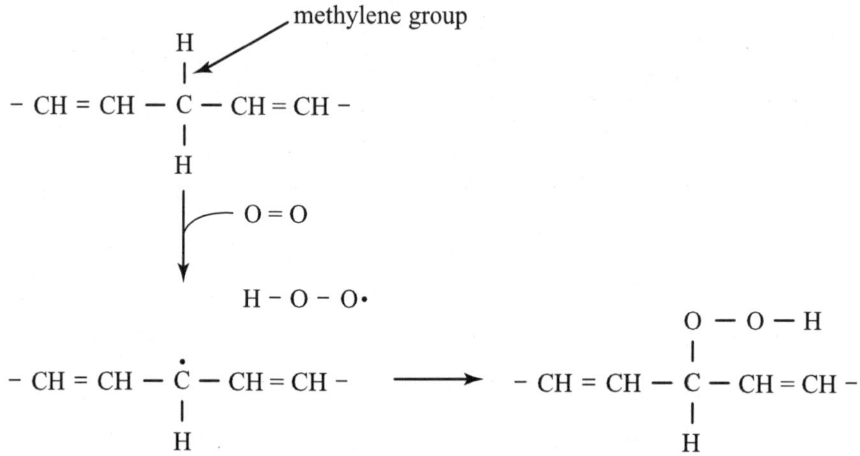

5.2 자유라디칼(Free radicals)이란?

비공유전자를 가지는 원자 혹은 홀수의 전자를 함유한 원자 혹은 원자의 집단이다.

화학결합은(R-H에서 -로서 표시되는) 한 쌍의 전자로서 구성되어 있는데, 다음과 같은 두 가지 방법으로 분해될 수 있다.

① 불균일 분해(Heterolytic cleavage) $R:H \rightarrow R:^- + H^+$ 1개의 음이온과 1개의 양이온을 생성한다.

② 균일 분해(Homolytic cleavage) $R:H \rightarrow R\cdot + \cdot H$ 2개의 자유라디칼을 생성한다.

연쇄반응(Chain reaction)

집단의 화학반응 혹은 핵반응으로, 일단 반응이 시작되면 같은 속도를 지속하거나 더 큰 진행속도로 확대되어가는 고유성격을 가진 반응이다.

모든 연쇄반응은 3개의 별개의 다른 단계로 구성되어 되어있다.

① 사슬개시 단계(Initiation step)

② 사슬전파 단계(Propagation step)

③ 사슬종결 단계(Termination step) : 자유라디칼 사이에서 결합이 일어남으로써 반응이 더 이상 진행되지 못하고 종결되는 것

지질과산화 반응에서의 연쇄반응

① 사슬 개시단계에서, 1개 혹은 1개 이상의 자유라디칼이 발생된다.

eg) $-CH=CH-CH_2-CH=CH- + O=O$

$\rightarrow -CH=CH-\dot{C}H-CH=CH- + \cdot O-O-H$

② 사슬 전파단계에서는 더 많은 자유라디칼들이 발생된다.

③ 사슬 종료 단계는 많은 자유 라디칼들이 결합되며 소비되는 단계이다.

지질과산화반응에서 금속의 역할(철, 구리)

지질과산화반응의 주생성물의 하나는 지질과산화물 R-O-O-H이다. 철이온(Fe^{+2}와 Fe^{+3})은 지질과산화물과의 반응에서 두 개의 다른 자유라디칼을 발생할 수 있으며, 이로 인해서 연쇄반응을 진행시키는데 기여한다.

$$Fe^{+2} + ROOH \longrightarrow Fe^{+3} + RO\cdot + HO^-$$

$$Fe^{+3} + ROOH \longrightarrow Fe^{+2} + ROO\cdot + HO^-$$

$$2ROOH \longrightarrow RO\cdot + ROO\cdot + H_2O$$

지질과산화반응의 측정

① Malon aldehyde의 생성을 측정한다($O=CH-CH_2-CH=O$).

② 포함된 dine의 생성을 측정한다.

③ 방출되는 ethane과 pentane gas를 측정한다.

5.3 지질과산화반응으로 인한 세포의 손상과 방지

① 지질은 원형질막 외에도 미토콘드리아, endoplasmic-reticulum, 라이소좀과 같은 아세포 내의 소기관의 막을 구성하는 중요한 성분이다. 그러므로 지질과산화반응으로부터의 어떠한 구조적 변형은 이 막의 계의 정상적 기능에 해로운 효과를 준다.

② 지질과산화반응은 자유라디칼, 과산화물, 알데히드와 같은 매우 활동적인 화학종을 발생한다. 이들은 단백질과 효소의 민감한 부분들과 작용함으로써 그들 내의 정상 기능을 방해하거나 격렬한 변화를 일으킬 수 있다.

자유라디칼과 반응하여 연쇄반응을 막아주는 것

- VE
- VC (ascorbate)
- SOD, Catalase, Glutathione peroxidase와 같이 조직을 보호하는 항산화 효소들이 생체 내에 존재한다.

제 13 장

신장 독성물질

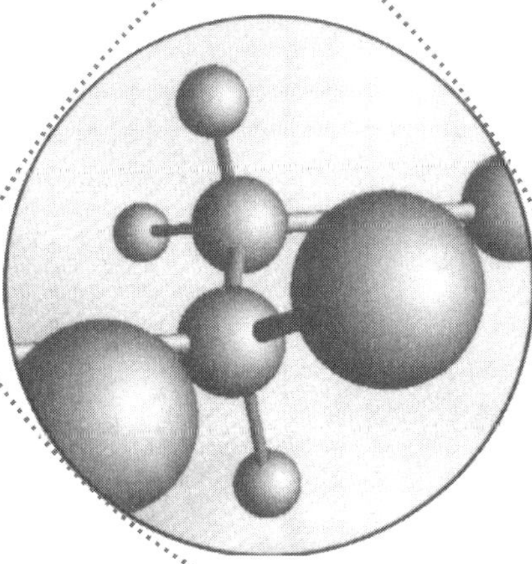

1 신장의 기능

인체에서 가장 중요한 배설기관인 신장은 생체 대사과정에서 생긴 불필요한 과잉의 노폐물을 체외로 내보내는 기관이다. 또한 신체의 항상성(Homeostasis)을 유지하여 전해질 및 pH의 조절, 칼슘대사 조절, 세포 외액의 용량을 조절한다. 그 밖에도 다양한 호르몬을 생성하는 등 내분비기능도 수행한다.

- 저산소증은 신장을 자극하여 적혈구 생성인자 REF(renal erythropoietic factor)를 분비시킨다.
- 단백질 분해효소인 renin을 만들어 혈압을 조절한다(renin은 angiotensinogen을 분해시켜 angiotensin I으로 만든 후, 강력한 혈관 수축제 angiotensin II로 전환된다).
- 항이뇨홀몬을 생성한다.
- 비타민 D의 대사에 관여하여, 호르몬에 의한 체내의 칼슘조절에 있어서 중요한 기능을 수행 한다.

2 신장의 구조

성인은 무게가 약 150 g 정도 되는 두 개의 신장을 갖고 있다. 각각의 신장은 크게 신장 외측의 피질과 신장 내측의 수질로 구분된다. 신장의 기능적 기본 단위는 nephron으로 약 100만개 정도 가지고 있는데, 네프론의 근위세뇨관과 원위세뇨관은 피질부분에 위치하고 헨리고리(loop of Henle), 곧은 혈관(vasa recta), 수집관(collecting duct) 등은 수질부분에 위치하고 있다. 신장 외부에 존재하는 피질은 신장 전체 혈류의 약 85 ~ 90%를 차지하므로 어떤 독물이 신장으로 이송되면 피질이 폭로될 확률은 상당히 높다. 신장의 안쪽에 위치하는 신장 수질로의 혈액흐름은 피질에 비하여 적으며 신장 전체 혈액량의 약 6%만을 차지하지만, 여러 관이나 혈관 등의 복잡한 구조로 인하여 독성물질에의 노출 기회는 역시 높다.

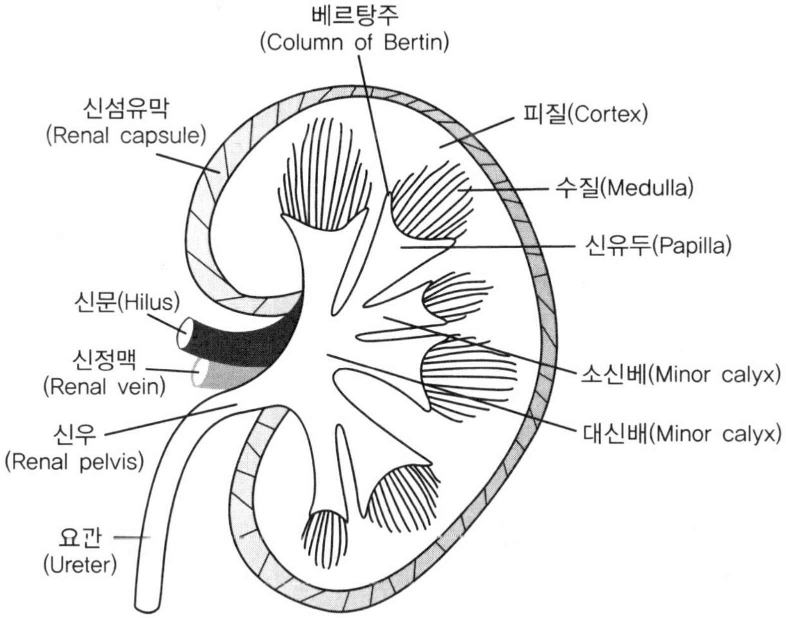

그림 13.1 사람 신장의 구조

2.1 네프론의 구조 및 기능

네프론은 신장의 기능적 단위로서 혈관부와 관부분으로 이루어져 있으며, 신장 기능유지에 중요한 역할을 하고 독성물질의 주요한 표적이 된다.

사구체(glomerulus) 뇨의 형성은 사구체에서 시작되며, 전신을 순환하는 혈액 중 혈장을 여과하는 기능으로 뇨의 생성이 시작된다. 모세혈관상 사이를 혈장 노폐물 등의 물리적인 작용, 즉 삼투압(osmotic pressure)과 혈관의 수압(hydraulic pressure) 사이의 균형에 의한 압력차이로 인해 여과가 발생한다. 사구체의 모세혈관 내피세포층에는 약 50~100Å 정도 크기의 구멍이 있어 효과적인 여과의 기능을 수행한다.

① 사구체에서 여과된 물질, 즉 소량의 단백질, 염, 수분 등은 여과를 거쳐 근위세뇨관으로 배설되지만 근위세뇨관에서의 능동적인 재흡수 과정에 의해 다시 체내로 흡수된다.

② 사구체 여과체계는 복잡하여 많은 인자들이 여과과정 조절에 중요한 역할을 한다.
- 분자 크기 : 작은 분자량을 가진 것이 여과가 잘 된다.

- 분자의 전하 : 사구체의 장벽들은 음전하를 지니고 있는 물질들(heparin sulfate, glycosaminoglycan)이 존재하므로, 음이온을 띄고 있는 분자량이 큰 단백질의 여과를 지연시키는데 중요한 역할을 한다.

③ 사구체의 여과작용은 질병상태에서는 일어나지 않는다. 신장독소가 작용시에 사구체 여과는 정지되며, 뇨속에 단백질이 나타나는 단백뇨(proteinuria)의 증세가 나타난다.

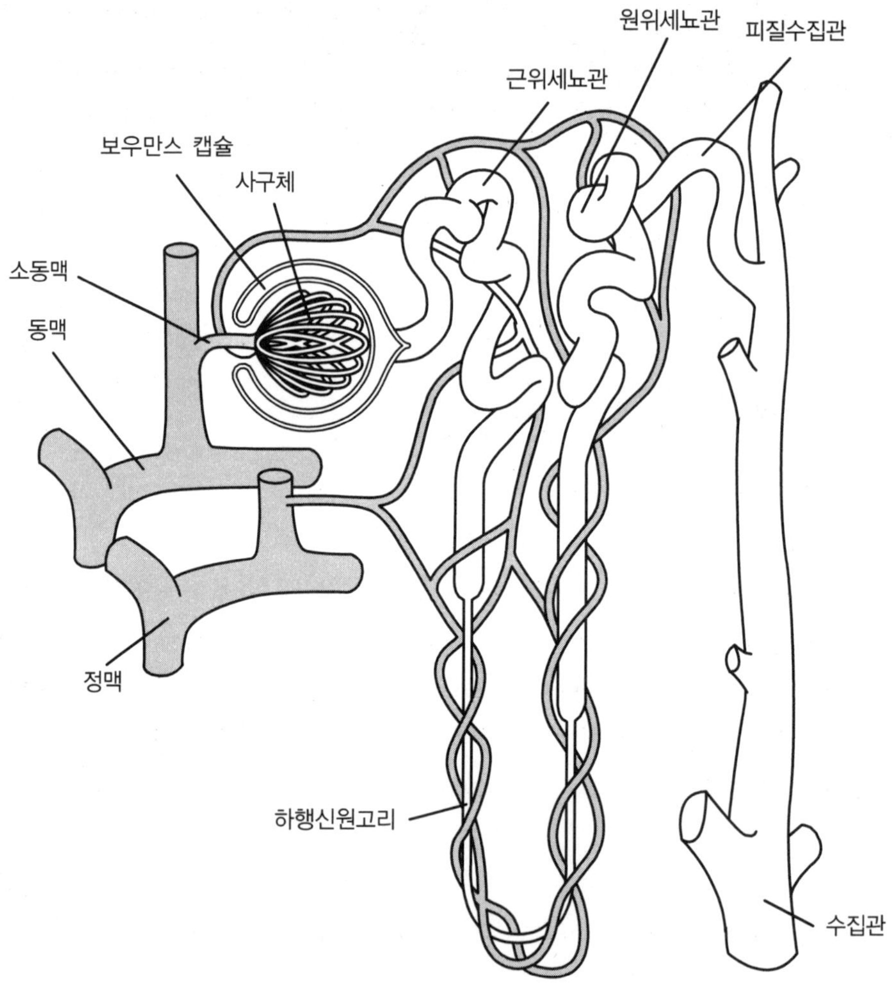

그림 13.2 네프론(nephron)의 구조

2.2 세뇨관의 기능과 요의 생성

① 근위세뇨관(proximal tubule)

사구체를 통과한 여러 물질을 재흡수하는 기능을 한다. 수분의 약 70%가 재흡수되며 실제로 헨리고리로 가는 것은 30% 정도뿐이다. 그 외에 HCO_3^-, 단백질, 포도당도 재흡수된다. 유기 이온을 분비시키는 기능도 있으므로 신장의 기능을 탐지하는데 이용하기도 한다. Cytochrome P-450 등의 대사 효소가 풍부하여 대사적 활성화로 인한 독성의 발현 가능성이 높은 곳이다.

② 헨리고리(loop of Henle)

사구체를 통과하고 근위세뇨관을 거쳐 나온 뇨를 재차 농축시키는 기능이 있으며, 사구체 여과액의 약 10~20%를 재흡수 한다. 그러므로 원위세뇨관에는 최종적으로 10~20%만이 전달된다.

뇨의 농축에는 3가지 인자가 작용하는데 첫째, Na^+, Cl^-의 재흡수 기능이 있고, 둘째, 헨리고리의 선택적인 투과성, 즉 수분은 잘 통과시키나 전해질은 잘 통과시키지 않는 성질이 있다. 셋째, 신장의 다른 부위에 비하여 상대적으로 낮은 혈액의 흐름으로 인한 고삼투압으로 인하여 뇨의 농축이 용이하다

③ 원위세뇨관(distal tubule)

원위세뇨관에서는 재흡수가 일어나서 20~30% 정도의 뇨가 추가적으로 줄어들게 된다. 만약 사구체에서 100 mL의 뇨가 생성되었다면 수집관(collecting duct)에서는 약 5 mL 정도의 뇨만이 존재하게 된다.

④ 수집관(collecting duct)

최종적으로 뇨의 양 및 구성을 마무리 하는 곳이다. 능동적인 운반체계가 존재하여 Na^+을 재흡수 시키고 K^+과 H^+을 분비한다. ADH 같은 항이뇨 호르몬이 작용하여 뇨의 양을 유지하고 체내의 항상성 유지에 기여한다.

만약, 사구체에서 100 mL의 양이 여과되었다면 수집관까지 오는 도중에 여러 단계에서 재흡수 등으로 양이 줄어들어서 약 0.5 mL 정도만의 뇨가 배설된다.

결국 뇨의 배설속도는 신장에서 발생되는 사구체여과, 세뇨관 분비, 세뇨관 재흡수의 세 가지 과정의 결과에 기인한다.

3 신장 장해의 분류

신장에 독성인 화학물질이 네프론들을 포함관 구조들을 손상시킬 때, 이 같은 독물을 신장독소(nephrotoxin)라고 부른다. 네프론들이 변질, 괴저 및 손상되는 것을 신증(nephrosis) 또는 신장 병변(nephropathy)라고 한다.

3.1 사구체 장해

항암체의 일종인 puromycin은 사구체 기저막에 장해를 나타내어 신장성 증후군을 일으켜서 단백뇨, 저단백혈증(hypoproteinemia), 부종, 고지방혈증(hyperlipidemia) 등을 야기할 수 있으며, 증상이 진행됨에 따라 사구체 부전증상을 나타내고 종국에는 요독증으로 연결된다. 전자현미경으로 관찰하면 사구체 기저막비 후 및 다른 변화가 명확하게 나타난다. 이러한 사구체 장해는 아마도 아데노신 대사를 방해함으로써 일어나는 것으로 사료되고 있다. 한편 사구체 장해는 약물 과민증, 즉 항원항체반응에 의해서도 일어날 수 있다. 이러한 약물과민증에 의한 사구체 장해를 일으키는 물질에는 설파제, 페니실린, probenecid, phenyl butazone, thiazide계 이뇨제, isoniazid, phenacetin 그리고 수은 등의 중금속을 들 수 있다.

3.2 세뇨관 장해

이미 언급한 바와 같이 약물에 의한 신장장해 중 세뇨관의 장해가 가장 흔하여 보통 급성세뇨관 괴사를 일으킨다. 세뇨관 장해를 일으키는 약물 중 가장 대표적인 것으로는 무기 및 유기수은을 들 수 있다. 수은 이 외에 세뇨관 장해를 일으키는 중금속으로는 납, 크로뮴, 비소, 비스무스, 금, 코발트, 동, 우라늄 등이 있다. 한편 많은 항생물질, 예를 들어 bacitracin, kanamycin 등이 시험동물에서 신장독성을 나타내며 또한 임상적으로도 신장 장해를 일으키는 것으로 보고되어 있다.

3.3 요로장해

약물에 의해 요로의 장해가 발생할 수 있으며 가장 대표적인 예로서 신장 결석을 들 수 있다. 시험동물에 요로 결석을 일으키는 물질로 설파제 외에 비타민 D, 칼슘, 수산염, 마그네슘, 난포 호르몬, 에틸렌글리콜, 사염화탄소 등이 있다. 한편 방광에서의 배뇨는 주로 부교감신경에 의해 지배되고 있기 때문에 항콜린약을 투여하면 배뇨 장해를 일으킬 수 있어 이런 계통의 약물 역시 광의의 요로 장해로 간주되고 있다. 모르핀, barbiturate도 배뇨장해를 일으키며, ephedrine은 방광괄약근을 지나치게 긴장시켜서 배뇨 장해를 일으킬 수 있다.

4 신장 독성물질

신장독성을 일으키는 독성물질은 매우 다양한데, 대부분은 화학물질과 의약품들이며 정확한 기전이 밝혀지지 않은 경우가 많다.

신장이 독성물질의 표적이 되는 이유는

첫째, 많은 혈류량이 흐른다. 정상 성인의 경우 하루에 약 180 L의 혈액을 여과시키므로 혈액에 수반되는 독성물질의 가능성이 높다

둘째, 요의 생성과정 중 요가 일시적으로 저장되기 때문에 독성물질의 농축으로 인한 표적이 될 수 있다(실제로 방광이 독성물질의 표적이 된다).

셋째, 간이나 폐의 경우와 같이 대사효소를 함유하고 있으므로 이들 대사효소에 의한 대사적 활성화로 독성이 발현될 수 있다. 그러나 많은 경우에 대사체가 모화합물보다 독성이 적고 극성이 높으며, 수용성일 경우는 그 물질이 신장에 고농도로 존재하더라도 독성을 나타내지 않는다.

신장은 조직손상과 손실을 보상하는 뛰어난 능력을 가지고 있다. 따라서 신장 독성효과는 즉시 측정하지 않으면 그 효과를 감지할 수 없다. 특히, 만성신독성은 이런 보상능력 때문에 인지되지 않을 수도 있다. 대표적인 신장독성물질로는 카드뮴, 수은, 납, 크로뮴과 같은 중금속들과 클로로폼, HCBD (Hexachloro-1,3-butadiene) 같은 할로겐화 탄화수소 그리고 세뇨관에 물리적으로 침착되는 화학물질들과 색소들이 포함된다.

① 카드뮴(Cadmium)

카드뮴은 인체에 흡수되면 간과 신장에 축척이 되는데, 이들 장기 중에 카드뮴과 결합하기 쉬운 metallothionein이라는 단백질(SH기를 함유한 단백질)이 다량 생성되기 때문이다.

배설은 소화관을 통하여 변을 통해 배출되며 장기간 노출시 '신장기능 장해'가 일어나며, 뇨중으로의 배설량이 급격히 증가하는 것으로 알려져 있다. 카드뮴의 배설은 대단히 느리므로 카드뮴은 일생을 통해 축적된다 할 수 있으며, 만성노출시 신장에 많이 축적된다. 만성중독시 당뇨, 아미노산뇨, 저아미노산 단백뇨 등의 신장기능 이상이 나타나면서 근위세뇨관이 현저히 장해를 받게 된다. 즉, 세뇨관 상피변성이 일어나 재흡수기능이 장해를 받으면 뇨중 저분자 단백의 배설이 증가되고, 칼슘의 장관 흡수가 저해된다. 심해지면 당, 아미노산, 요산, 인, 칼슘 등이 다량 배설된다.

② 수은(Mercury)

수은화합물은 화학적 형태 차이에 따라서 금속수은, 무기수은, 유기수은 등이 있다. 그 화학적 형태에 따라서 흡수, 배설은 물론 체내분포 및 독작용이 다르다.

수은증기를 흡수했을 때에 신기능 장해가 나타난다. 무기수은은 간장, 비장, 갑상선에 분포하고 신장에 가장 높게 분포한다. 신장에 축적된 수은의 대부분은 metallothionein과 결합한 상태로 존재하는데, 만성독성으로 신장기능 장해를 일으켜 근위세뇨관 표피세포 괴사를 유도하여 단백뇨를 배설하고 비가역적인 신장세포 괴사 신장병변을 일으킨다. 독성기전은 －SH (sulfhydryl기)와의 결합성이 강하여, －SH기를 함유한 효소는 저농도의 수은에 의해서도 억제되고, 그 결과 세포의 대사 및 기능이 장해를 받는 것으로 생각된다. 기타 생리적으로 중요한 carboxyl, amide, amine기 등과도 결합한다.

③ 우라늄(Uranium)

혈장 우라늄의 약 50% 정도는 사구체에 여과되는 bicarbonate에 우라닐 이온(uranyl ion)으로 결합한다. 근위세뇨관에서의 산성화의 결과로 bicarbonate 복합체로 해리된 후 HCO_3^-이온으로 재흡수된다. 해리된 UO_2^{2+}는 근위세뇨관 세포막과 결합한다. 세포기능이 상실되면 포도당, 아미노산, 단백질이 뇨에 증가한다.

④ Aminoglycosides

일부 항생제들은 고용량이나 장기간 투여시에 사람에게 신장 독성을 일으키는 것으로 알려졌으며 가장 대표적인 것이 aminoglycosides이다. 이 부류에는 스트렙토마이신, 네오마이신, 가나마이신, 겐타마이신 등이 포함된다. Aminoglycosides는 사구체에서 여과되는 극성 양이온이며 변화되지 않은 채 뇨로 배출된다. 근위세뇨관에서 aminoglycosides는 음이온의 막 인지질에 결합되면서 재흡수된 후 세포내로 이입되고 라이소좀에 격리된다. 한계치 농도에 도달되었다고 생각되면 라이소좀이 파열되면서 조직 괴사를 일으키는 가수분해 효소가 방출된다.

⑤ Hexachlorobutadiene (HCBD)

널리 분포된 환경오염물질로서 비교적 강력한 신장독성물질이다. HCBD는 먼저 glutathione(GSH) 포합체를 형성하고 계속 대사되어 mercapturic acid를 거쳐서 cysteine 포합체를 형성한다. 신장에서 cysteine 포합체는 신장효소에 의해 활동성이 큰 중간 대사체로 쪼개진다. 독성 작용부위는 근위세뇨관의 직부(pars recta)이며 당뇨, 단백뇨, 요의 농축기능 소실 등으로 나타난다.

⑥ 클로로폼(Chloroform)

클로로폼은 cytochrome P-450 monooxygenase에 의하여 활동성이 큰 독성물질 포스겐($COCl_2$)으로 전환된다. 포스겐은 생체 내에 GSH와 같은 해독기능이 부족하면 DNA 등의 거대분자에 공유결합하면서 독성을 발휘하게 된다. 고농도에서 세뇨관 상피세포의 팽윤, 근위세뇨관 상피세포의 괴사 등의 신장병변이 유발된다.

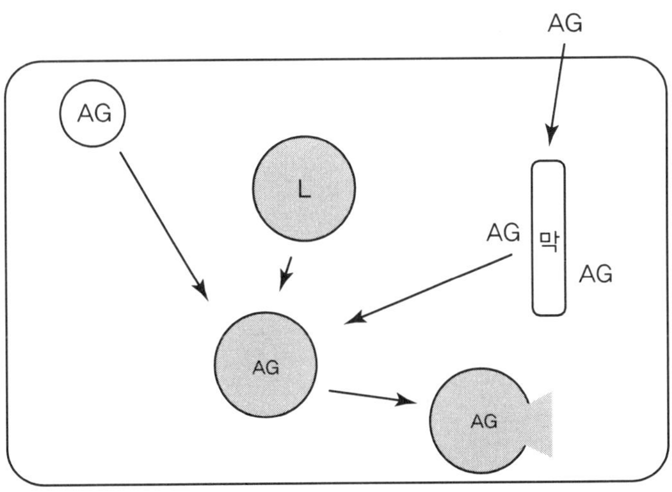

그림 13.3 Aminoglycosides의 세포 독성작용

제 14 장

발암성과 변이원성

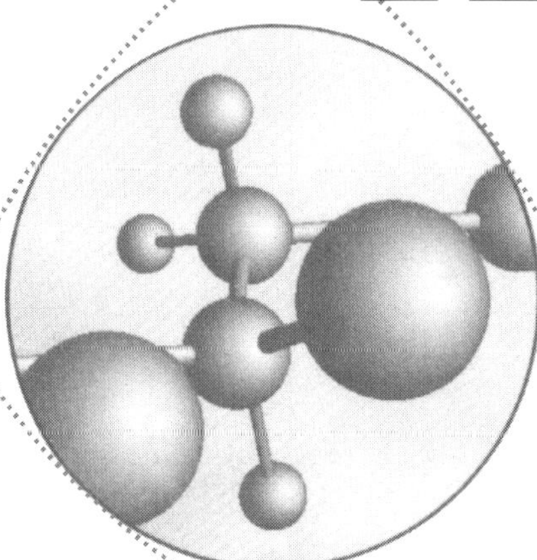

1 암이란 무엇인가?

1.1 암의 정의

종양을 뜻하는 neoplasm은 new growth, 즉 신생물을 의미한다. 더 자세히 말하자면, 정상적인 세포 주변에서 정상세포와 경쟁적, 비협조적으로 도움도 주지 않고 목적도 없이 비정상적으로 증식하는 세포를 의미한다. 정상세포보다 훨씬 빠른 성장을 하며, 세포 증식의 원인이 되었던 자극이 없어진 후에도 세포분열과 성장이 계속되는 특징을 갖는다. 현재 neoplasm과 동의어로 쓰이는 tumor의 원래 뜻은 swelling이었으며, 악성종양(malignant tumor)은 cancer라 한다.

종양(tumor)은 양성종양(benign)과 악성종양(malignant)으로 나뉘어진다. 양성종양은 천천히 자라고, 정상조직에 해를 주지 않으며 정상조직을 밀어내면서 주위에 자란다. 악성종양은 빨리 자라며 주변의 정상조직을 공격 침입하고 파괴시킨다. 악성종양에서 나타나는 전이현상(metastasis)은 종양세포가 임파관(lymphatics)과 혈관(blood vessel)을 통해서 신체의 다른 조직으로 퍼져가는 2차적인 장해 현상을 말한다. 종양의 조직학적 측정을 위해서 grading과 staging으로 분류하여 구분하고 있다.

표 14.1 종양의 특징

	양성(benign)	악성(malignant)
성장속도	천천히 자란다.	빨리 자란다.
공격성	정상조직을 밀고 주위에 자란다. 정상조직을 흩어뜨리지 않는다.	정상조직을 공격, 침입, 파괴시킨다.
전이현상 (Metastasis)	-	2차적 장해로서 임파관과 혈관을 통해서 신체의 빈부분에 착상된다.

1.2 암의 발생요인

암이란, 단일인자에 의하여 발생하는 것이 아니라 여러 가지 복합적인 원인에 의하여 발생하는 것이다. 암발생 원인으로 유전적인 소인이 가장 중요하다고 생각되던 적이 있으나 최근의 역학조사에 의하면 모든 암의 약 35~80%는 우리가 살고 있는 생활환경과 밀접한 관련이 있는 것으로 알려졌다. 또한 환경 이외에도 생활습관(흡연, 음식물의 종류, 문화습관) 또한 매우 중요하게 작용한다.

① 내재성 인자
유전형질, 민족, 나이(중년 이후), 성(性) 및 호르몬, 면역상태 등이 영향을 준다. 암은 세계 여러 곳에서 같은 빈도로 발생하지는 않으며, 한국 사람은 위암 발생이 높고 유방암은 미국, 유럽여성에게서 많이 발생된다.

② 외적인 요인
화학물질, 방사선·자외선 등의 물리적 인자, 바이러스와 같은 생물학적 요인 등이 있다.

1.3 암의 유전적인 기초이론

① 체세포변이 이론(Somatic mutation)
유전물질(DNA)이 발암물질과 상호 작용하여 돌연변이가 일어난다는 이론이다. 즉, DNA의 구조가 변화되면서 세포의 유전정보 물질에 변화가 일어나 생물학적 기능이 변화된다. 모세포(parent cell)의 유전성 물질 DNA의 변화에 기인하지만 모두가 딸세포(daughter cell)의 기능적인 변화, 즉 표현형 변환(phenotypic change)으로 곧바로 나타나는 것은 아니며 오랜 기간 잠재되어 있다.

② 비정상적 분화(Abnormal differentiation)
후성기전(epigenetic phenomena)으로서 발암물질은 비유전적으로 세포의 성장조절 기능을 변화시키고, 면역체계의 효능을 저하시킨다. 세포가 성숙세포로 분화되는 과정의 많은 단계에 관여되는 효소, 호르몬에 변화가 일어나면서 비정상적인 분열, 성숙을 유도하는 과정에서 변이가 일어난다.

③ Oncogene(암 유전자)에 의한다.
사람의 유전자 속에는 암을 일으킬 수 있는 'transforming gene'의 DNA 구조가 존재한다. 이들 암 유전자(oncogene)들이 활성화되면서 종양이 발생한다.

2 화학적 발암작용(Chemical carcinogenesis)

18세기 후반부터 특정의 환경 인자들이 다양한 형태의 암을 발생한다는 것이 알려졌다. 일부는 방사능이나 바이러스에 의해서 발생하지만 암의 80% 이상은 발암성 화학물질에의 노출이 주요원인이 된다. 화학 물질의 발암작용을 증명하는 자료는 훨씬 후에야 발표되었지만 많은 역학 조사결과, 일정한 직업군에서 높은 비율의 암이 발견되는 것으로 시작되었다.

1761년 John Hill은 코담배 사용자들에게서 높은 비율의 인두암을 관찰하였다. 1775년 Percival Pott는 음낭암을 가진 그의 환자들 대다수가 굴뚝 청소부임을 발견하였으며 검댕 및 콜타르에의 노출과 음낭암을 관련지었다. 이 관찰은 1916년에 토끼 귀에 콜타르를 발라주고 피부암이 생성되면서 확인되었다. 1920 ~ 1930년대에 콜타르에서 발암성분인 benzo(a)pyrene과 dimethylbenz(a)anthracene과 같은 다환성방향족 탄화수소(polycyclic aromatic hydrocarbons)가 분리되면서 확인되었다.

1860년대 독일은 방향족 아민 또는 이들 화합물을 기초한 합성염료 제조의 중심이었다. 약 30년 이후, 염료 혹은 중간생성물에 노출되는 것이 위험하다는 첫 경고가 나왔다. 1895년 프랑크푸르트의 외과의사 Ludwig Rehn는 염료공장 주변의 노동자에게서 방광암이 집단적으로 발병되었음을 보고하였다. 역학조사에서 2-naphthylamine이 발암의 원인으로 제안되었으나 1938년까지 직접 확인하지는 못했으며, 1938년에 Hueper 등이 개를 사용한 시험에서 방광암을 증명하게 되었다.

표 14.2 사람에게 암을 일으키는 환경인자의 발견역사

의심되는 발암물질	기관	발견자	연도
매연	음낭	Pott	1775
파이프 담배	입술	Sommering	1795
콜타르	피부	Volkman	1875
염료생산의 중간 화합물	방광	Rehn	1895
엑스레이	피부	Van Trieben	1902
담뱃진	구강	Abbe	1915
야광시계판의 방사선 염료	뼈	Martland	1929
햇빛	피부	Molesworth	1937
담배와 시가(cigar)의 흡연	폐	Muller	1939
석면	늑막	Wagner	1960
카드뮴	전립선	Kipling ; Waterhouse	1967

크로뮴이 폐암을 발생시킨다는 초기연구는 1930년대에 독일의 크로뮴 생산공장의 직업자들 가운데 폐암의 발병율이 높다는 보고가 나오면서 시작되었다. 그 후 1953년 미국의 공중위생 보건소는 크로뮴 생산 작업장에서의 폐암 발병율이 일반 인구보다 약 29배가 높다는 보고를 발표했으며, 현재는 크로뮴 6가 화합물이 폐암을 일으킨다고 확인된 상태이다.

다음 그림들은 일부 합성 발암물질들(그림 14.1)과 자연에 존재하는 발암물질들(그림 14.2)의 구조들을 보여준다.

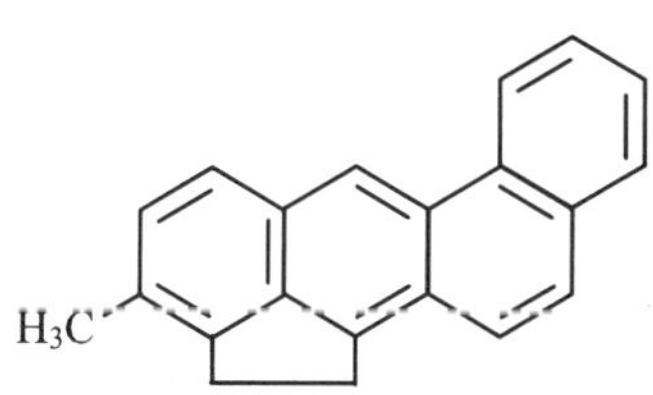

3-Methylcholanthrene

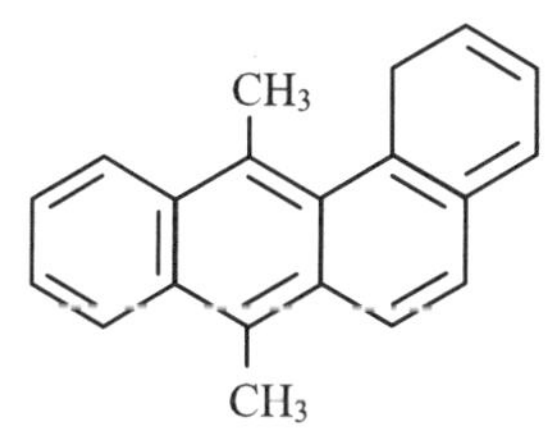

7, 12-Dimethylbenz(a)-anthracene

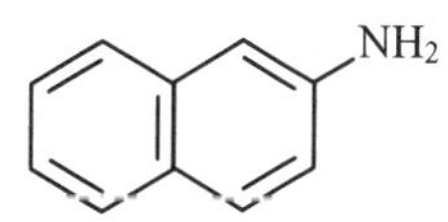

2-Naphthylamine

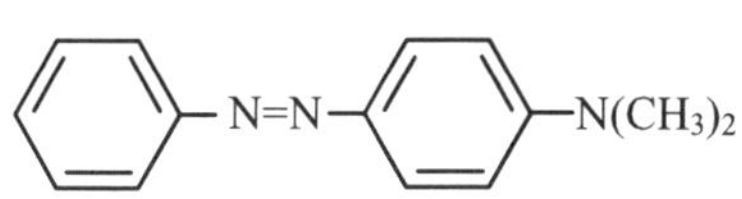

4-Dimethylaminoazobenzene

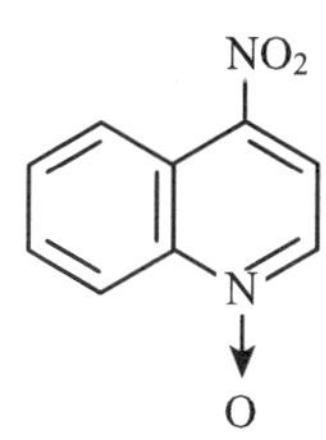

4-Nitroquinoline-1-oxide

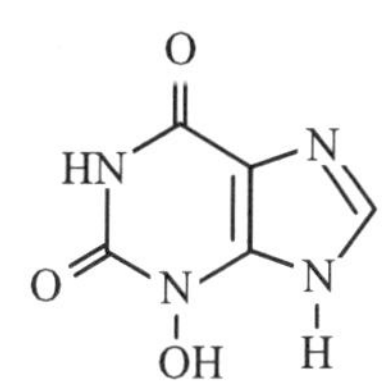

3-Hydroxyxanthine

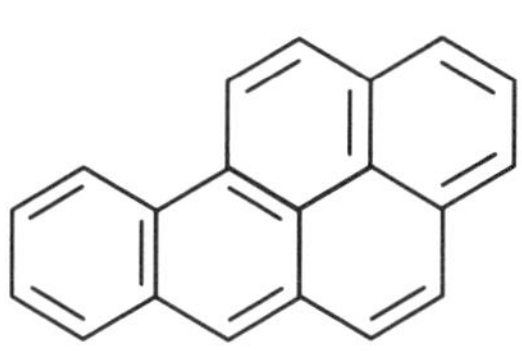

Benzo(a)pyrene

$(C_2H_5)_2NN=O$

Nitrosodiethylamine

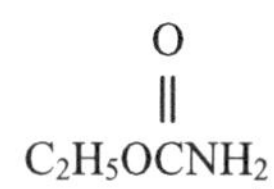

Urethan

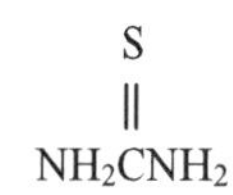

Thiourea

그림 14.1 합성 발암성 화학물질의 구조

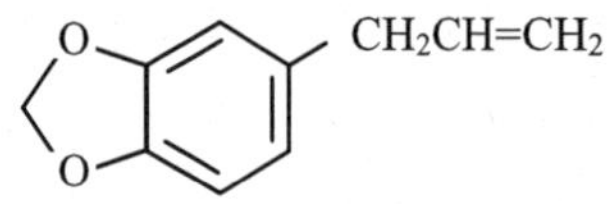

Safrole
(sassatras)

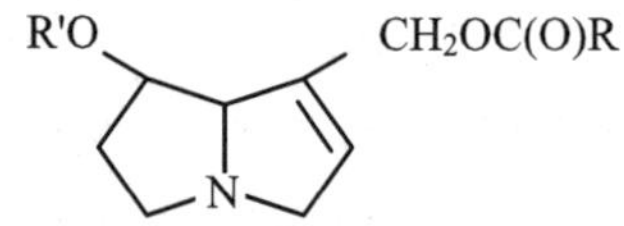

Pyrrolizidine alkaloids
(Senecio, Crotolaria, Heliotropium)

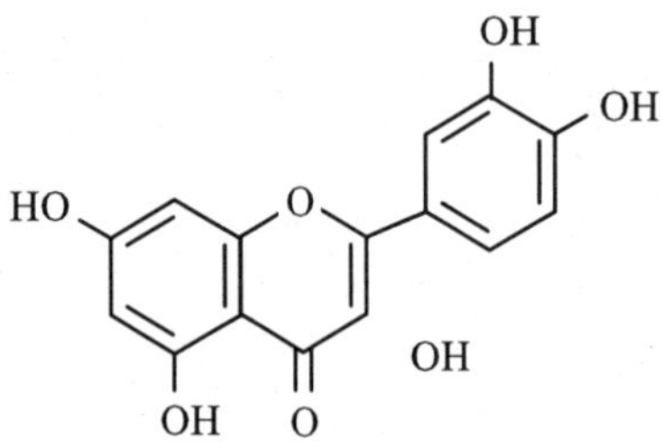

Quercetin
(bracken fern)

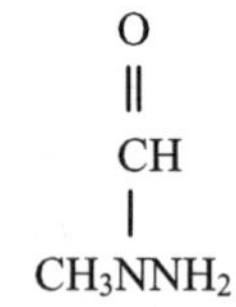

N-Methyl-N-formylhydrazine
(edible false morel mushroom)

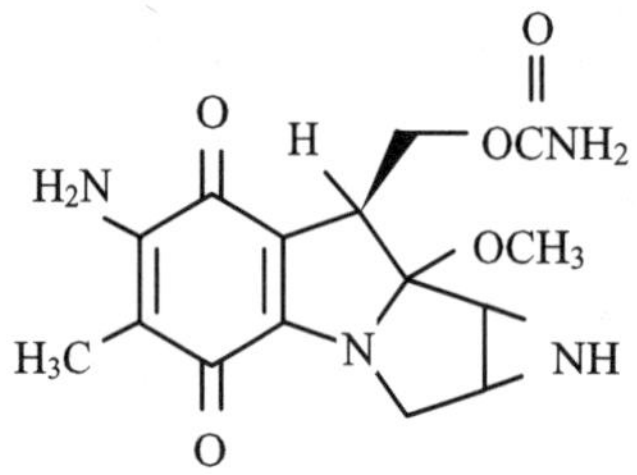

Mitomycin C
(Streptomyces caespitosus)

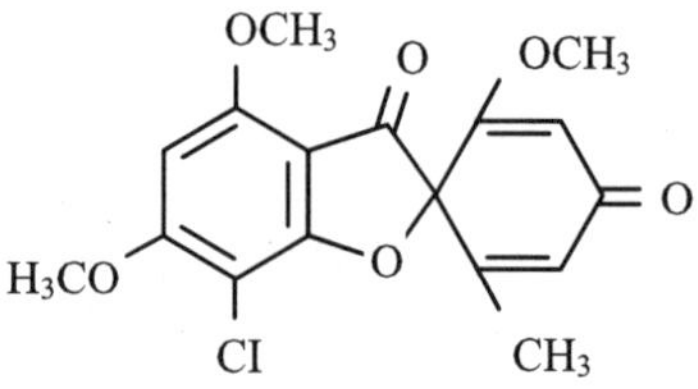

Griseofulvin
(Penicillium griseofulvum)

그림 14.2 천연 발암성 화학물질의 구조

3 발암물질(Carcinogen)

현재 등록된 화학물질은 400만종 이상이며 인간생활 속에서 이용되는 것은 6만종 이상이다. 동물시험에서 발암성이 밝혀진 것은 7천종이며 사람에게 양성결과를 나타낸 것이 1천개 정도이다. 첫째, 많은 발암성 화학물질은 세포의 DNA를 비가역적으로 변화시켜 유전될 수 있는 변화를 일으킨다. 둘째, 암의 형성은 다단계 과정으로서 가장 단순한 경우라도 개시(initiation)와 촉진(promotion)의 과정으로 나뉘어진다. 다단계 과정에서 적어도 한 단계는 DNA에 변화를 주어야 하고 부수적 과정들이 암세포의 성장과 발달에 영향을 준다. 그러므로 발암물질의 정의를 '암을 일으키는 물질'이라고 정의할 때, 정상세포에서 암세포로 전환시키는 초반부 개시물질과 종양의 수를 증가시키는 물질을 말할 수 있다. 발암물질은 작용기전에 따라서 크게 두 종류, 즉 유전독성(genotoxic carcinogens)과 비유전독성(epigenetic carcinogens)의 발암물질로 나눌 수 있다(표 14.3).

표 14.3 유전독성 발암물질과 비유전독성 발암물질

유전독성 발암물질	비유전독성 발암물질
알킬화합물 Benzo(a)pyrene 비닐 클로라이드 Dimethylnitrosamine 비소, 니켈, 크로뮴 방사선	플라스틱, 석면 에스트로젠, 안드로젠 Phorbol ester 담즙산 유기염소 화합물 사카린

3.1 유전독성 발암물질

유전독성물질이란 DNA에 직접 작용하여 유전자를 변화시키며 궁극적으로 유전형질을 변형시키거나 혹은 DNA를 불활성화 시키는 물질을 총칭한다. 변이원성을 갖고 있으며 영구적으로 DNA에 손상을 준다.

① 1차 발암물질(direct carcinogen)은 활성화가 불필요한 물질로서 직접 발암물질이라고도 한다. 활성이 커서 불안정하며 반응성이 크다. 직접 작용하는 발암물질은 노출된 부위에 암을 일으킨다.

② 2차 발암물질은 발암성을 나타내기 위해서 생체 내 대사에 의한 활성화 과정이 필요한 발암물질로서, 발암 전구물질(procarcinogen)로 불리며 대부분의 발암 물질이 여기에 속한다.

예) Benzo(a)pyrene은 cytochrome P-450에 의해 대사되어 최종 활성형 발암물질인 Benzo(a)pyrene-7,8-diol-9,10-epoxide로 된다.

예) Dimethylnitrosamine(DMN)

예) 비닐 클로라이드

발암전구물질	→	전발암물질	→	최종발암물질
(procarcinogen)		(proximate carcinogen)		(ultimate carcinogen)
초기 불활성화		좀더 활성화된 물질		실제 발암과정에 관여하는 물질

- 최종 발암물질은 대부분 친전자체(electrophile)이다.
  친전자체들은 단백질, 펩타이드, DNA, RNA 등의 거대한 분자들의 다양한 친핵성 부위에 비효소 반응에 의해 공유결합을 한다.

③ 무기 화합물 : 크로뮴, 니켈

3.2 비유전독성 발암물질(후성적 발암물질)

세포 내 유전자(DNA)에 직접 작용하지 않고 다른 기전에 의해 암을 일으키는 화학물질을 말한다.

면역억제
호르몬의 불균형
세포독성
보조 발암작용
촉진효과

] 등에 의한 간접적인 작용을 포함한다.

비유전 독성발암물질로는 아래 표와 같은 것들이 있다.

표 14.4 비유전독성 발암물질들

고체물질	플라스틱, 석면(asbestos)
호르몬	에스트로젠(여성호르몬), 안드로젠(남성호르몬)
면역억제제	Purine 유도체
보조 발암제	Phorbol ester, catechol
촉진제	Phorbol ester, 담즙산, 유기염소화합물, 사카린, TPA, PCB, TCDD, 유기염소계 살충제(DDT, aldrin, chlordane)

가장 많은 비중을 차지하는 것이 촉진제들이다. Phorbol ester는 피부암을 촉진시킨다. 담즙산은 시험동물에서 결장에 암을 촉진시켰으며, 사람에게서도 지방을 많이 섭취한 경우와 결장암 발생 사이에 강한 상관관계가 있다. 지방섭취는 결장에서의 담즙산 양을 증가시키며, 결장암의 증가는 담즙산의 발암촉진 효과 때문일 것으로 본다. 쥐의 방광에 methylnitrosourea가 개시제인 경우에 사카린과 cyclamate가 종양을 일으키는 촉진제로 작용한다. 개의 방광에서 4-aminobiphenyl 혹은 2-naphthylamine이 개시제인 경우 트립토판이 종양생성을 촉진한다. 호르몬도 화합물의 발암성에 영향을 준다. Dimethylbenzanthracene(DMBA)을 경구투여 혹은 정맥주사하면 암컷에 유방암을 일으키는데, 이때 프로락틴이 종양을 촉진시켰으며 난소가 제거된 쥐에서는 종양이 거의 생기지 않는다.

4 발암성 이론

화학 물질에 노출되어 암을 발생하는 경우에 1단계 폭로에 의해서 보다는 일반적으로 발암물질을 반복적으로 복용하거나 취급할 때에 쉽게 발생된다. 화합물이 암을 유도하는 과정은, 환경 및 내인성 인자들이 서로 상호 작용하는 복잡한 다단계 과정으로서 긴잠복기간을 거쳐서 악성 종양에 이른다.

개시 (initiation)	→	촉진 (promotion)	→	진행 (progression)	→	발암 cancer

이론적으로는 다음과 같은 네 가지 과정들이 제기되고 있다.

1. One stage-one hit : 개시단계에서 한 번에 고용량의 발암물질에 노출되는 경우이다.
2. One stage-multiple hit : 개시단계에서 적은 용량으로 여러 번 발암물질에 노출되는 경우이다.
3. Two stage : 2개의 단계, 즉 개시단계와 촉진단계에서 각각 발암물질에 노출되는 경우이다.

4. Multiple stage-multiple hit : 여러 단계에서 각각 여러 번씩 발암물질에 노출되는 것이다.

시험적 모델에서는 보통 적어도 3단계, 즉 개시(initiation), 촉진(promotion), 진행(progression)으로 구분될 수 있다.

① 개시(Initiation)

개시 단계란 세포의 유전인자에 비가역적인 변화가 일어나는 것이며 빠르게 진행된다. 유전인자에 일어난 변화는 세포의 DNA 복제과정을 통해 확고한 상태가 된다. 개시를 일으키는 화합물은 친전자성이거나 대사과정에 의해 친전자성으로 되는 화합물이다. 이러한 화합물들은 DNA와 결합하여 세포유전자에 영구적이고 유전될 수 있는 변화를 일으킨다. 이 단계에서 암의 성질은 아직 표현되지 않으며, 개시된 세포는 종양으로 발전시키는 인자에 노출되기까지 잠복상태에 있으면서 진행과정을 거쳐 개시된 세포가 분열 증식하여 종양을 형성하게 된다.

② 촉진(Promotion)

촉진제 그 자체로는 발암성이 없다. 그러나 개시인자를 소량 먼저 투여한 후 촉진제를 반복적으로 적용하면 발암의 빈도가 높아진다. 촉진제는 종양의 수를 증가시키거나 잠복기간을 줄일 수 있다. 촉진제는 일반적으로 친전자성 화합물이 아니어서 DNA에 결합하지 않는다.

③ 진행(Progression)

양성종양은 진행과정을 거쳐 악성종양으로 발전하는데, 이런 전환은 또 다른 유전인자의 변화를 필요로 하는 것으로 생각된다.

개시-촉진 모델

생쥐의 피부를 이용한 시험에서 발암과정이 여러 단계를 거쳐 일어난다는 것이 제시되었다. Dimethylbenz(a)anthracene과 같은 개시제를 적은 용량 생쥐의 피부에 적용하면 동물이 살아있는 동안에 종양은 거의 생기지 않는다. 개시제를 적용한지 1주에서 1년 후에 파두유(croton oil)에 있는 phorbol ester와 같은 촉진제를 여러 번 적용하면 촉진제 적용 후 5 ~ 6주 후부터 종양이 생기기 시작하며 10 ~ 12주가 되면 모든 생쥐에 종양이 생긴다.

개시-촉진 모델에서는 다음과 같은 특징이 있다.

① 개시제가 촉진제보다 먼저 주어져야 한다.

② 개시제를 발암을 일으킬 수 있는 용량보다 적은 양으로 한 번만 주면 동물이 살아있는 동안 종양은 생기지 않는다. 하지만 개시제를 반복하여 투여하면 촉진제 투여 없이도 종양이 생길 수 있다.

③ 개시제의 작용은 비가역적이다. 개시제 투여 후, 촉진제를 1주 후에 투여하건 1년 후에 투여하건 간에 종양은 거의 같은 정도로 생긴다.

④ 개시제는 친전자성이거나 대사 과정에서 친전자성으로 활성화 되어 DNA에 공유결합하여 변이를 일으킨다.

⑤ 종양 촉진제의 본질적인 기능은 개시제에 의해 촉발된 발암과정을 완성시키는 것이다.

⑥ 촉진제의 작용은 초기단계에는 가역적이며 반복적으로 적용되어야 한다. 노출에는 임계 수준이 있는 듯하다.

5 암의 치료

수술에 의한 암조직의 제거, 방사선 투여에 의한 암세포의 궤멸, 그리고 암세포를 죽이거나 성장을 억제할 수 있는 항암제의 투여방법이 있다. 항암제의 경우는 DNA의 구조를 변경시켜서 정상적인 세포를 죽인다. 세포형성은 DNA → RNA → 단백질 생성 → 세포형성의 과정이므로 DNA를 변형시키면 세포는 죽게 된다.

항암제가 DNA를 변형시키는 형태에는 다음과 같은 것들이 대표적인 방법들이다.

① DNA 구조를 절단시키는 항암제 : Bleomycin

② DNA unwinding : 이중나선 구조의 DNA를 풀어서 단일가락의 형태로 만드는 작

용을 하는 항암제로는 adriamycin이 있다.

③ Crosslinking(교차결합)
- DNA 내부 나선 간의 교차결합
- DNA 나선 중간 부위에서의 교차결합
- DNA-단백질 간의 교차결합 : cis-platin

④ 알킬화 화합물

⑤ 항대사물질 : DNA 합성을 억제시키므로 암세포 성장에 필요한 DNA가 부족하게 되어 세포성장이 안된다. 5FU이 대표적인 예이다.

6 유전자의 기본구조

핵산(nucleic acid)에는 DNA (deoxyribonucleic acid)와 RNA (ribonucleic acid)가 있다. 생체 내 유전정보의 저장소 역할을 하며 그 외 단백질을 합성하는 중요한 역할을 한다.

핵산의 구성단위는 뉴클레오타이드(nucleotide)로 되어있다. 핵산은 nucleotide들이 중합하여 형성된 고분자상태의 물질이다. 특히 DNA는 유전과 유전학의 기본구조이며 단위이다.

$$\text{DNA} \xrightarrow{\text{전사(transcription)}} \text{m-RNA} \xrightarrow{\text{전역(translation)}} \text{단백질}$$

뉴클레오타이드(Nucleotide)의 구조

1. 질소가 함유된 염기(pyrimidine, purine)
2. 오탄당(pentose)
3. 인산염(phosphate)

뉴클레오타이드(nucleotide)에서 phosphate가 없는 상태를 뉴클레오사이드(nucleoside)

라고 부르며, purine 염기에는 adenine과 guanine이, pyrimidine 염기에는 cytosine, thymine (DNA), Uracil (RNA)들이 있다. 염기 pyrimidine의 경우는 N-1 위치에서 그리고 purine의 경우는 N-9 위치에서 오탄당의 1'탄소 위치와의 N-glycosyl 결합을 통하여 공유결합을 하고 있으며 오탄당에서 수산기(hydroxyl group)가, 염기에서 수소가 빠져 한 분자의 물을 형성하면서 이루어진다. 오탄당과 인산염은 sugar-phosphate backbone에 의해 연결되어 있다.

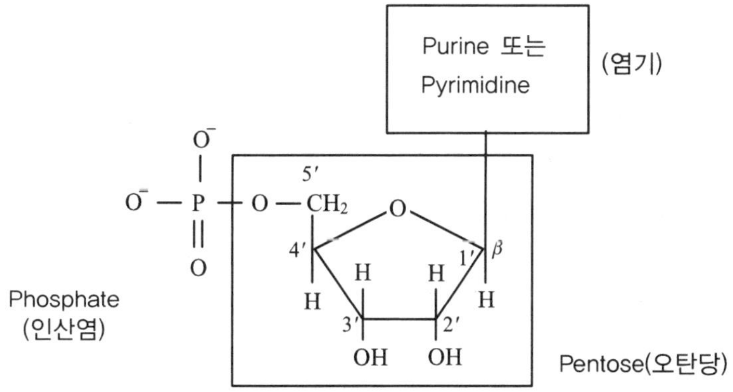

그림 14.3 Nucleotide의 구조

DNA의 구조

- DNA는 단일가락(single strand) 혹은 이중구조(double strand)의 나선형태로 존재한다.
- 이중 나선구조의 경우, DNA 각 염기 사이는 hydrogen bond(수소결합)로 연결되어있다.
- Adenine은 thymine과,. guanine은 cytosine과 수소결합을 형성한다.

유전정보의 최소단위는 codon인데, 각각의 codon은 3개의 염기에 의한 letter의 조합으로 이루어진다. 이론적으로 64개의 codon이 존재하는데 이 중 61개의 codon은 아미노산의 합성, 나머지 3개의 codon은 합성 중단을 나타내며(표 14.5), 각각의 codon은 특정 아미노산을 합성한다.

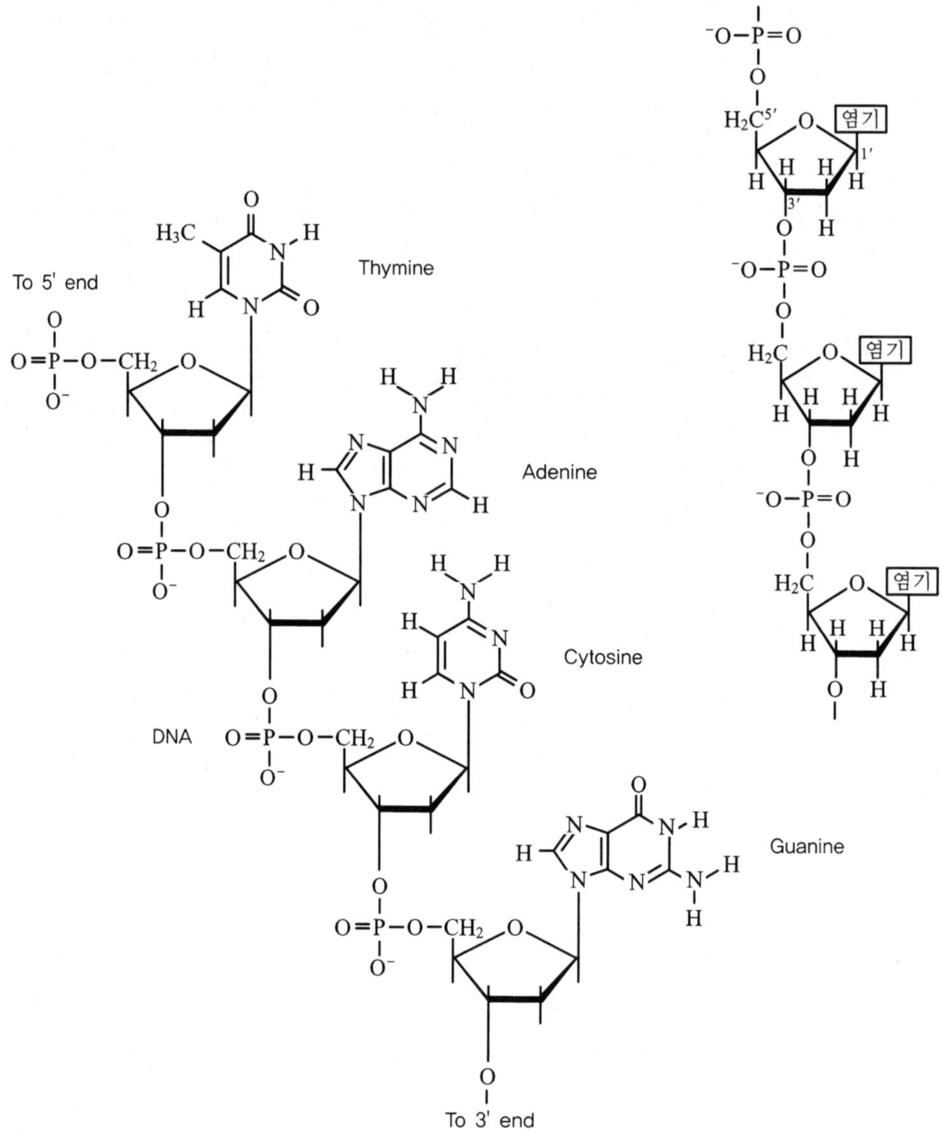

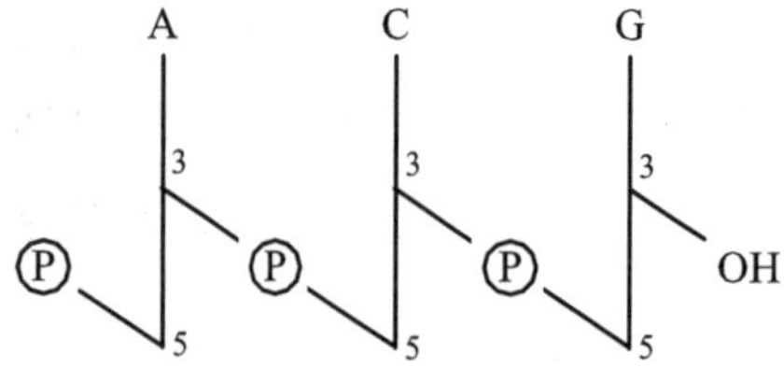

DNA의 Sugar-phosphate backbone 구조

그림 14.4 DNA 사슬의 연결구조

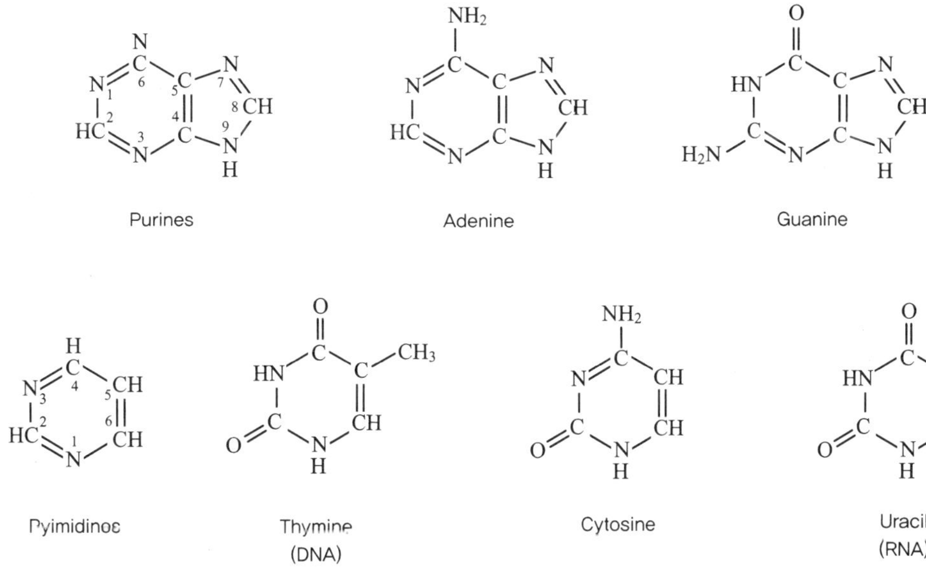

그림 14.5 Purine과 pyrimidine 염기의 구조

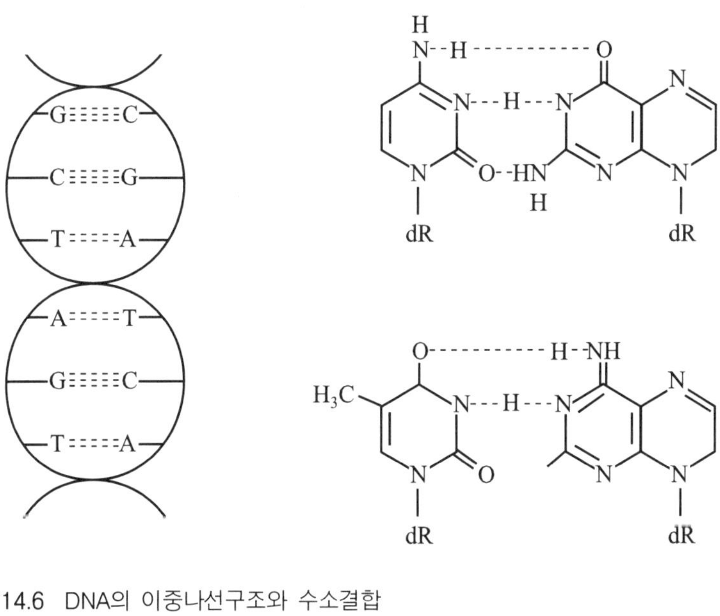

그림 14.6 DNA의 이중나선구조와 수소결합

표 14.5 유전자 코드와 그에 대응하는 아미노산

Codon	Amino acid	Codon	Amino acid	Codon	Amino acid	Codon	Amino acid
UUU	phenylalanine	UCU	serine	UAU	tyrosine	UGU	cysteine
UUC		UCC		UAC		UGC	
UUA	leucine	UCA		UAA	stop	UGA	nonsense
UUG		UCG		UAG		UGG	trytophan
CUU	leucine	CCU	proline	CAU	histidine	CGU	arginine
CUC		CCC		CAC		CGC	
CUA		CCA		CAA	glutamine	CGA	
CUG		CCG		CAG		CGG	
AUU	isoleucine	ACU	threonine	AAU	asparagin	AGU	serine
AUC		ACC		AAC		AGC	
AUA		ACA		AAA	lysine	AGA	arginine
AUG	methionine	ACG		AAG		AGG	
GUU	valine	GCU	alanine	GAU	aspartic acid	GGU	glycine
GUC		GCC		GAC		GGC	
GUA		GCA		GAA	glutamic acid	GGA	
GUG		GCG		GAG		GGG	

DNA 복제

이중나선의 DNA는 먼저 수소결합이 끊어지면서 각각 두 개의 단일가락(single strand)을 형성한다. 그 후, 각각의 단일가락(single strand) DNA는 DNA polymerase라는 효소의 도움을 받아서 짝을 이루는 새로운 이중나선 구조의 DNA를 복제한다.

염색체(Chromosome)

세포 내 핵 안의 DNA는 histone이라는 단백질에 둘러 싸여서 염색체로 존재한다.

세포 > 핵 > 염색체(DNA + histone)

사람은 총 46개의 염색체(상염색체 44 + 성염색체 2)가 2개씩 쌍을 지어 이루어져 있다. 생식세포(정자, 난자)에서는 반수체(haploid)로 존재할 수 있으며, 체세포나 수정란에서는 배수체(diploid)로 존재한다.

7 변이원성

변이(mutation)는 세포 내 DNA에 저장된 유전적 정보에 일어나는 변화이다.

DNA의 유전적인 변화가 반드시 해로운 것만은 아니며 때로는 진화적 변화를 일으키게 하는 기본요소이다. 일반적으로 변이가 위험한 이유는 변이 후의 결과를 예측하기 어렵고 각 생물체에 대한 효과가 대체로 부정적이기 때문이다. 변이로 인해 해로운 경우는 생식력의 이상, 태아기 및 출생 전의 사망, 기형, 유전 질환, 암 등이다. 그러므로 외인성 변이원에 대한 인간의 노출을 최소화함으로써 내재하고 있는 유전적 부담이 커지는 것을 피하고자 하는 것이 필요하다.

일반적으로 유전물실에 생기는 변화는 두 부류로 나눌 수 있다.

① 염기의 변화(point mutation)가 생기는 것으로서 염기쌍의 치환(base-pair exchange), 염기의 부가(addition) 혹은 제거(deletion) 등에 의한 것들이 있다.

② 염색체 이상으로 간격이 생기거나(gap), 절단(break), 전좌(translocation) 및 염색체 수의 변화 등이 있다.

사람에 대한 대부분의 암은 어떠한 돌연변이적인 변환으로서 세포의 유전자형 변환이 개시되는 것이라고 할 수 있다. 체세포의 돌연변이로 인해 암과 같은 결과가 생기는 반면, 생식세포(germ cell, 난자와 정자)의 변이원적인 변화는 다음 세대의 자손에 영향을 미칠 수 있으므로 중대한 의미를 지닌다.

염기의 변형

가장 작은 변이는 단 한 개의 염기가 바뀌는 것으로 점변이(point mutation)라고 한다. 같은 종류의 염기, 즉 purine - purine 및 pyrimidine - pyrimidine끼리의 교환이면 동형변이(transition)라고 하고, purine - pyrimidine간에 일어나는 염기교환은 이형변이(transversion)라고 한다. 점변이(point mutation)는 적어도 세 가지 방법으로 일어난다. 화학적 변형, 비정상적인 염기 유사체의 DNA로의 융합, 알킬화제 등이다.

① 염기 자체의 화학적 전환 : 대표적인 예는 아질산(HNO_2)에 의해 야기되는데 cytosine을 uracil로, adenine을 hypoxanthine으로 바꾸게 하며 세균성 바이러스(phage), 세균, 곰팡이에서 변이를 일으킨다.

② 비정상적인 염기 유사체의 융합 : 염기와 구조가 유사한 독성 화학물질이 염기와 직접적으로 결합하는 경우로서 많은 암치료제들이 해당되는데, 이것은 화합물들이 빠르게 분열하는 암세포에 치명적인 변이를 일으키기 때문이다. 예로, cytosine arabinose는 cytosine과 구조가 비슷하여 암세포에 투여할 경우에 cytosine의 위치에 삽입되어 정상적인 DNA의 기능을 저해시킨다. 유사체로서 5-bromouracil, 6-mercaptopurine들이 있다.

③ 알킬화제(Alkylating agents) : 알킬화제는 DNA에 알킬기를 부가시키는 화합물이다. 이화합물은 양으로 하전된 carbonium ion(CH_3^+)들을 만들고, 이들이 DNA의 전자밀도가 높은 염기들과 결합한다. 이것이 친전자성 - 친핵성 반응의 전형적인 경우이다. 알킬화제의 예로서, dimethylnitrosamine은 대사활성화 과정에서 반응성이 매우 큰 중간 대사물질을 형성하며, 이것이 DNA와 비효소반응에 의해 이상화합물을 만드는 과정이 [그림 14.7]에 보여진다. DNA가 알킬화되면 염기의 짝짓기가 잘못될 수 있으며 염색체의 절단도 일어난다.

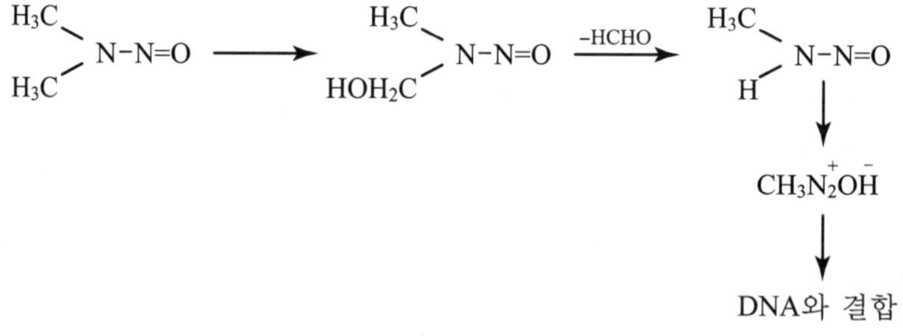

그림 14.7 Dimethylnitrosamine (DMN)에서 메틸화제가 생성되는 과정

Purine과 pyrimidine은 여러 위치에서 알킬화가 일어날 수 있다. Adenine은 N-1, N-3, N-7 질소에서, guanine은 N-3, N-7, O-6에서 알킬화될 수 있다. Cytosine은 N-3, O-2에서, thymine은 N-3, O-2, O-4에서 알킬화될 수 있다. Purine과 pyrimidine 염기의 알킬화 외에도 DNA의 인산기도 알킬화될 수 있다.

골격이동변이(Frameshift mutation)

DNA에 한 개의 염기가 부가되거나 제거되면, 세 개 염기가 한 개의 정보를 주는 방식으로 되어 있는 서열이 깨지면서 골격이동변이가 일어난다. 만약 한 개 염기가 없어진 근처에 한 개 염기가 더하여지면 여전히 작용할 수 있거나 부분적으로라도 작용할 수 있는 단백질이 만들어질 수 있다. Acridine 등의 화합물이 골격이동변이를 일으키는 것으로 알려져 있다.

염색체 이상(Chromosome aberrations)

① 염색체 이상유발(clastogenesis)은 염색체 이상이 광학현미경으로 감지되는 수준으로 생기는 것으로 염색체의 일부가 부가, 제거, 전위되어서 일어난다. 염색체 상의 일부가 없어짐으로써 간격(gap)이 생기는데 그 손상의 길이가 다양하다. 절단(break)은 염색분체의 끝이 손상되어 떨어져 나가지만 여전히 중기(metaphase)에 존재하는 경우이다. Bloom 증후군이나 Falconi 빈혈(선천성악성빈혈)과 같은 유전적 질환은 염색체의 절단과 관계가 있는데, 절단이 병의 원인인지 결과인지는 확실하지 않다. 많은 화합물과 이온화 방사선이 염색체의 절단을 일으킨다. 알킬화제, 특히 두 가지 작용기를 가진 알킬화제도 DNA를 공유결합으로 묶음으로써 염색체를 끊어지게 한다.

② 염색체의 변이란 염색체가 끊어졌다가 다시 끼어들 때 잘못되어 일어나는 변이인데, 주된 형태는 제거(deletion), 전좌(translocation), 중복(duplication), 전도(inversion) 등으로 나타난다. 제거와 전좌는 현미경으로 검출하기가 비교적 용이하며 실제적인 변이 검사에서 중요한 위치를 차지한다.

③ 염색체 수의 이상은 염색체가 균등하게 분리되지 않기 때문인데 세포는 정상보다 많거나 적은 수의 염색체를 가지게 된다. 이런 세포는 생존할 수도 있고 그렇지 못한 수도 있다. 많은 유전병들은 염색체의 균등하지 않은 분열 때문에 생긴다. 다운증후군(몽골리즘이라고 한다)은 21번 염색체가 세 개인 것과 관계가 있다. 작고 납작한 두개골, 짧고 납작하게 이어진 코, 짧은 지골, 중증 이상의 정신지체 등이 특징이다. 성염색체의 비분리와 관계하는 대표적인 질병으로는 Klinefelter 증후군(XXY)과 Tuner 증후군(XO)이 있다.

많은 화학물질들이 염색체의 수를 정상보다 많게 하는 것으로 알려져 있다. 중기(metaphase)에 작용하는 콜히친은 방추제 단백질인 튜블린에 결합하여 튜블린의 중합을 막는다. 그리하여 중기에서의 세포분열을 중지시켜 염색체의 내용물을 두 배인 채로 남게 함으로써 염색체의 수가 많은 세포가 된다. 유사한 효과를 일으키는 화합물로는 빈카 알칼로이드인 빈크리스틴, 빈블라스틴, 포도필로톡신 등이 있으며 콜히친과 같은 방식으로 작용한다. 염색체 수를 많게 하는 화합물은 식물의 교배에 광범위하게 쓰이는 반면, 동물에서 염색체 수가 많은 것은 치명적인 변이가 된다.

DNA 손상의 수복(Repair)

세포는 DNA에 일어나는 많은 변이와 손상을 수복할 수 있는 능력을 가지고 있으며, 대부분의 수복은 인체 내 효소에 의해 이루어진다. 만약 세포가 변이를 인지하지 못하고 수복할 수 없으면 잘못된 정보가 RNA로 전사되어 변이된 단백질로 표현되면서 암 등의 독성을 발휘한다. 영향 받은 단백질에서의 아미노산 위치나 단백질의 양과 기능에 따라 변이는 치명적일 수도 있으며, 별로 영향을 받지 않을 수도 있다. 때로는 변이가 그 유전자의 생성물을 오히려 개선할 수도 있다.

DNA 손상은 수복되지 않으면 최종적으로는 암 등의 독성을 발휘한다. 따라서 유전독성을 예방하는 차원에서 독성물질의 변이원성 작용을 미리 측정하는 것이 필요하다.

오늘날 가장 많이 사용되는 Ames test는 미리 변형시켜 놓은 미생물인 salmonella 균주를 이용하여 원하는 물질의 변이원성 여부를 간단하게 탐지하는 방법 중의 하나이다.

그러나 이런 Ames test에 의해 변이원성이 발견되었다고 해서 반드시 암이 유발되는 것은 아니다.

예 >> Diethylstilbesterone은 Ames test에서 (－)이지만 암을 유발시킨다.

따라서 Ames test 결과만을 가지고 발암성의 유무를 판단하는 것은 적절하지 못하다.

8 변이원성과 발암성의 관계

화학물질의 발암성에 대한 많은 연구 결과, 화학물질의 발암 능력은 그 물질의 변이원성 능력과 관계가 있다는 것이 증명되었다. 즉, DNA가 발암을 시작하는 궁극적인 구심점은 유전자의 변이라는 것을 설명하는 것이다. 최근 연구결과에서 발암물질로 알려진 많은 화학물질들이 또한 변이원성도 있음이 밝혀졌으며, 알려진 기존의 변이원성 물질들이 발암제이기도 하다는 것이 밝혀졌다. 화학물질의 변이원성과 발암성의 상관관계가 아주 높기 때문에 지금 화합물의 변이원성 검사가 화학물질의 잠재적인 발암성의 위험도를 평가하는 중요한 검사 수단이 되고 있다. 그러나 반면에 발암과 관계하는 많은 화합물들이(촉진제) 변이원성이 없다는 사실도 기억해야 한다.

제 15 장

환경독성물질

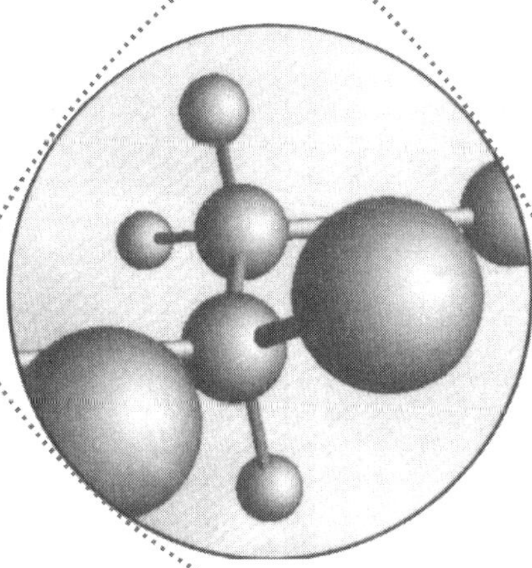

1. 서　론
2. 중금속
3. 대표적인 중금속들
4. 농약
5. 플라스틱

1 서 론

환경독성물질이란 우리 생활주변에 존재하며 인체 건강에 해로운 물질을 말한다. 물과 공기를 오염시키는 물질들의 독성은 쉽사리 인식되기 때문에 황산으로 오염된 공기를 알고서 들이쉬거나 농약으로 오염된 물을 마시는 사람은 없을 것이다. 그러나 우리 주변에는 인체 건강에 대한 위해성이 인식되지 못한 채 흔히 사용되는 많은 오염물질들(식품첨가제, 세균 곰팡이독소, 농약, 가정용품, 산업용 화학물질)이 있다. 이 장에서는 우리 생활에서 다양한 분야에 포함되어 사용되는 중금속과 환경호르몬 리스트의 대다수를 차지하고 있으면서도 위해성이 정확히 인식되지 못한 채 무절제하게 사용되고 있는 농약에 관하여 토론하고자 한다.

2 중금속

중금속(heavy metal)이란 비중이 4～5 이상인 금속을 말하는데, 일반적으로 독성금속으로 인식되고 있으며 대부분이 대사성 독성물질이다. 일반적으로 중금속은 몸에 해로운 물질로 알려져 있으나 반드시 그런 것은 아니며, 미량의 금속이 생체 내에서 유익하게 작용해서 어떤 기능에 꼭 필요할 경우에 필수금속(essential metal)이라 부르고, 그 외의 금속은 오염금속(contaminated metal)이라 부른다.

모든 생물의 생체 내에는 농도 측정이 어려운 미량의 금속을 함유하고 있으며 미량금속(trace metal)이라 부른다. 원래 미량금속은 지각의 토양 및 해수 중에서 각 금속에 따라 일정한 농도를 유지하며 존재했는데, 금속을 흡수하게 된 지구상의 생물이 발생초기에 접촉한 상태의 금속을 잘 이용할 수 있게 되면서 농도에 적응하게 된 것이다.

① 필수금속

중금속 중 철, 크로뮴, 구리, 코발트, 아연 등은 생물의 생리기능을 유지하는데 필수적인 금속이다. 생체가 발생초기에 접촉하고 적응하면서 생물체 내에서 일정한 농도에서 항상성(homeostasis)을 유지할 수 있도록 발전시켜왔다. 필수금속은 결핍될 경우는 물론 과잉섭취시에도 생체조절 기전이 파괴되면서 생체에 장해를 나타내게 된다. 예를 들어, 철분이 헤모글로빈을 합성할 때 구리는 촉매작용을 하는 필수영양소이지만, 구리의 과잉섭취는 용혈성빈혈 및 모세관혈관의 손상으로 건강장해를 일으킬 수 있다.

표 15.1 필수금속들

금속	기능	과잉시의 독성
Co	VB_{12}에서 발견	적혈구 증가, 심근장애
Cu	헤모글로빈 합성	소(적혈)구성 빈혈
Fe	적혈구 생성	간, 심혈관 손상 흡입시 규폐증과 유사한 증상
Mn	효소 강화제	망간성 폐렴, 중추신경 이상
Mo	효소 보조인자	빈혈, 설사
Se	효소 보조인자	신경장애, 피부질환, 수정률 저하, 기형발생

② 오염금속

환경오염물질 중에서 생체에 불필요한 금속으로 독작용을 나타내는 수은, 납, 카드뮴 등을 말한다. 단기간에 높은 농도로 오염금속에 폭로될 경우 생체가 적응할 수 없어서 장해를 받게 되고 항상성 유지가 어려우며, 외부 환경의 농도가 증가하게 되면 내부 환경의 농도 역시 증가한다. 오염금속은 결핍증상이 없는 대신에 축적시 과잉증상을 나타낸다. 일반인의 경우, 많은 중금속들은 일일섭취량이 배설량보다 적지만, 섭취량이 배설량을 초과하게 되면 몸에 축적되는 경우가 많다.

생체는 오염금속에 대해서 어느 정도의 방어기능을 가지고 있다. 예를 들면, 카드뮴 폭로시에 간에서 metallothionein이라는 카드뮴 결합단백질의 합성이 증가되면서 카드뮴을 일정장소에 격리시키게 된다. 납 폭로시에는 신세뇨관 세포 등의 핵 내에 봉입체로서 납을 격리시킨다.

③ Metallothionein

표적장기를 비롯한 각장기 중에 축적된 '유해중금속'의 존재상태에 관한 연구는 상당히 진전되고 있다. 카드뮴 및 수은에 대해서는 금속결합 단백질인 thionein과 결합하여 MT(metallothionein)의 형태로 존재하고 있는 것이 명확해졌다.

Thionein은 분자량이 약 1만 전후로서 cystein을 약 30% 정도 함유하고 방향족 아미노산을 전혀 포함하지 않는 특징을 가진 단백질이다. 이 단백질은 세포 내에 거의 존재하지 않다가 동물에 아연, 카드뮴, 수은 등을 투여하면 간장 및 신장에 신속하게 나타난다. 즉, metallothionein은 이들 중금속에 의해서 유도 합성되는 단백질이다. 그 외 구리, 은, 비스무스도 동물 체내에서 metallothionein을 유도한다는 것이 알려져 있으며 다음과 같은 특징을 가지고 있다.

- MT로서 존재하는 중금속은 이온으로서의 활성이 봉쇄되어 있기 때문에 생체 내에서는 작용하지 않는 것으로 생각된다.
- MT이 유도될 경우에 카드뮴, 수은 등의 독성이 저하되는 것이 알려져 있다. 이 단백질은 중금속의 생체 내 이행, 체내 축적, 독성의 경감에 중요한 역할을 하는 것으로 추정된다.
- MT에는 카드뮴, 수은과 함께 아연, 구리도 포함되는 것으로 보아 이들 필수금속의 생체 내 대사에 관여하는 것으로 생각된다.

3 대표적인 중금속들

3.1 수은(Hg)

수은은 화학적 형태에 따라서 흡수, 배설, 생체 내 분포 및 독작용이 달라지는 대표적 금속이다. 휘발성이 강하고 공기 중에서 대부분 맹독성 증기 상태로 존재하며, 입자로 존재하는 것은 극히 일부분이다. 온도계, 압력계 등의 측정기에 이용되고 씨앗 등의 소독제로 농업에 사용되는 수은의 양은 전체 공업용 수은 소비의 약 5% 이하다. 목재의 저장에 살균제로 사용되므로 펄프나 제지공장 제품에 미량의 수은이 함유된다. 환경으로 방출되는 수은의 제1 공급원은 석탄, 석유 소각시나 수은을 포함한 건전지 등의 고형폐기물의 연소이다. 호흡기를 통해 흡수되는 수은증기(mercury vapor)는 빠르게 폐포를 통과하며 지용성이기 때문에 적혈구와 중추신경계에 분포된다. 폐렴, 설사, 신기능 장해를 일으키고 만성노출시에 중추신경에 영향을 준다.

상온에서 액체인 금속수은(metallic mercury)은 온도에 비례하여 균일하게 부피가 증가하는 성질 때문에 온도계, 압력계 등에 사용되기도 한다. 주로 기도로 흡수되는 호흡기 독성물질이다. 흡수된 금속수은은 catalase의 작용으로 2가 이온형 수은으로 산화되므로 무기이온형 수은과 유사한 생체 내 분포를 나타낸다. 이온화하지 않은 금속수은(무기이온형 수은과는 달리)은 지용성 및 비전하 때문에 뇌혈관문을 쉽게 통과한다. 일단 뇌로 들어간 금속수은은 산화되어 결합하기 때문에 뇌로부터의 소실이 늦기 때문에 뇌의 수은량이 높다. 그 결과, 중추신경계에 심각한 손상을 입어 근육의 일치, 시력, 촉각에 장애를 준다. 만성흡수된 경우 중추신경과 신장독성을 나타낸다.

무기수은(예 ; $HgCl_2$, mercuric chloride)은 소화관으로 소량 흡수되고 금속수은보다 흡수율이 낮긴 하나 기도로도 흡수된다. 흡수된 후에 간장, 비장, 갑상선에 분포되며 신장에 가장 높게 분포한다. 신장에 축적된 수은 대부분은 metallothionein과 결합한 상태로 존재하며 신장장해로 요독증이 유발되어 사망하기도 한다. 만성독성으로는 근위세뇨관 상피세포의 괴사로 인한 신장기능장해를 일으켜서 단백뇨, 감뇨증, 무뇨증, 요독증이 나타나기도 한다.

유기수은(예 ; alkyl 수은)은 어떤 경로로 섭취하든지 흡수가 잘된다. 소화관으로부터의 흡수율은 거의 100%에 가까우며, 인체 내에서의 반감기는 약 70일 정도이다. 지용성이 매우 높기 때문에 막투과성이 커서 모든 장기에 골고루 분포된다. 혈관－뇌 장벽(blood－brain barrier)을 통과하기 쉬워 중추신경계로 흡수되기 쉽고 태반 장벽도 통과한다. Alkyl 수은은 체내에서 일부가 분해되어 무기수은이 되며, buthyl 수은 이상의 긴 chain을 가진 알킬수은에서는 전형적인 신경증상은 나타나지 않는다. 일본에서 일어난 미나마타 사건은 유기수은의 대표적인 독성을 설명해주는 환경재난으로서 마비증상, 정신이상 증세, 언어장해, 청력장해, 운동실조, 입술주위 및 사지말단의 지각이상 등 신경계 장해 증상을 보여주고 있다.

원소 수은, 금속수은은 흡수 후 2가 수은으로 산화된 후 조직에 축적되고 흡입된 기체 수은은 적혈구로 흡수된 후 2가 수은으로 변환된다. 금속수은과 무기수은은 소변과 대변으로 주로 배출되며, 그 밖에 호흡 및 체모로도 소량 배출된다. Alkyl 수은은 대부분 담즙으로 배출되나 재흡수도 일어나며, 체모로의 배출도 상당히 많다.

독성작용기전은 효소 내에 함유된 SH group (sulfhydryl기)와의 결합성이 강하여 저농도의 수은에 의해서 효소의 작용이 억제되며, 그 결과 세포의 대사 및 기능이 장해를 받는 것으로 생각된다. 그 밖에 생리적으로 중요한 carboxyl, amide, amine기 등과도 결합한다. 그러나 아직까지도 뇌에 대한 선택성, 금속수은과 alkyl 수은에 의한 신경계 손상의 차이 등 불명확한 점들이 많이 있다.

부록 대표적인 환경재난

■ 미나마따병

1950년대 초 일본 규슈(九州)의 작은 어촌 미나마따에서 처음으로 발병되기 시작한 질병이다. 처음에는 물새가 균형을 잃고 떨어지고 고양이가 거품을 내고 경련을 일으키며 죽는 일이 마을에 일어나기 시작했다. 그러다가 사람들에게도 손발이 마비되고 오한, 통증, 시각장애, 언어장애들이 나타났으며 태어나는 아이들은 사산되거나 기형으로 출생되었다. 후에 밝혀진 이병의 원인은 수은중독이었다.

미나마타만의 질소비료 공장에서 배출된 폐수에 메칠수은이 함유되었는데, 바닷속 미생물에 의해 더욱 유독한 유기수은으로 변화되면서 이곳에 서식하는 생물들의 체내에 농축되었던 것이었다. 어업에 종사하며 어패류를 주로 섭취하는 그 지역 사람들은 유기수은이 축적되면서 수은독성 증산을 나타낸 것이었다. 1957년에 원인이 규명되었으며, 1967년에 일본정부는 미나마따병을 공해병으로 인정하게 되었다.

그림 15.1 미나마따병
(수은독성으로 인해 기형아로 태어난 딸과 엄마)

3.2 납(Pb)

우리 주변에서 가장 흔히 발견되고 존재하는 유해성 중금속으로 주로 음식물과 수돗물(납으로 된 밀봉관을 통해), 공기(자동차 배기가스), 납이 첨가된 페인트를 통해서 흡수된다. 하루 평균섭취량은 120 ~ 350 μg/kg이나 그 중 약 20 ~ 30%만이 흡수된다. 환경에의 중요 방출원은 가솔린에 첨가된 납이다. 가솔린 연소에서 대기오염이 발생되며, 강우에 의해 납 입자가 토양으로 내리면 토양이 오염된다. 납/아연 제련소 근처 주민이 섭취하는 납의 양은 일반인보다 적어도 50% 높은 것으로 나타났다.

흡수 후에 간, 신장, 뼈, 치아, 머리털 등에 분포되며 체내 축적되는 납의 약 85%는 뼈에 존재하고 나머지의 10%는 신장/간에서 발견된다. 납은 구조가 칼슘과 유사하여 경쟁하며, 혈액중의 약 90% 이상이 적혈구에 존재하고 뇌에도 존재한다. 주로 신장을 통해 소변으로 배설된다.

납의 독성은 대부분이 만성독성이다. 가장 대표적인 독성은 신경계 독성으로서 중추신경 효과가 가장 심각하며 특히 어린이에게 위험한 중독으로 신경박약증이 나타난다. 또한 빈혈 등의 혈액장해, 신장장해, 소화기장해, 내분비계장해의 독성이 있다.

납의 급성중독도 위험하다. 납의 급성 중독시에 채 흡수되지 않은 납 화합물은 묽은 마그네슘 또는 황산나트륨 용액으로 위세척하거나 구토시켜 제거한다. 그 후에 킬레이트 요법을 시작한다. 즉, 다이머 카프롤과 Ca-EDTA는 납을 킬레이트화시켜 분비하도록 한다. 다이머 카프롤은 또한 만성 수은중독을 치료하는데도 사용할 수 있다.

표 15.2 킬레이트제(chelating agents)

약물	치료되는 금속
Edetate calcium disodium ($CaNa_2$-EDTA)	Cd, Cr, Co, Cu, Pb, Mn, Ni, Ra, Se, Te, U, V, Zn
British anti-Lewisite(BAL) (2,3-dimercaptopropanol)	Au, As, Bi, chromates, 구리염류, Hg, Ni, Sb, W, Zn
Penicillamine (β, β^{1}-dimethylcystein)	Cd, chromates, Co, 구리염류 Hg, Ni, Pb, Zn
Succimer(DMSA) (2,3-dimercaptosuccinic acid)	Pb (혈액 중 납이 45 μg/dL 이상인 어린이에게 허용된다)

3.3 크로뮴(Cr)

크로뮴은 원자번호 24의 전이금속계열로서 −2에서 +6까지의 다양한 산화가로 존재하며 +3가와 +6가가 가장 일반적 형태로서 할로겐화물(halides), 황화물(sulfides), 산화물(oxides)의 형태로 존재한다. 주로 호흡기와 소화기를 통해서 흡수되는 것으로 알려진 크로뮴은 가죽무두질, 크로뮴도금, 스테인레스 스틸 용접, 방청제, 화학약품 등에 사용되므로 이들 폐수로부터의 오염도 고려해야 한다. 금속크로뮴과 크로뮴산은 부식방지제로 쓰이며 금속의 내구성을 증대시키기 위해서도 사용된다.

크로뮴에 대한 환경 폭로가 건강에 해롭다는 보고들이 있다. 예를 들면, 미국 메사츄세츠주의 Woburn에서 음료수 기준치 50 ppb의 두 배 수준의 크로뮴이 함유된 음료수를 소비한 어린이들에게서 백혈병이 약 4배로 증가한 보고가 있었다. 또한, 크로뮴 함유 광산의 광재와 폐석, 쓰레기를 매립하였던 미국 뉴저지주 Jersey City에 살고 있는 사람들에게서 6가 크로뮴에 의해서 유도되는 adduct, DNA-protein crosslinks의 수준이 증가되었다. 이 경우, 사람들의 음료수를 통한 6가 크로뮴의 폭로 수준은 인체건강에 영향을 주는 10 ppm으로 높았다. 일반적으로 대기환경에서는 작업환경보다 낮은 0.001 ~ 0.1 $\mu g/m^3$의 농도로서 미립자와 결합되어 있다. 6가 크로뮴의 농도는 비도시보다 도시환경에서 훨씬 높았다. 남극 대기 중에서의 크로뮴 농도는 0.005 ng/m^3 만큼 낮게 보고 되었으며 대서양 상공에서의 농도는 0.007 ~ 1.1 ng/m^3만큼 낮다. 미국 EPA 음료수 기준은 100 $\mu g/L$(100 ppb)이나, 대부분의 국가들은 6가 크로뮴의 위해도를 인식하여 식용수의 기준을 50 $\mu g/L$ (50 ppb) 이하로 규정하고 있다.

강력한 산화제인 6가 크로뮴은 정사면체(tetrahedral) 구조로서 생리적 pH에서 oxyanions로 존재하며, 막에 존재하는 SO_4^{2-}와 PO_4^{3-} 음이온 channel을 통해 빠르게 피부세포막을 통과할 수 있다. 세포 밖에서의 6가 크로뮴에서 3가 크로뮴으로의 환원은 보호작용으로 인지되고 있다. 세포막을 통과한 6가 크로뮴은 핵으로 접근한 후 그곳에서 환원될 때 크로뮴 5가를 발생하며, 그 위치에서 DNA에 작용된 3가 형태로 발견된다. 최근 연구에서 불안정한 형태의 +4, +5가를 함유한 복합체가 확인되었는데, 대부분의 생물학적으로 만나게 되는 4가, 5가 크로뮴 이온들은 6가 크로뮴에서 3가 크로뮴으로 환원되는 동안에 순간적인 중간생성물(transient intermediates)로 형성되는 것이며 반감기는 단 몇 분에 이른다. 체내에서 간장, 신장에 축적되고 주로 신장을 통해서 배설된다. 급성중독으로는 구강, 식도, 위장 및 대장을 부식시키고 염증을 일으킨다. 출혈성 신장장해를 일으켜 혈뇨증, 무뇨증, 요독증으로 사망에 이른다. 간이 장해를 받아 황달을 동반하는 간염을 일으키며 크로뮴분진을 흡입했을 때 급성 폐렴을 발생한다. 만성중독으로는 크로뮴분진이나 연무를 장시간 흡입하는 근로자의 코의 점막에 염증을 일으키며 크로뮴분진을 장기간(4 ~ 7년) 흡입했을 때에 기관지암과 폐암이 발생할 수도 있다. 크로뮴 취급자들의 폐암으로 인한 사망률이 정상인의 15 ~ 30배에 이른다.

가장 안정한 형태인 3가 크로뮴은 팔면체 구조(octahedral)로서 일반적으로 6가 크로뮴보다 크고 지방용해성이 부족하므로 막을 매우 천천히 통과한다. 그러나 picolinate 등과의 합성복합체들은 매우 지용성이다. 3가 크로뮴은 인간과 동물에서 당대사, 지질대사에 관여하는 필수금속이다. 즉, 포도당 내독성(glucose tolerance) 인자로서 혈액중 과잉의 포도당을 정상적인 농도로 조절하여 당뇨병을 방지하기도 한다.

3.4 카드뮴(Cd)

강력한 독성금속이다. 부드럽고 연성이 있는 금속으로 카드뮴 합금과 전기도금, 카드뮴전지의 제조, 카드뮴 - 니켈 밧데리, 카드뮴 함유 강철의 용접, 살균제, 플라스틱 안정제, 페인트 등의 산업생산 과정에서 폭로된다. 대규모 오염은 광산과 납광물이나 아연광물을 제련할 때에 발생한다. 경구 및 기도를 통해서 흡수되는데 주흡수 경로는 음식을 통해서이다. 경구적으로 섭취된 카드뮴의 흡수는 성인이 섭취량의 5% 정도이며, 어린아이는 조금 더 높을 것이다. 기도를 통해 흡수될 때의 폐로부터의 흡수율은 10 ~ 40% 정도로 높은 편이다. 담배 1개비 중에는 1 ~ 2 μg의 카드뮴이 포함되어 있으며, 그 중 약 20% 이상(약 0.1 μg)이 끽연에 의해 흡입되므로 하루 1통의 담배를 피울 경우에 2 μg의 카드뮴을 흡입하는 것이다. 체내에서 카드뮴은 혈중 RBC이나 albumin에 결합하여 운반된다.

인체에 흡수된 후 간과 신장에 축척이 되는데, 이들 장기 중에 카드미늄과 결합하기 쉬운 metallothionein이라는 SH기를 함유한 단백질이 다량 생성되기 때문이다. 배설은 소화관을 통하여 변을 통해 배출되며 장기간 노출시 '신장기능 장해'가 일어나며, 뇨중으로의 배설량이 급격히 증가하는 것으로 알려져 있다. 배설속도가 대단히 느려서 카드뮴은 일생을 통해 축적된다 할 수 있으며 만성노출시 신장에 많이 축석된나. 그 외에 제모, 다액, 유즙으로도 배출된다.

대표적 만성중독으로 신장기능장해를 일으킨다. 즉, 세뇨관상피변성으로 재흡수기능에 장해가 일어나면 저분자단백의 배설이 증가되고 Ca의 장관흡수가 저해되면서 당, 아미노산, 뇨산, 인, Ca 등이 소변으로 다량 배설된다. 많은 양을 호흡할 경우 폐기종, 만성호흡기질환, 폐렴 및 급성기관지염과 드물지만 골연화증도 발병한다. 일본 진주강의 아연정제 공장 하류에서 대규모로 발생된 이따이이따이병은 대표적인 공해병으로서 골격뼈를 뒤틀리게 하며 쉽게 부러지게 한다. 카드뮴이 골 대사에 미치는 작용기전은 확실하게 정립되어 있지 않으며, 단지 칼슘의 흡수저해 및 VitaminD의 활성억제 등이 알려져 있다.

3.5 비소(As)

5A 족에 속하는 비소는 자연계에서 주로 3산화 비소, 5산화 비소의 형으로 널리 분포하고 있다. 지구상의 어떤 시료(토양, 해수, 빗물, 대기)를 취해서 분석해도 모든 곳에서 검출된다. 작은 새우, 옥수수를 비롯한 대부분의 음식물에 소량으로 존재한다. 비소화합물은 조개의 색소성분으로서 직물이나 모피공장에서 사용되고 있다. 세정제에도 상당량(10 ~ 70 ppm)의 비소를 포함하고 있다. 비소 화합물은 독성이 높기 때문에 살균제, 제초제, 살충제, 살서제 등 여러 가지 농약에 사용되며 소량의 비소가 과일 및 채소에서 검출된다. 광산 및 폐광의 유출에 의한 오염은 주목할 만하다.

인화합물과 비소화합물은 화학적으로 유사하여 토양 중 인산의 거동에 영향을 주는 인자는 비소의 거동에도 중요한 역할을 한다. 토양성분과 결합할 때 인과 비소는 경합적인 거동을 하기 때문에 인산비료를 사용하는 경우에 토양 중에서의 비소의 이동성은 증대한다.

흡수는 경구, 경피 또는 기도를 통하여 흡수된다. 골조직에 쉽게 흡수되므로 뼈에 축적된다. 비소화합물을 투여한 후 모발중의 비소함량이 경시적으로 현저히 증가하므로 비소 오염 및 만성노출의 측정지표가 된다.

비소는 산화환원 상태에 따라 독성의 정도가 다르다. 3가 비소가 5가 비소보다 독성이 강한데, 이는 세포 내의 SH－기와의 친화성의 강도가 차이가 있기 때문이라 생각되나 명확히 밝혀지지는 않았다. 대량경구 투여시(3가 화합물로 100 mg 이상 경구 투여시) 위통, 구토 및 콜레라성 설사의 소화관 장해가 나타난다. 만성 중독증상은 서서히 발현하며 전신쇠약감, 신경통, 결막, 피부, 빈혈, 간장장해, 백혈구감소 등으로 나타난다.

비소는 불순물로서 식품에 혼입되어 중독을 일으키는 경우가 많다. 1900년 영국에서 발생한 맥주중독은 원료물질인 포도당에 비소가 함유되어 일어난 사건이다. 1955년 일본의 '분유 사건'은 조제분유 중에 비소가 함유된 분유를 섭취한 유아들이 아급성중독 증상을 발생한 경우로서 지능장해, 간질발작 등의 신경증상이 보고되었다. 또한 일본에서 폐광부근의 주민들이 수질에 의한 만성중독이 보고되기도 하였다. 비화수소(hydrogen arsenide)는 마늘 냄새가 나는 가스로, 독성이 강하고 흡입하면 심한 독작용을 나타낸다. 헤모글로빈과 결합하여 적혈구를 파괴하고 용혈을 일으키며 폐수종, 신부전, 간기능장해를 나타낸다. 살바르산(arsphenamine)은 공유결합 형태로 비소를 포함했으며 매독치료에 이용된다. 1차대전 중에 비소를 함유한 독가스로 개발된 것이 루이사이트(Lewisite)이며, 루이사이트의 독성작용을 방해하는 화합물로 개발된 것이 BAL이다. BAL(킬레이트제)은 독극물 중독시 병원 응급실에서 이용하는 표준치료제로서 중금속 중독시에 이용된다. BAL의 천연기질에 포함된 티올기가 비소와 경쟁함으로써 독성효과를 약화시킨다.

3.6 니켈(Ni)

지구표면에서 24번째로 풍부하게 존재하는 니켈은 전이금속 8B 그룹에 속한다. 5개의 동위원소가 알려져 있으며 그 중 ^{58}Ni (62.27%)와 ^{60}Ni (26.10%)가 가장 풍부하다. 니켈은 −1에서 +4까지의 다양한 산화상태를 가졌으며, +2 산화상태가 생물계에 가장 널리 보급되어 있다. 니켈 광석은 산화물과 황화물 형태로서 코발트, 구리, 금, 수은, 플라티늄의 중금속들과 결합되어 있으며, 정련과정에서 용해되어 황을 제거한 후 니켈산화물을 형성한다.

니켈은 전기 도금시에 화학적 촉매로서 스테인리스강 생산에 사용되며 도자기 색소, 니켈 - 카드늄 전지, 동전 등의 생산에 사용된다. 니켈의 생산, 재생, 폐기 과정에서 니켈 및 니켈 부산물에 의한 환경오염이 일어난다. 니켈은 호흡기와 소화기를 통해 흡수되며 사람의 일생을 통한 직업적 폭로와 음식물을 통해 사람 인체에 축적된다. 니켈은 사람에게 필수원소는 아니며 대사과정이 명확히 밝혀지지 않았다.

접촉성 피부염 형태의 니켈 알러지는 널리 알려진 독성증상이다. 만성폭로를 통한 인체의 축적은 폐섬유증, 심혈관 및 신장 질환을 일으키나 가장 심각한 것은 발암성이다. 1933년 Bridge는 니켈관련 근로자들에게 비강암이 발생한 사실을 보고하였으며, 이후 역학조사결과 니켈 광산, 제련, 정제에 종사하는 근로자 가운데 높은 발생율의 폐암과 코암이 발생한 사실이 보고되었다. 그 후 수십 년에 걸쳐서 다양한 동물모델에서도 암이 유도되었음이 확인되었다. IARC는 1990년에 니켈의 발암성을 평가한 후에 금속니켈을 제외한 모든 니켈화합물을 사람에게 발암성으로 분류하였다.

일반환경 및 식생활을 통해 흡수되는 니켈이 암을 발생한다는 역학적 증거는 없다. 직업적 폭로 외에도 니켈은 내보철(endoprostheses), 뼈고정판 및 나사, 니켈 함유 합금으로 만든 의료장비들로부터 방출되며 산발적인 부분종양의 주요원인으로 추정된다.

현재 니켈 발암의 정확한 분자학적 기전이 밝혀지지는 않았다. 불용성 니켈화합물이 강력한 발암작용을 갖는 것은 식세포 작용에 의해 세포 내 니켈농도가 높아지고 용해되면서 핵 내 염색질에 작용되기 때문이다. 이 과정에서 산화성 스트레스가 발생되며 염색체 손상 등과 DNA 수복(repair) 작용이 방해된다. 또한 니켈이 저산소증 신호계 회로의 활성화와 관련되어 전사인자(transcription factors)들을 활성화시키며 유전자의 발현과 세포대사를 변형시킨다고 알려졌다.

사람에게서 발암성 외에 대표적인 독성으로는 피부병(피부민감증), 천식증상, 오심·구토 및 심계항진의 중독증상들이 나타났다. 동물시험에서는 기형발생물질로서 잘 정립되어 있으나 용량이 매우 높았으며, 사람의 생식·기형발생에 대한 자료들은 현재 부족하다.

4 농약

농약이란, 주로 살충제(pesticide)를 의미하며 농작물 재배, 사업장 및 가정에서 원치 않는 유기체, 즉 해충(pest)을 제어하기 위하여 사용하는 화학물질이다. 제어하는 생물체에 따라서 살균제(fungicide), 제초제(herbicides), 살충제(insecticides), 쥐약(rodenticides) 등으로 분류된다. 동물용 살충제는 사람과 유사한 기전의 독성학적 동태(toxicodynamics)를 나타내므로 — 용량, 폭로, 독성동력학에서는 차이를 보이기는 하지만 — 원하지 않는 동물을 없애는데 효과적이다. 예로서, 바퀴벌레에서의 신경전달은 사람에서의 생리현상과 유사하다.

그러므로 살충제는 특정의 독성(specific toxicity)을 나타내도록 선택적으로 만들어지고 취급되어야 한다. 근래의 농약관리 경향은 특정표적 해충에 대하여 선택적이고 환경중에서는 비지속적인 화학물질을 사용하려는 것이다. 이러한 목적에 전적으로 적합한 농약은 아직 개발되지 않았다. 지금 사용되는 대부분 농약은 사람에 대하여 독성을 나타내므로 작업환경 중에서 직업적인 유해성을 갖는다. 예로서, 농약사용이 많은 캘리포니아 농부의 직업병 발생율은 전체산업의 직업병 발생율보다 높으며, 농약을 제조하거나 취급하는 작업자도 농약에 폭로 위험성이 높다고 할 수 있다.

4.1 살충제(Insecticide)

대부분의 살충제는 신경계 독성물질(neurotoxicants)이며, 축삭 및 시냅스말단을 따라서 흐르는 신경자극의 전달을 방해한다. 신경독성물질에 폭로된 곤충은 경련, 쇠약, 마비를 일으키고 죽는다. 비슷한 증상을 사람에게서 볼 수 있다.

① 유기인산계 살충제(Organophosphate)

농작물, 식물, 동물 등에 대한 살균제 및 살충제로서 이용되며 파라티온(parathion), 말라티온, 디아지논(diazinon) 등이 대표적이다. 모두 신경전달물질 acetylcholine을 분해하는 책임효소 cholinesterases를 억제한다. Acetylcholine은 중추신경계 시냅스와 근신경 접합부로 방출되었을 때 흥분성 신경전달물질(excitatory neurotransmitter)로 작용하여 중추신경과 말초신경에서 신경전달을 하거나 근육수축을 한다. Acetylcholine은 효소 acetyl cholinesterase에 의해서 가수분해되면서 작용이 종식되는데, 만약 cholinesterase가 억제될 경우 시냅스 신경전달이 지속되면서 마비를 일으키게 된다. 유기인산계 살충제는 해충에 효과적이다. 2차 세계대전 중 독가스 무기 개발 과정에서 '파라티온'을 곤충에게 시험하다가 살충제의 특성이 발견되면서 사용하게 되었다. 현재 약 50,000개 이상의 유기인산계 살충제가 합성되고 곤충에 대하여 시험되고 있으나 실제로 사용되는 것은 36개가 넘지 않는다. 단점은 포유동물에 맹독성이 있어서 취급하거나 살포하는 사람에게 유해성이 크다는 것이다. 사람에게는 피부, 호흡계, 소화기계를 통해 흡수된다. 체내 분포시 혈관·뇌 장벽을 통과하여 중추신경계 독성을 나타내며 간에서 제1상, 제2상 대사반응이 일어난 후에 배설된다. 유기인산계 농약은 신경계 독성물질로서 위장관(오심, 구토), 호흡계(기관지 분비과다), 심혈관계(심장박동과 혈압을 증가/감소), 골근육(쇠약, 마비), 중추신경계(정신혼미, 피로) 등의 전신 모든 기관에 영향을 준다. 중독치료제로서 2-PAM과 atropine이 사용된다.

② 카바메이트계 살충제

대표적인 카바메이트계 살충제로는 aldicarb, carbaryl, propoxur 등이 있으며, 작용기전은 유기인산계 농약과 같아서 효소 cholinesterase의 작용을 방해한다.

그러나 카바메이트계 살충제의 cholinesterase의 저해작용은 유기인제와는 달리 가역적이므로 독성이 상대적으로 적다. 피부, 호흡계, 소화기계를 통과하여 인체 내로 들어온다. 사람에게서 경구 투여된 3 mg/kg이 독성을 나타내어 치사된 사례가 보고된 바 있다. 생체 대사작용에 의해 카바메이트-cholinesterase 분자를 빠르게 분해하고 cholinesterase를 재활동시키므로 이 살충제에 의한 신경독성 작용의 기간은 짧다. 오심, 구토, 발한, 근육허약 등을 포함하여 중추신경계와 신경근 접합부 증상 및 심한 경우에 발작까지도 일으킨다. 중독증상은 유기인제와 동일하나 카바메이트계 살충제는 혈액 - 뇌 장벽을 잘 통과 못하기 때문에 두통, 호흡마비 및 중주신경증상은 상대적으로 약한 편이다. 중독치료제로 atropine이 쓰인다.

③ 유기염소계 살충제(Organochlorine pesticide)

DDT(dichlorodiphenyltrichloroethane), BHC 및 cyclodine 유도체(chlordane, aldrin, endrin, heptachlor) 등이 이 부류에 속한다. DDT의 신경독성은, axon에서의 Na^+, K^+의 투과, 또는 시냅스에서 신경전달물질의 방출신호인 Ca^{2+}의 투과성을 손상시켜서 재분극(repolarization)의 속도를 감소시키는 막의 변형과정에 기인한다. 완전히 재분극되지 못한 신경은 신호전달을 시작하는데 적은 자극이 필요하고, 민감도가 증가된 신경은 시냅스전 신경말단(presynaptic nerve terminal)을 반복적으로 탈분극시킨다. 자극의 개시와 더불어 각 자극이 확대되고 반복적으로 발사유도되어 결국 경련이 일어난다. 유기염소계 살충제의 주요 흡수경로는 화학물질에 따라서 다르다. 피부 노출의 경우 독성이 약하게 나타나는 것은 흡수가 잘 되지 않기 때문이다. DDT를 포함하여 경구 섭취된 경우에 독성이 크게 나타나며, 일반적으로 중추신경계를 자극하거나 억제시킨다.

유기염소계 살충제는 유기인산계나 카바메이트계 살충제보다 급성독성은 약하지만 만성독성의 잠재성은 크다. 살충제 중에서 가장 먼저 합성되었으며 다음과 같은 특성이 있다. 환경 중에서 대단히 안정하고, 먹이연쇄의 영양단계가 높은 곳으로 차츰 생물농축(bioaccumulation)되는 특성 때문에 많이 사용될 경우 환경문제와 관련이 깊다. 수용성이 약하고 지용성이 강해서 포유동물이 이들에 폭로되면 생체조직의 지방 내에 축적된다.

DDT (Dichloro diphenyl trichloroethane)

DDT는 chlorethane 유도체로서 처음으로 합성된 살충제이다. 1939년에 살충제의 특성이 발견되었으며 1940 ~ 1950년대에 널리 이용되었다. 우리나라에서도 DDT가 이를 제거하는데 직접 사용되었으나 치명적인 독성을 끼쳤다는 기록은 없다. 비교적 사람의 건강에 대해서는 안전한 화합물 중의 하나라 할 수 있다. 지용성이므로 전체지방 세포에 빠르게 흡수된다. 1960년대에 DDT가 환경에 악영향을 미치고 생체간 확산 혹은 높은 단계의 먹이사슬에서의 생물농축되므로 사람에게 축적될 수 있다고 하여 생산과 사용이 금지되었다.

급성폭로시에 신경독성증상으로 얼굴의 지각이상, 현기증, 평형감각상실, 조급성, 예감불길, 진전(발작성경련) 및 경련을 일으킨다. 만성폭로시에 임상학적 악영향은 나타나지 않은 것으로 보고되었으며, 여성호르몬인 에스트로겐 영향을 주는 내분비계장해 작용이 나타난다. 현재 DDT 유도체 methoxychlor가 널리 이용되고 있다.

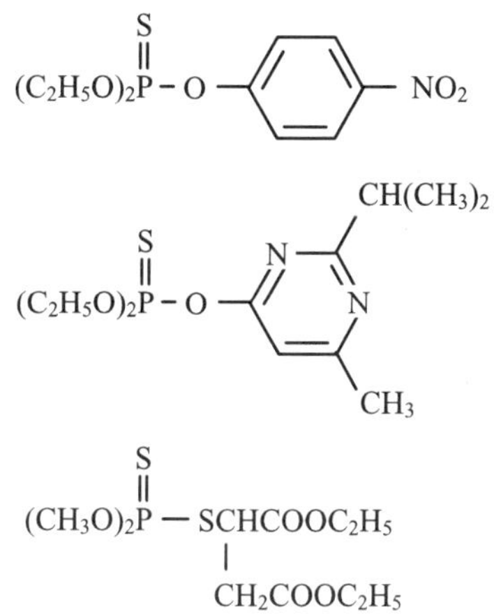

Parathion

Diazinon

Malathion

그림 15.2 유기인산계 살충제

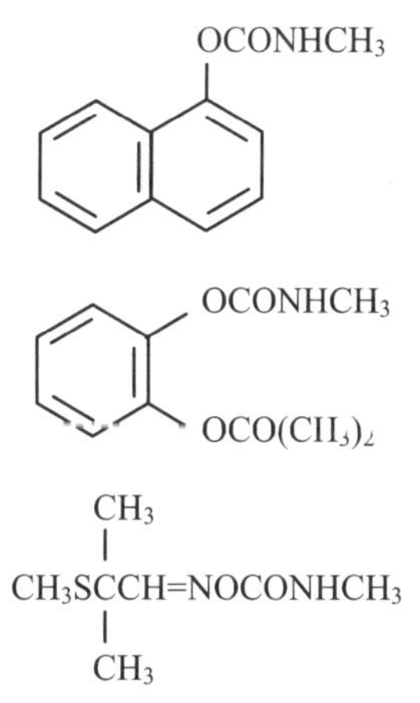

Cabaryl(Sevin)

Propoxur(Baygon)

Aldicarb(Temik)

그림 15.3 카바메이트계 살충제

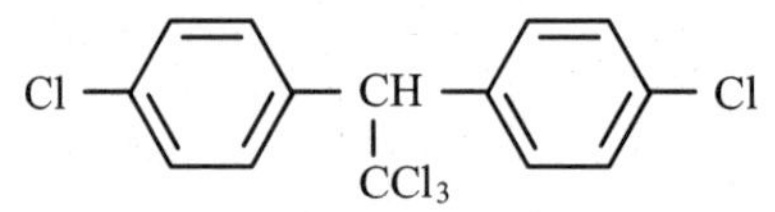

DDT

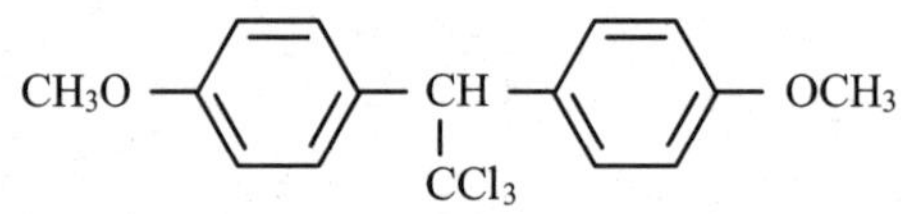

Methoxychlor

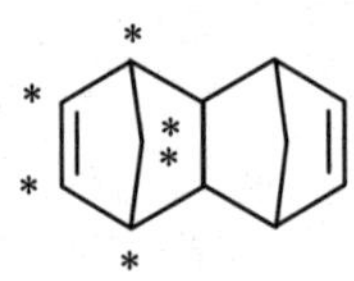

Aldrin

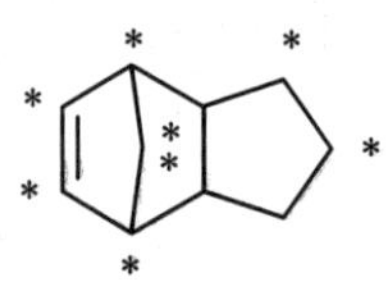

Chlordane

그림 15.4 유기염소계 살충제

4.2 제초제(Herbicides)

제초제란 식물들의 성장이나 수분상실 등을 조절하는 호르몬계 작용을 방해하여 원하지 않는 식물들(예 ; 잡초)을 제거하는 작용을 한다. 식물과 동물들은 고유의 세포구조와 기능을 갖기 때문에 제초제들이 비록 식물들을 제거하는 작용에는 효과가 있으나 사람에게는 독성을 준다.

① Bipyridyls

이 부류에는 paraquat, diquat 등이 있으며 식물을 건조・탈수시켜서 제초제로서의 작용을 한다.

이들 독성물질들이 피부, 호흡기, 소화기를 통해 잘 흡수되지만 paraquat는 체내에서 우선적으로 폐조직에 농축된다는 것이 알려져 있다. 폐로 분포된 후에 paraquat는 pneumocytes에 손상을 주어 가스교환을 감소시킨다. 즉, 폐포 세포막을 통한 산소와 이산화탄소의 통과가 감소하게 된다. Bipyridyl계 화합물의 생체 내 대사는 잘 알려지지 않았으며 소변과 대변을 통해 배설된다. Paraquat은 폐, 간, 신장에 손상을 줄뿐 아니라 임상적으로 무산소증과 혼수를 나타낸다. 농축된 paraquat을 경구 섭취시에는 거의 모든 경우 죽음에 이른다.

② Chlorophenoxy계 화합물

2,4-dichlorophenoxyacetic acid (2,4-D)와 2,4,5-trichlorophenoxy acetic acid(2,4,5-T)가 대표적인 화합물이다. 베트남 전쟁에 널리 사용되었던 agent orange는 2,4-D와 2,4,5-T를 동량 혼합한 것이다. 제초제로서 이들 화합물의 역할은 식물성장을 통제하지 못하여 식물이 죽도록 하는 것이다. Chlorophenoxy 화합물은 사람에게 약간의 독성을 갖지만, 2,4,5-T 제조과정에서 불순물로 생성된 미량의 다이옥신(TCDD, 2,3,7,8-tetrachloro-dibenzo-*p*-dioxin)은 강력한 독성물질이다. 동물시험 연구에서 다이옥신은 염소성여드름이라 불리는 피부질환과 태아 기형, 발암성을 가진 강력한 독성물질로 알려졌다. Chlorophenoxy 화합물은 피부와 호흡기, 소화기계를 통해 흡수되며 생체대사와 배설에 관한 독성동력학은 많이 연구되지 못한 상태이다. 독성증상으로는 발한, 요량감소증, 말초신경장애, 근육약화증, 어지럼증, 두통, 구토, 피로감 등이 있다.

2,4-D의 반수 지사량은 약 300 mg/kg이며, 독성용량의 역치(threshold)는 50 ~ 60 mg/kg이다.

③ Dinitrophenol계

2,4-dinitrophenol (DNP)은 제초제로 사용될 뿐 아니라 한때는 항비만 치료제로 사용되었다. 의약품으로 조제되는 경우를 제외하고 피부, 호흡기, 소화기계를 통해서 흡수된다. DNP의 ATP 합성을 금지하는 능력 때문에 독성작용이 발생되며, 빈 호흡(빠른 호흡), 빈 맥(빠른 심장 박동수), 발한, 혼수, 만성피로감, 불안, 체중감소 등이 나타난다. 흥미로운 것은 백내장을 발병시키는 특성이다.

1935 ~ 1937년에 걸쳐 항비만 치료제로 DNP을 복용했던 사람들 중에 100명 이상에서 백내장이 발병되었는데 이것은 많은 방향족 니트로 및 아민화합물의 전형적인 증상이다. 또한 DNP는 발암성 물질이다. DNP의 생체 내 대사 및 배설과 관련된 독성동력학에 관한 정보는 충분하지 않은 실정이다.

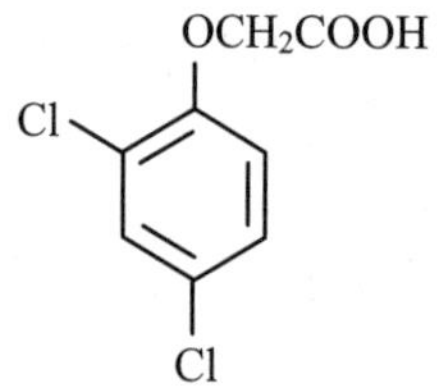

2,4-Dichlorophenoxy-
acetic acid(2,4-D)

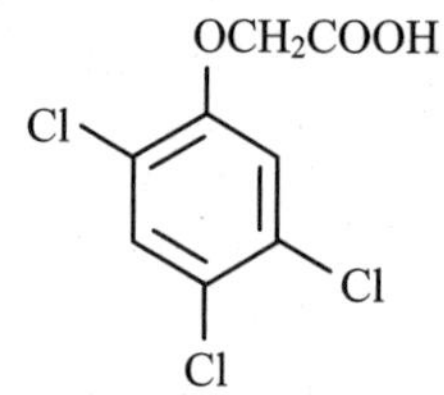

2,4,5-Trichlorophenoxy-
acetic acid(2,4,5-T)

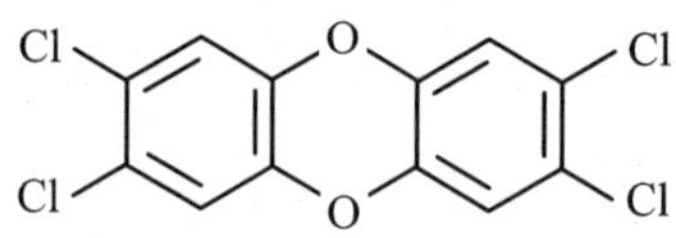

2,3,7,8-Tetrachloro-
dibenzodioxin(TCDD)

그림 15.5 Chlorophenoxy계 제초제와 다이옥신

부록 농약으로 인한 미국 최대 하천오염사건

■ Kepone (chlordecone)과 오염된 제임스강

1975년 미국 버지니아주 Hopewell에 위치한 라이프 사이언스라는 살충제 제조공장은 Kepone을 생산하였다. 이 회사는 근로자에게 폭로되는 것을 방지하기 위한 작업환경 관리를 최소한으로 한 결과, 공장이 가동된 지 1년도 안되어 작업 근로자들에게 직업병인 눈위 간헐성 경련(opsoclonus)을 비롯한 독성증상들이 나타났다. 증상의 원인이 유기염소계 농약의 폭로로 나타나자 미국 연방환경처는 공장을 폐쇄하고 판매를 금지시켰다. 회사에서는 공장에 남은 살충제를 모두 하수구에 버렸으며, 이들이 하수처리장으로 유입되어 하수미생물을 죽게 하였다. 하수처리는 불가능해 졌으며 살충제는 제임스강으로 흘러들어갔다.

이 유역은 육수와 해양생태계가 만나는 하구(Estuary)로서, 버려진 살충제들은 바다로 빠져 나가지 못하고 여기에 머물며 수체순환과정과 함께 침전과 재부유를 반복하는 지역이다.

이로 인해서 하류 100 km 구간은 생물이 살 수 없는 죽음의 강으로 변했으며 제임스강의 물고기, 해산물이 떼죽음을 당했다. 정부는 이 지역의 낚시를 금하고 물고기

판매를 금지하였다.

미국 연방환경처가 제임스강을 정화하는 노력에도 불구하고 분해되지 않은 kepone이 하천바닥에 퇴적되어 현재까지도 퇴적물에서 검출되고 있다. 공장을 설립할 때에도 환경에 미치는 영향의 검토가 필요하지만, 폐쇄나 이전시에도 또한 적절한 환경관리가 요망된다. 미국에서는 적절한 환경 영향을 검토한 후, 이를 최소화하는 방법으로 시행토록 하고 있다.

5 플라스틱

중합체가 압력이나 열에 의해서 속 빈 틀 혹은 주형을 형성할 때에 플라스틱(plastics)이라 지칭한다. 두 가지 형태의 플라스틱이 인지되고 있는데 열가소성 플라스틱(thermoplastics)과 열경화성 플라스틱(thermosetting plastics)이다. 모든 플라스틱의 80% 이상을 차지하는 열가소성 플라스틱(예를 들면 polyethylene, polypropylene, polyvinylchloride, polystyrene)은 재용해시켜서 형태를 개조할 수 있으므로 재활용 노력의 많은 관심을 갖는 분야이다. 일단 형태가 만들어지면 재용해와 형태 개조를 할 수 없는 플라스틱을 열경화성 플라스틱이라 부른다.

환경독성물질로서의 플라스틱에 대한 관심은 매우 크다. 첫째, 많은 플라스틱(특히 열가소성 플라스틱)은 분해가 되지 않는다. 생물학적 분해와 자외선 분해에 영향을 받지 않는다. 플라스틱은 쓰레기 매립지 혹은 길가에 버려진 채로 수백 년 동안 남아있을 것이다. 매년 알루미늄이나 종이의 1/4 이상이 재활용되고 있지만 플라스틱의 1%만이 재활용 되고 있는 실정이다. 둘째, 매립되는 양을 감소하기 위해서 소각할 경우에 일부 플라스틱들(polyvinylchloride 혹은 PVC)은 독성 화학물질을 방출하게 된다. 이때 방출되는 대표적인 독성물질이 다이옥신이며 호흡기계를 통해서 흡수된다. 동물시험에서 다이옥신은 발암물질, 특히 후성적(epigenetic) 기전에 관여하는 발암물질로 판명되었다.

한글

INDEX

INDEX

[C]

[D]

[E]

INDEX

INDEX

[V]

[X]

[Z]

[기타]

• **박형숙 (朴炯淑)**
경기여자 중·고등학교 졸업
이화여대 약학대학 졸업
미국 뉴욕주립대-버팔로(약리학 석사)
미국 Rutgers 대학(독성학 박사)
현) 한서대학교 환경공학과 교수
중앙환경분쟁조정위원회 위원
충청남도 환경보전자문위원
환경부 환경친화기업 심사위원
환경부 환경기술평가 심의위원(위해성평가)
국립환경과학원 연구위원회(환경보건 안전분과)

환경독성학 정가 18,000원

인 쇄 2009년 3월 2일 3판 1쇄
발 행 2019년 9월 10일 3판 5쇄
저 자 박형숙
발행인 정우용
발행처 도서출판 동화기술
경기도 파주시 광인사길 201(문발동, 파주출판도시)
Tel (031)955-4211~6 donghwapub@nate.com
Fax (031)955-4217 www.donghwapub.co.kr
(등록) 1977년 12월 19일/9-16호

ISBN 978-89-425-1380-2